Mitteilungen

der Gesellschaft für Erdkunde und Kolonialwesen zu Straßburg i. E.

[Zugleich Abteilung Straßburg der Deutschen Kolonialgesellschaft]

für das Jahr 1913.

Viertes Heft.

Mit 23 Abbildungen, 10 Tafeln und 1 Karte.

Straßburg
Verlag von Karl J. Trübner
1914.

M. DuMont Schauberg, Straßburg.

Inhalt.

Die Entstehung des Mittelrheintales und der mittelrheinischen Gebirge.

Eine geotektonische Skizze.

Von Dr. L. van Werveke, Geheimer Bergrat, Straßburg i. Els.

Mit 2 Tafeln und 18 Zeichnungen im Text.

Im Einklang mit einer ganzen Reihe von Forschern, aber im Widerspruch mit einer vielleicht größeren Zahl, bezeichne ich den Abschnitt des Rheintales, in welchem Straßburg, der diesjährige Sitz des Geographentages erbaut ist, als Mittelrheintal. Er beginnt im Süden bei Basel und endet 275 km weiter nördlich bei Bingen; seine durchschnittliche Breite mißt 36 km. Innerhalb des **ganzen** Rheintales bildet er ein ausgezeichnetes Mittelstück, das von den Nachbarstücken sowohl durch seine Gestaltung, als auch durch seine Entstehung wesentlich abweicht. Es ist nicht, wie das Engtal des Unterrheins zwischen Bingen und Coblenz oder wie das Tal des Oberrheins oberhalb Basel oder auch wie die Täler der Vogesen und des Schwarzwaldes, ein Auswaschungstal, sondern ein vorwiegend tektonisches Tal, bei dessen Entstehung Verschiebungen größerer Gebirgsstücke gegeneinander, verbunden mit Hebungen und Senkungen, eine wesentliche Rolle zukommt. Das Mittelrheintal ist, in geologischem Sinne gesprochen und auch seiner Gestaltung nach, ein **Graben**, dessen Wände die mittelrheinischen Gebirge sind.

Anschaulich hat É. de Beaumont an Hand der nachstehend wiedergegebenen Zeichnung (Fig. 1) die Gestaltung des südlichen Teils des Grabens und seiner Wände geschildert. Ein Blick von der Röthifluh oberhalb Solothurn, am 28. Juli 1836, bei Sonnenaufgang und wolkenlosem Himmel, zeigte ihm über die Kämme des Juras und über die Ebene bei Belfort hinweg den raschen südöstlichen Abfall der Vogesen und zugleich in ihrer Verlängerung gegen Norden, dem Rheintal entlang, den Steilabhang bis zum Odilienberg. Deutlich zeichnete sich das Profil des Schwarzwaldes, der langsame Abfall dieses breiten Gebirgsstockes gegen Schwaben, der nur nahe dem Belchen, fast am Rande der Rheinebene, wenig eingeschnitten ist. Der Feldberg löste sich kaum von dieser Linie ab, auffallend aber war der Abfall des Blauen gegen das Rheintal. Der Blick schweifte über diese einheitliche Ebene, in welcher sich die isolierte Gruppe des Kaiserstuhls wie ein Maulwurfshaufen von der Sohle eines breiten Grabens erhob.

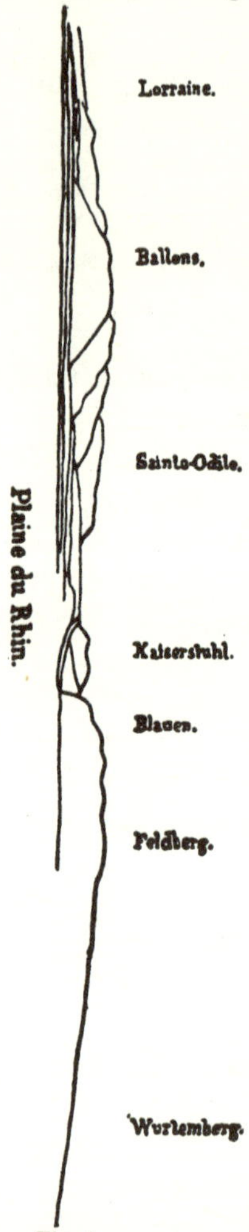

Fig. 1. Les Vosges, la plaine du Rhin et la Forêt-Noire, vues de la cime du Röthi-Fluhe.

Fig. 1.

An diese topographische Schilderung knüpfte É. de Beaumont seine bekannte, zum ersten Male in 1827 ausgesprochene Ansicht an, die er durch eine gleichfalls sehr anschauliche Zeichnung erläuterte (Fig. 2). Er sah im Geiste die Lücke der Rheinebene ausgefüllt durch Gebirgsmassen von der Höhe des Schwarzwaldes und der Vogesen, sah beide zu einem einzigen flachen Gewölbe zusammengeschweißt, das sehr schwach einerseits gegen Lothringen, andererseits gegen Württemberg abfiel. Es schien ihm, als fehle nur der Schlußstein dieses Gewölbes, der ehedem durch Einsturz die Rheinebene erzeugte, während zu beiden Seiten desselben die Widerlager stehen geblieben sind.

Die Zeichnung war einfach, klar und leicht verständlich wie der Gedanke, der ihr zugrunde lag und trug wesentlich zur Anerkennung des letzteren bei.

Das Gewölbe dachte sich É. de Beaumont in der Richtung des Rheintales lang gestreckt; es war höher im Süden als im Norden. Die hebende Kraft war eine zentrifugale, die unmittelbar in dem aufgetriebenen Stück der Erdrinde einsetzte. Die äußere Schale dieses Stückes mußte sich einer vergrößerten Fläche anpassen, sie mußte reißen, und zwischen den sich weitenden

Rissen konnten einzelne Schalenstücke in die Tiefe sinken. Wer sich alte Baulichkeiten mit Rücksicht auf diese Erklärung ansieht, wird nicht selten mehr oder weniger, bald gleichmäßig oder öfters einseitig eingesunkene Gewölbeschlüsse an Torbogen erkennen. Nirgends[1]) aber habe ich Ursache und Wirkung so deutlich hervortreten sehen, wie am Waschhaus in Königsmachern in Lothringen (Fig. 3). Der Schlußstein des überwölbten nördlichen Einganges ist eingesunken, über ihm ist die Mauer bis zum First gerissen. Risse und Senkung des Schlußsteines können nur durch ein Auseinanderweichen der Seitenwände veranlaßt sein, wir haben also die Erscheinung, wie sie die Erklärung von É. de Beaumont verlangt.

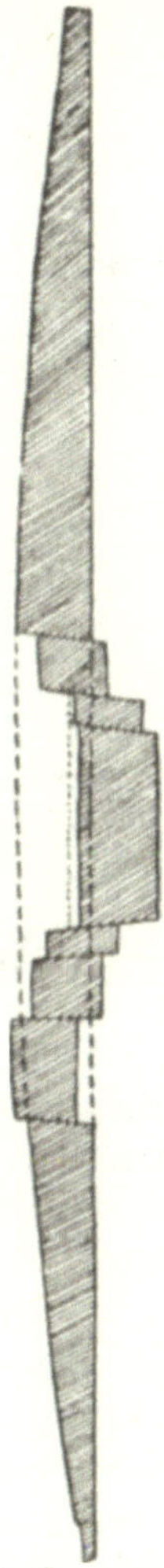

Fig. 2. *Soulèvement et écroulement combinés qui ont produit la plaine du Rhin.*

Daß der Rheintalgraben einer Senkung seine Entstehung verdankt ist bis heute unbestritten geblieben. Während É. de Beaumont den Vorgang in die Zeit zwischen Mittlerem und Oberem Buntsandstein verlegte, zwischen grès des Vosges und grès bigarré, und nochmalige Verschiebungen in einer jüngeren Zeit annahm, gilt seit langem die Ansicht, daß das Tertiär für das Aufreißen der die Senkung begleitenden Verwerfungen in Betracht kommt. Zum ersten Male hat sich in 1833 Schwarz für ein jüngeres Aufreißen der Spalten ausgesprochen, ihm folgten Fromherz (1856), Engelhardt (1866), Laspeyres (1867), Bleicher (1870), Benecke (1874), Eck (1874) und Lepsius (1875).

Erst nachdem Benecke in seiner Abhandlung über die Trias in Elsaß-Lothringen und Luxemburg im Jahre 1877 die bisher gegen die de Beaumont'sche Anschauung vorgebrachten Einwände zusammengefaßt und durch neue vermehrt, 44 Jahre nachdem Schwarz

[1]) Nach der Niederschrift dieser Zeilen habe ich dieselbe Erscheinung in gleicher Deutlichkeit am Tore gesehen, das in den Hof des Heidelberger Schlosses führt.

für eine jüngere Entstehung des Rheintales die erste Lanze eingelegt hatte, bricht sich diese Ansicht festere Bahn, wenngleich sie auch jetzt noch nicht überall durchdringt. Benecke widerlegt die von de Beaumont angenommene Diskordanz

Fig. 3.

zwischen Mittlerem und Oberem Buntsandstein und hebt das Vorkommen von Muschelsandstein in einer Höhe von 1477 Fuß (gegen 500 m) bei Müsbach im Schwarzwald hervor. Die Möglichkeit, daß der Mittlere Buntsandstein im ganzen Rheintal in horizontaler Lage abgesunken sei, — denn nur dadurch wäre die von allen Seiten anerkannte Konkordanz mit den jüngeren mesozoischen Schichten ermöglicht worden — hält er nicht für zulässig. Wesentliches Gewicht wird auf das Fehlen von Küstenkonglomeraten im Oberen Buntsandstein und auf den Umstand gelegt, daß die gleichen Spalten sowohl den Vogesensandstein, als auch jüngere Schichten durchsetzen. Schwierig bleibe bei einer Hebung nach Ablagerung des Vogesensandsteins auch die Erklärung der Verfestigung der auf den mittleren Höhen der Vogesen in weiter Verbreitung erhaltenen Konglomerate. Auch müßten sie wohl sämtlich weggeführt sein, wenn sie wirklich so lange, als die ältere Ansicht voraussetzt, der Abwaschung ausgesetzt gewesen wären. Noch weniger hätten sich die mehrfach auf den Höhen vorhandenen Zwischenschichten erhalten können. Daß die Zonen gleichmäßiger Entwickelung innerhalb der mesozoischen Schichten quer über das Rheintal verlaufen, lasse sich gleichfalls mit einer älteren Entstehung des letzteren nicht in Einklang bringen.

Die lange ohne Widerspruch gebliebene Annahme, daß die Randgebirge einer Heraushebung ihre hohe Lage verdanken, fand einen Widersacher in Sueß. Er sah in Vogesen und Schwarzwald stehengebliebene Pfeiler (Horste), gegenüber denen nicht nur die mittelrheinische Ebene, sondern auch die westlich und östlich angrenzenden Stufenländer abgesunken sein sollten, diese allerdings in geringerem Maße. Die Kraft war als eine zentripetale gedacht und setzte in den abgesunkenen Gebirgsstücken ein. Die Senkungsgebiete wurden in scharfen Gegensatz zu den Faltungsgebieten gebracht.

Die Ansicht von Sueß blieb nicht lange unbestritten. de Lapparent (1887) verteidigte eine Hebung des Gebirges, anscheinend unter Annahme senkrechter Aufwärtsbewegung, und Eck (1891) sprach sich gegen die Natur des Horstes aus, indem er besonders darauf hinwies, daß am Ostrande des Schwarzwaldes nord-südlich laufende, das kristallinische vom Sediment-Gebirge trennende Verwerfungen nicht vorhanden sind. „.....man wird daher den eigentlichen Schwarzwald mit mehr Recht als ein einseitiges Bruchgebirge, einen Halbhorst auffassen dürfen.“ Ich selbst fasse seit 1892 Vogesen und Schwarzwald im Süden, Haardt und Odenwald im Norden als Teile von zwei Gewölben auf, die quer über das Rheintal sich erstrecken und durch eine Mulde Pfalzburg-Langenbrücken (Kraichgau) getrennt sind. Eine erste Zeichnung, welche diese Auffassung erläutern sollte, stellte ich für eine Vorlesung des Herrn Professor Benecke über die Geologie von Elsaß-Lothringen im Winter 1892/93 her. Eine ganz ähnliche Zeichnung gab Schuhmacher im Jahre 1894 in einem Aufsatz: Die natürliche Entwickelung des Straßburger Landes. Ich gebe sie nachstehend wieder. (Fig. 4.)

Zum erstenmal auf einem Ausflug nach Pfalzburg (1893), dann in Landau, sprach ich mich dahin aus, daß die Gewölbe als Falten der Erdrinde aufzufassen seien. Ihre Entstehung sei auf dieselbe Ursache zurückzuführen wie die Faltung der Alpen und des Juras. Die Spalten faßte ich als Begleiterscheinungen der Falten auf. Damit war eine einheitliche, auch von Bertrand ins Auge gefaßte Auffassung für weite Gebiete gegeben, für welche von Sueß zwei grundsätzlich verschiedene Vorgänge angenommen wurden, Senkungen und Faltungen. Nicht ein Zug der Tafelländer in die Tiefe hat darnach die höhere Lage der Gebirge bedingt, sondern eine infolge seitlichen Druckes erfolgte Emporwölbung dieser selbst. Die Tafelländer wurden bei diesem Vorgang mitgehoben, wenn auch in geringerem Maße, und mitgefaltet.

Der Horsttheorie dürfen wir nunmehr, so schrieb ich in 1905, nachdem ich zahlreiche Mulden und Sättel im Gebiet der Blätter Saarbrücken und Pfalzburg der Karte 1:200000 nachgewiesen hatte, für das ganze Reichsland die Faltentheorie in begründeter Weise gegenüberstellen.

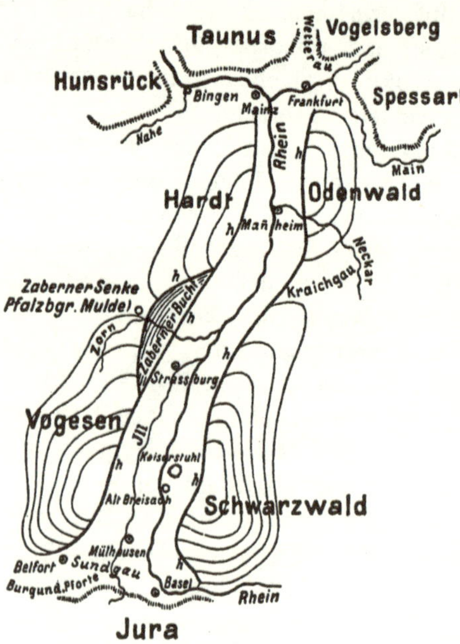

h = Haupt-Verwerfungsspalten.

Fig. 4.

Letzten Endes hängt die Beantwortung der Frage, ob die Gebirge stehengebliebene Pfeiler oder Teile eines aufgepreßten Gewölbes sind, von der Ansicht ab, welcher wir über den Stand des Meeresspiegels während der in Betracht kommenden Zeiten huldigen. Jene wenigen Kämpen, welche ungebrochenen Mutes in der Bresche der Horsttheorie ausharren, nehmen für frühere Zeiten einen viel höheren Meeresspiegel an als den heutigen, wesentlich höher als die höchsten Punkte von Vogesen und Schwarzwald, weil diese ehemals noch von Ablagerungen des Juras überdeckt waren. Die gegenteilige Ansicht kann der Schwankungen des Meeresspiegels nicht ganz entraten, kommt aber mit viel geringeren Maßen aus, so zwar, daß man ohne großen Fehler von einem nahezu unveränderlichen Meeresspiegel sprechen kann. Das steht mit den Beobachtungen an unseren heutigen Küsten in Einklang.

Um den zur Verfügung stehenden Raum nicht zu überschreiten, habe ich im vorigen nur einige Hauptpunkte der Geschichte der Entwickelung der Ansichten über die Entstehung des Rheintales gegeben. Anfangs beherrschte die Altersfrage der Störungen die Literatur, später, nachdem diese entschieden zu sein schien, die Mechanik des Vorganges, ohne daß erstere immer ganz ausgeschaltet war. Wenn ich nun zur Schilderung des Vorganges selbst, auf die allmähliche Herausbildung des Rheintales und seiner Randgebiete, übergehe, wie sie sich uns heute darstellt, so muß ich mich auch in dieser Beziehung auf das Zeichnen der Hauptlinien beschränken, umso mehr, als es notwendig erscheint, nicht nur die neueste Geschichte unseres Gebietes zu berücksichtigen, sondern auch auf die älteren Geschicke zurückzugreifen, weil die Keime mancher neuerer Erscheinungen in jenen niedergelegt sind, und wir immer wieder die Spuren ihrer Entwickelung finden.

Nicht einer einzigen Faltung, wie man früher angenommen hat, verdanken die alten Kerne der Randgebirge des Mittelrheintals ihre heutigen Lagerungsverhältnisse, sondern mehrfach wiederholten Stauchungen, vor und nach dem Cambrium, im Devon und vor dem Oberkarbon. Die Beschaffenheit der als Cambrium gedeuteten Schichten, der Weiler und Steiger Schiefer, läßt es nicht als ausgeschlossen erachten, daß unser Gebiet, das aus Gneis und alten Graniten aufgebaut war, vielleicht auch nur die Vogesen, zur Zeit ihres Absatzes ganz vom Meer bedeckt war. Zur Silurzeit ragte es aber über das Meer hinaus, denn Absätze aus dieser Zeit kennen wir nicht. Das Silurmeer lag weiter im Süden, wie durch Gerölle von Kieselschiefer mit silurischen Graptoliten im Hauptkonglomerat des Buntsandsteins dargetan ist, dessen Verbreitung auf südliche Herkunft der Gerölle hinweist. Die Insel erhielt sich während des älteren Devons, gewann an Umfang durch eine im Mitteldevon einsetzende Faltung und wurde bald nachher wieder angegriffen, denn Kalke des mittleren Devons finden sich im Breuschtal in einem etwas jüngeren, aber gleichfalls noch dem Mitteldevon angehörenden, transgredierenden Grundkonglomerat. Odenwald und Schwarzwald, denen Devonablagerungen fehlen, ragten gleichfalls wohl als Land heraus. Das Haardtgebiet scheint eingedeckt gewesen zu sein. Unterkarbon, das mit dem des Centralplateaus in Zusammenhang stand, lagerte sich im Süden an ein Vogesen-Schwarzwaldland an und erreichte im Gebiet der heutigen Vogesen eine ganz gewaltige Entwicklung. Man hat es mit einer Mächtigkeit an Schichtgesteinen von rund 5000 m zu tun, denen, besonders in den jüngeren Schichten, Eruptivdecken bis zu einer Gesamtmächtigkeit von 7500 m eingeschaltet sind. Von Moosch bis Thann wandert man auf 7 km Länge durch ein einziges Profil steil stehender Schichten und Decken, das zudem unvollständig ist, weil durch Verwerfungen einzelne Abteilungen abgeschnitten sind. Die voroberkarbonische, variskische Faltung hat das älteste Gebirge unseres Gebietes samt den Schichten des Unterkarbons zu einem einheitlichen Gebirge zusammengeschweißt, das erste wurde zum Kern des neuen. Das Streichen liegt im allgemeinen zwischen W-O und SW-NO; von Masmünster bis Gebweiler hält es aber die Richtung SSW-NNO ein, parallel dem Abfall des Gebirges gegen das Rheintal, und läßt einen auffallenden Knick in der Hauptrichtung des Gebirges erkennen. Er ist die Wirkung eines Druckes aus Osten. In die aufgerichteten, durch Verwerfungen und wohl auch Überschiebungen — die wir vorläufig aber noch nicht kennen — stark zerrissenen Massen brachen Granite ein, sowohl nach den älteren als nach der jüngsten Faltung und trugen ihrerseits wohl zu weiteren Heraushebungen bei. Der heutige höchste Punkt der Vogesen, der Sulzer Belchen mit einer Höhe von 1424 m, liegt in einem Kern der aufgewölbten Schichten (Fig. 5 und 6), während wir im Schwarzwald einen solchen wegen des Zurücktretens unterkarbonischer Schichtgesteine nicht erkennen können. Schon die karbonische Faltung hatte also dem südlichen Teil der Vogesen und wahrscheinlich auch des Schwarzwaldes eine besonders hohe Lage verschafft.

Die Ablagerungsgebiete des Oberkarbons und des Perms lassen im großen ganzen variskische Richtung erkennen. Ältere produktive Kohle tritt in den Vogesen (St. Pilt, Rodern) und im Schwarzwald (Offenburg, Berghaupten, Diersberg) unter Lagerungsverhältnissen auf, welche auf starke tektonische, mit bedeutender Spaltenbildung verbundene Vorgänge nach ihrer Ablagerung hinweisen. Hierher gehört eine große, von Bücking nachgewiesene Störung im Lebertal, in welcher sowohl bei Diedolshausen als auch bei Eckkirch Kohle eingeklemmt ist.

Zur Zeit ihrer Ablagerung mag das nördlichere Gebiet herausgeragt haben. In der mittleren produktiven Kohle bildete sich, durch allmähliche Vertiefung, wie die zahlreichen Einschaltungen von Kohlenflözen dartun, das Saarbrücker Kohlengebirge heraus.

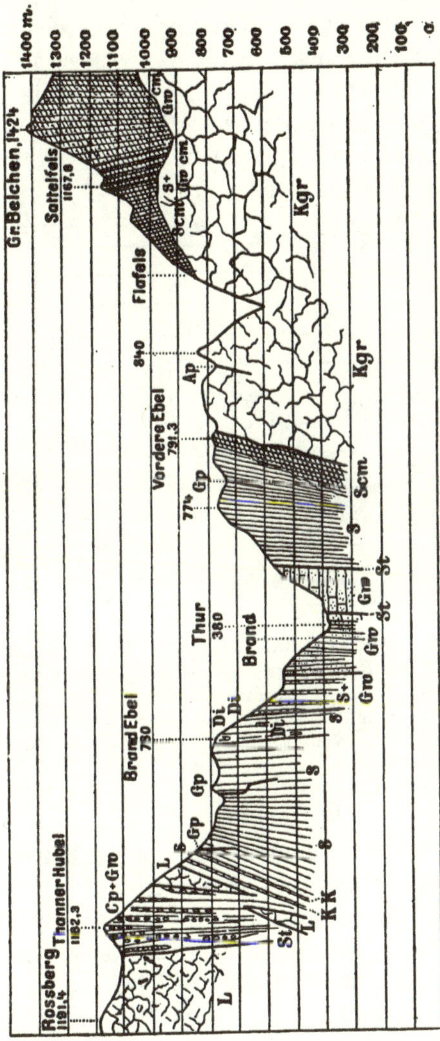

Fig. 5. Profil durch einen Teil der südlichen Vogesen über den Roßberg und den Gr. Belchen. Aus dem Geologischen Führer durch das Elsaß. Gezeichnet von L. van Werveke. Maßstab der Länge: 1 : 100000, der Höhe 1 : 25000.

Gw = Grauwacke; S + Gw = Schiefer und Grauwacke; S = Schiefer; cm = kontaktmetamorph; Cp = Konglomerate mit Geröllen von Eruptivgesteinen und Tuffe; K = Kalk; Di = Diabas; L = grauer Labradorporphyr; Kgr = Kammgranit; Gp = Granitporphyr; Ap = Aplit; St = Störung.

Die Kohlenflöze bezeichnen Ruhestandslagen in der Absenkung, vielleicht auch geringe entgegengesetzte Bewegungen, die Arkosen und Konglomerate wurden in tieferem Wasser abgesetzt.

Die Wasser waren Süßwasser. Durch ähnliche Bewegungen sehen wir später aus Meerwasser sich die Salz- und Kalisalzlager bilden. Die aufgefüllten Massen messen mehr denn 4000 m. Eine Diskordanz zwischen mittleren und oberen Saarbrücker Schichten läßt Bewegung vor der Ablagerung der letzteren erkennen, doch läßt sich noch nicht übersehen, ob in variskischer oder anderer Richtung. Nicht viel später stellt sich auch wieder in den Vogesen (Laach, Erlenbach) sowie südlich davon (Ronchamp) und im Schwarzwald (Baden-Baden, Hinterohlsbach und Hohengeroldseck) Kohlenbildung ein. Die südlichen Gebirge begannen zurückzusinken.

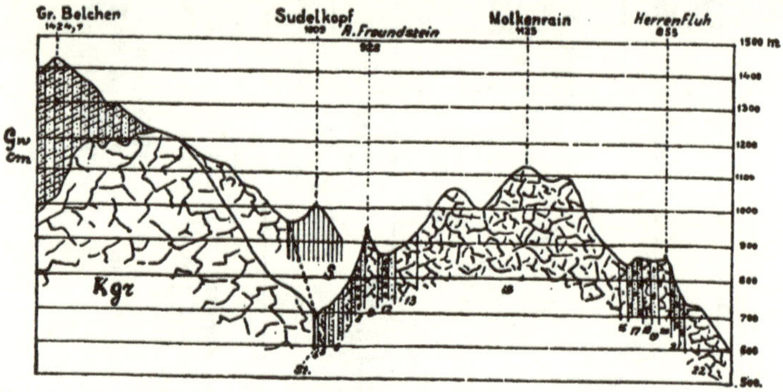

Fig. 6. Profil durch einen Teil der südlichen Vogesen über den Sulzer Belchen und den Molkenrain. Maßstab der Länge: 1:100000, der Höhe 1:25000. Gez. von L. van Werveke. Aus: Geologie des Sulzer Belchens und seiner Zugänge. Gebweiler 1910.

Kgr. = Kammgranit; Gw = Grauwacke; cm = kontaktmetamorph; S = Schiefer (nicht verändert); St. = Verwerfung; 4, 6, 8 = schwarze Schiefer und Grauwacke; 5, 7, 9 = graue Labradorporphyre; 12 = dichte Grauwacke mit Pflanzenresten und klein-grobkörnige Grauwacke; 13, 16, 18, 20, 22 = braune Labradorporphyre; 15 = Quarzporphyr; 17, 19, 21 = dichte Grauwacken mit Pflanzenresten, Porphyrit-Konglomerate und Breccien.

Die Verbreitung und Ausbildung des Unteren Rotliegenden und seine Beschränkung im Saar-Nahegebiet auf die Ostseite der Saar weisen auf Heraushebungen im Westen hin. Ohne sie wäre die Möglichkeit der Erreichung der Kohle durch den Bergbau in den neu aufgeschlossenen Gebieten im westlichen Deutsch-Lothringen und in Französisch-Lothringen ausgeschlossen. Eine Faltung in variskischer Richtung, unter gleichzeitiger Entstehung von Verwerfungen und Überschiebungen, vollzog sich nach dem Unterrotliegenden. Es entstand der Saarbrücker Kohlenhauptsattel. Das Oberrotliegende wurde in den geschaffenen Mulden abgesetzt, griff auf die herausgehobenen Sättel über und in unseren Randgebirgen in vorhandene Senkungen ein.

Neue Störungen nach dem Oberrotliegenden erfolgten sowohl im Saarbrücker Gebiet als auch in unseren Randgebirgen und führten in ersterem stellenweise zu Ueberkippungen des Oberrotliegenden. Im nördlichen, westfälisch-französischen Kohlengebiet erfolgte etwas früher oder gleichzeitig, jedenfalls vor dem Zechstein, die Faltung der Kohle und ihre Ueberschiebung durch Devon. Die weit früher stark gefalteten und dadurch starr gewordenen Vogesen, Schwarzwald, Haardt und Odenwald konnten sich an dem eigentlichen Faltungsvorgang nicht mehr beteiligen, Verwerfungen sind aber erkennbar.

Ausgedehnte Hebungsvorgänge im Süden und Westen engten das Zechsteinmeer auf Mittel- und Norddeutschland ein, — seine Grenzen lagen in unserem Gebiet in der Haardt und im Odenwald — und ein Fortschreiten dieser Bewegung in dieses nördliche Gebiet selbst, die immer wieder mit Neigung zur Senkung in Widerstreit geriet, ermöglichte den Absatz von mächtigen Salz- und Kalisalzlagern. Im südlichen Deutschland wird man, wegen seiner hohen Lage zur Zechsteinzeit, die Kalisalze dieser Zeit vergeblich suchen.

Bei allen Bewegungen, welche sich im jüngeren Palaeozoikum, seit dem produktiven Karbon, abspielten, sehen wir in den Randgebieten des Rheintalgrabens, in unserem südwestdeutschen Gebirgssystem, den Einfluß von Heraushebungen den von Senkungen überwiegen. Absätze sind vorhanden, aber in geringem Umfang.

Zu Beginn der mesozoischen Zeit war das weite Gebiet südlich des rheinischen Schiefergebirges und bis zu einem gewissen Grade dieses selbst durch Abtragung und Auffüllung zu einer großen Ebene umgebildet worden, die im Absinken begriffen war. Die Bewegung war aber keine gleichmäßige, denn die Vogesen und der Schwarzwald zeigten stets eine Neigung zur Heraushebung. Die Mächtigkeit des Buntsandsteins ist in der Pfalz am größten, von dort nimmt sie in nördlicher und südlicher Richtung ab. Das Muldentiefste, das im Oberen Karbon sich in der Saarbrücker Gegend befand und auch im Rotliegenden an Teile dieser Mulde gebunden war, hatte sich zwischen Saarbrücker Kohlensattel und Vogesen verlegt. Man hat für den Buntsandstein den Eindruck einer Wannenausfüllung. Würde aber eine regelmäßige Auffüllung einer Mulde vorliegen, so müßten die tieferen Schichten früher an den Rändern abstoßen als die oberen oder jüngeren, und diese müßten über jene übergreifen. Das trifft aber, wie in der nachstehenden Zeichnung dargestellt ist (Fig. 7), nur für den nördlichen Teil der Mulde zu, im südlichen keilt die obere Abteilung früher aus als die untere. Veranlassung dazu waren heraushebende Bewegungen im Gebiet der heutigen höchsten Teile von Vogesen und Schwarzwald während der Zeit der Ablagerung des Unteren und Mittleren Buntsandsteins. Dieses Beispiel zeigt, daß Stratigraphie ohne Berücksichtigung der zur Zeit der Ablagerung der Schichten herrschenden tektonischen Bewegungen unmöglich ist.

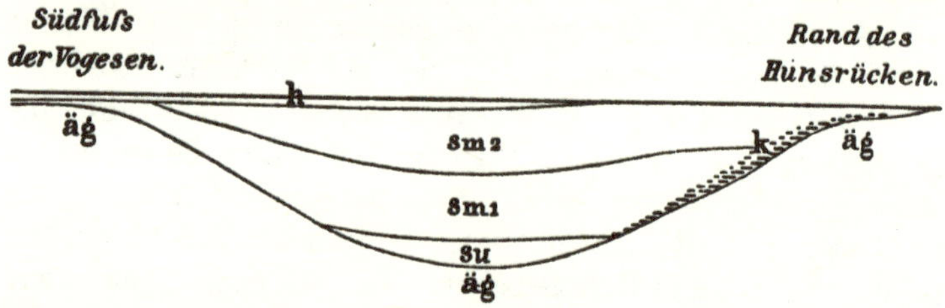

äg = Gebirge älter als Buntsandstein; su = unterer Buntsandstein; k = Grundkonglomerat; sm1 = mittlerer Buntsandst., untere Abteil.; sm2 = mittlerer Buntsandst., obere Abteil.; h = Hauptkonglomerat.

Fig. 7.

Der Obere Buntsandstein greift weiter über den Mittleren über, sowohl nach Süden als nach Westen und Norden. Nicht in eingeengtem Gebiet, wie es die de Beaumont'sche Ansicht fordert, sondern in stark erweitertem Gebiet fand sein Absatz statt. Verringerung seiner Mächtigkeit über dem Saarbrücker Kohlensattel spricht für Bewegung desselben während der Zeit des Oberen Buntsandsteins. Es vollziehen sich die ersten Anfänge des lothringischen Hauptsattels.

Im Oberrotliegenden war unser ganzes Gebiet eingeebnet worden, durch Abtragung und durch Auffüllung. Während des Zechsteins wurden ihm keine Absätze zugeführt, es war eine Untiefe, kein Festland. Die Niederschläge begannen erst wieder mit dem Buntsandstein; sie verloren ihren lokalen Charakter und bezogen ihr Material aus außerhalb gelegenen Gebieten. Die rote Färbung, die an die Abtragung des variskischen Gebirgszuges gebunden ist und nur in den kohlenführenden Schichten durch reduzierende Vorgänge infolge reichlichen Pflanzenwachstums hintangehalten war, bleibt aber bis zum Schluß des Buntsandsteins erhalten.

Im Unteren Muschelkalk, der einer wesentlichen Vertiefung des Meeres seine Entstehung verdankt, bleibt die variskische Richtung in der Verbreitung einer normalen, tonig-kalkig-dolomitischen Ausbildung (Wellenkalk und Schaumkalk) und einer sandigen Entwickelung, die als Muschelsandstein bezeichnet wird, erkennbar. Erstere schiebt sich über dem Muldentiefsten des Buntsandsteins mit SW-NO-Richtung zwischen die nördlich und südlich angrenzende Sandfazies ein, soweit wenigstens, wie wir die Schichten vom Ausgehenden kennen. In einem Bohrloch bei Dieuze, das im Zuge der normalen Entwickelung in Salzkeuper angesetzt war, wurde unerwartet Sandfazies festgestellt; gegen Westen findet also die normale Fazies unter der Bedeckung durch jüngere Schichten ziemlich bald ihr Ende. Daß Muschelsandstein im Schwarzwald bis zur Höhe von 500 m sich erhalten hat, wurde S. 4 erwähnt. Größere Bedeutung hat das von mir im Jahre 1886 aufgefundene, anscheinend in einem schmalen Graben eingeklemmte Vorkommen von Muschelsandstein bei Altweier, weil es eine bedeutendere Höhenlage, nämlich 750 m, einnimmt und ziemlich weit vom Gebirgsrand entfernt liegt. Dabei ist seine Entwickelung von derjenigen am Fuße des Gebirges und von derjenigen der lothringischen Sandfazies nicht verschieden, er hat also wohl noch weiter übergegriffen. Zwischen beiden Vorkommen liegt in Bezug auf Höhenlage der Muschelsandsten im Straßburger Oedenwald bei 670 m, am Paß zwischen Wangenburg und dem Breuschtal. Das nördliche Muschelsandsteingebiet, das aus der Saarbrücker Gegend vom Fuß des lothringischen Hauptsattels bis an den Rand der Ardennen reicht, verdankt seinen Sand wohl einem in diesen vorhandenen Kontinent. Dann weist die Sandfazies von Dieuze auf ein westliches, die des südlichen Gebietes auf ein südliches Ufer hin. De Lapparent glaubte sie auf einige kleinere Inseln aus Oberem Buntsandstein zurückführen zu können, die im Herzen der heutigen südlichen Vogesen das Meer des Unteren Muschelkalks überragten. Untrügliche Anhaltspunkte für diese Annahme sind aber nicht bekannt. Die Küste wird, wie diejenige, von welcher die Gerölle des Hauptkonglomerates und der Zwischenschichten herstammen, weiter südlich gelegen haben. Bei Belfort ist noch ein echter Muschelsandstein entwickelt. In den Emmendinger Vorbergen und am Dinkelberg, dann besonders bei Basel tritt sandige Fazies gegenüber der dolomitischen sehr zurück.

Der lothringische Mittlere Muschelkalk birgt reiche Steinsalzlager, ebenso der schwäbische, und bei der guten Uebereinstimmung der beiderseitigen Profile liegt die Annahme am nächsten, daß lothringisches und schwäbisches Steinsalz Absätze in einem einheitlichen Becken gewesen sind. Eine im Pechelbronner Oelgebiet niedergebrachte Tiefbohrung hat aber den Mittleren Muschelkalk (zwischen 1003,55 und 1059,4 m Tiefe) durchsunken, ohne Steinsalz vorgefunden zu haben und auch keine Anhaltspunkte, welche auf Auslaugungsvorgänge hinweisen. Die im unteren Teil der Abteilung in einer Mächtigkeit von etwa 3 m vorkommenden grauen und roten Tone sind aber stark von Rutschflächen durchzogen, wodurch der Gedanke nahe gelegt wird, daß das Salz durch eine Verwerfung abgeschnitten ist. Es kann sich aber auch um eine horizontale oder schwach geneigte, abscherende Bewegung handeln, die nur die Tone, nicht auch die festeren Schichten im Hangenden und Liegenden verquetscht hat. In diesem Falle könnte man auf ein ursprüngliches Fehlen des Salzes schließen. Dann aber müßte zwischen dem lothringischen und dem schwäbischen Salzbecken ein trennender Rücken vorhanden gewesen sein, und wir ständen einer Erscheinung gegenüber, welche unwillkürlich die Ansicht von É. de Beaumont über eine in der Richtung des Rheintales langgestreckte Aufwölbung in die Erinnerung ruft. Auf das Ergebnis eines einzigen Bohrloches hin möchte ich mich aber nicht bestimmt in dieser Hinsicht aussprechen.

Das lothringische Muschelkalksalz ist heute auf die Südseite der Fortsetzung des Saarbrücker Kohlensattels oder des später über ihm herausgebildeten lothringischen Hauptsattels beschränkt, und es ist nicht unwahrscheinlich, daß es auch ursprünglich infolge von Heraushebungen im Sattel wesentlich auf die Südseite beschränkt war.

Im Oberen Muschelkalk unterscheiden wir eine normale tonig-kalkige Entwickelung mit zahlreichen Ceratiten von einer dolomitischen Fazies, welche von der Deutschen Nied ab sich gegen Norden anschließt und einer südlichen kalkigen, welche sich aus der Gegend von Molsheim gegen Süden erstreckt. Beide Fazies sind sehr arm an Ceratiten. Zwischen dieselben ist die normale Ausbildung in der gleichen Weise, also in variskischer Richtung, eingeschaltet wie die des normalen Unteren Muschelkalks zwischen die Muschelsandsteingebiete, aber in größerer Breite. Das entspricht einer fortgeschrittenen Vertiefung des Meeres. Die normale Ausbildung überschreitet den Saarbrücker Kohlensattel und geht erst am Nordfluß des heutigen lothringischen Hauptsattels in die dolomitische Ausbildung über. Diese endet, wie die Abteilung überhaupt, am Fuß der Ardennen, nicht aber durch den Uebergang in eine konglomeratische Küstenfazies, wie man früher annahm, sondern durch Verschwächen und Auskeilen der Schichten. Die reinen Kalk- und Dolomitgebiete lagen etwas höher als die tonig-kalkige Fazies, die in etwas tieferer Rinne abgesetzt wurde. Gegen Süden griff das Meer über Vogesen und Schwarzwald hinaus. Die Oolithbildung, welche in der Dolomitfazies stärker als in den anderen Fazies entwickelt ist, hängt mit der Nähe der Küste zusammen.

Nahezu ganz durchgehend herrschen im Muschelkalk graue Farben; ganz untergeordnet treten rote Mergel in der unteren Abteilung auf, spielen aber eine größere Rolle im unteren Teil des Mittleren Muschelkalks, besonders in Lothringen und in Luxemburg; gegen Osten verschwächen sie sich und keilen schließlich aus. Sie sind eine durch die westliche Umrandung bedingte Fazies.

Die Lettenkohle greift am Fuß der Ardennen in konglomeratischer Ausbildung über Oberen Muschelkalk und Devon über.

Im Keuper wiederholt sich die Salzbildung, jedoch nur in Lothringen und zwar anscheinend nahezu ganz auf der Südseite der Aufwölbung über dem Kohlensattel. Das Rheintal war, wie aus Bohrungen im unterelsässischen Petroleumgebiet und bei Sierenz im Oberelsaß hervorgeht, salzfrei, ebenso der rechtsrheinische Keuper. Beide Gebiete haben sich, wie Fig. 8 zeigt, während der Ablagerung des Salzes etwas herausgehoben oder das lothringische Gebiet hat sich etwas vertieft. In der Mulde liegt die obere Grenze des Grenzdolomites 91 m tiefer als bei Bérupt und 95 m tiefer als bei Pechelbronn. Da die Entfernung Dieuze-Bérupt 34, die von Dieuze nack Pechelbronn 84 km beträgt, so berechnet sich für die erstere Strecke ein Gefälle von 2,7 ‰, für die zweite 1,1 ‰. Es genügten also geringe Höhenunterschiede der Unterlage, um die An-

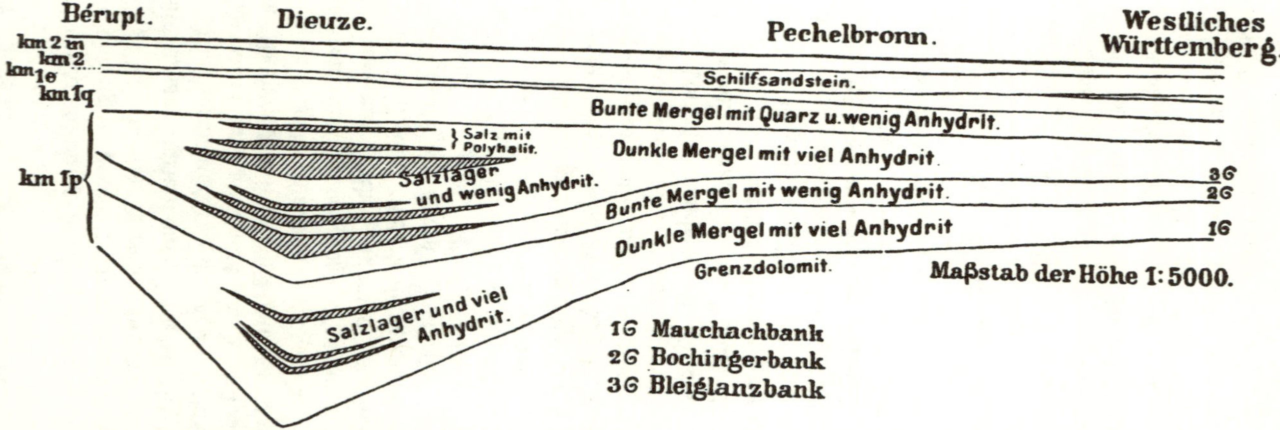

Fig. 8. Übersicht über die Stellung der lothringischen Salzlager im südwestdeutschen Unteren Keuper.

sammlung der Salzlösungen zu begünstigen oder zu verhindern.

Dieselben Vorgänge, welche eine Verschwächung des Vogesensandsteines und schließlich sein Auskeilen im Zug der höchsten Teile von Vogesen und Schwarzwald bewirkten, also Emporwölbungen in variskischer Richtung, brachten in demselben Gebiet auch Verringerungen der Mächtigkeit oder ein Ausfallen einzelner Abteilungen des mittleren Keupers zu Wege. Wir kennen sie auch über der südwestlichen Fortsetzung des Saarbrücker Kohlensattels im Schilfsandstein, dem Plattendolomit und den Roten Mergeln. Das Ausfallen des Oberen Keupers (Rhät) im Rheintal am Fuß der südlichen Vogesen ist auf dieselben Bewegungen zurückzuführen; als weiterer Grund mag aber dazu kommen, daß die Meeresströmungen diesem Gebiet keine Absätze zuführten. Trockenlegung braucht nicht erfolgt zu sein.

Neben der vorherrschenden variskischen Beeinflussung macht sich aber auch in der Trias eine Nordsüdrichtung sehr bemerkbar; die Faziesunterschiede erfolgen senkrecht dazu, in westöstlicher Richtung. Vorläufer hatten wir in der Kohle. Der sandigen Ausbildung des Unteren Muschelkalks bei Dieuze im Zuge der normalen Ausbildung wurde Seite 13 gedacht. Rote Tone, mit welchen der Mittlere Muschelkalk beginnt, haben ihre Hauptentwicklung in Lothringen, sind geringmächtig im Rheintal und fehlen im schwäbischen Salzgebiet. Auch die Roten Tone, mit welchen der Obere Keuper abschließt, sind eine westliche Bildung; sie überschreiten den Rhein nicht.

In auffallender Gleichartigkeit setzt der größte Teil der Schichten des Lias aus Schwaben durch das Rheintal nach Lothringen hinüber. Die Wirkung andauernder Hebungen im Süden macht sich durch verringerte Mächtigkeit der einzelnen Abteilungen bemerkbar. Noch immer scheint das Muldentiefste zwischen Ardennen-Hunsrück und Vogesen zu liegen. Am Fuße der Ardennen senkt sich die Küste vom Unteren bis zum Mittleren Lias beständig — mit einer Schwankung nach dem Gryphitenkalk — im Mittleren Lias aber begann eine Heraushebung, und der Obere Lias reicht weniger weit gegen Westen als der erstere. Ein Wechsel der Ausbildung zugleich ein starkes Anschwellen der Schichten stellt sich ebendort durch mehrfache sandige Fazies ein (Luxemburger Sandstein, Sandstein von Virton usw.), in den Costatus-Schichten des Mittleren Lias auch weiter ab von der Küste bis ins südliche Lothringen. Den sandigen Mergeln und Sandsteinen dieser Schichten in Lothringen, entsprechen im Elsaß Kalke. Wir haben einen Fazieswechsel von Westen nach Osten. Nur Spuren einer westlichen sandigen Fazies zeigen sich im Posidonienschiefer, der sich im übrigen mit auffallender Gleichmäßigkeit von Schwaben nach Lothringen verfolgen läßt, sowohl was Gesteinsausbildung als auch Fossilinhalt anbelangt. Seine Stellung, wie die der tieferen Schichten der Lias, ist unbestritten. Mit den nächstfolgenden Schichten, mit dem Lias ζ, beginnen aber für den Vergleich Schwierigkeiten, denn in Lothringen hat die Fauna andere Wege eingeschlagen als im Elsaß. Scharf und unbestritten ist wieder der Vergleich zwischen den lothringischen, elsässischen und schwäbischen Sowerbyi-Schichten, der untersten Abteilung des Mittleren Doggers. Ihrer Ablagerung ging eine Transgression voraus. Über die Gliederung der Schichten zwischen Mittlerem Dogger und Posidonienschichten gehen die Ansichten aber stark auseinander. Sie haben wesentlich Einfluß auf unsere Auffassung über die damals herrschenden tektonischen Verhältnisse und müssen deshalb hier berücksichtigt werden. Viel hängt bei der Beantwortung dieser sowie vieler anderer geologischer Fragen von der Art ab, wie man sich den Vergleich graphisch darstellt.

Fig. 9 gibt ein Profil durch den obersten Lias, den ζ, vom Elsaß nach Lothringen, für ersteres nach einer ganz all-

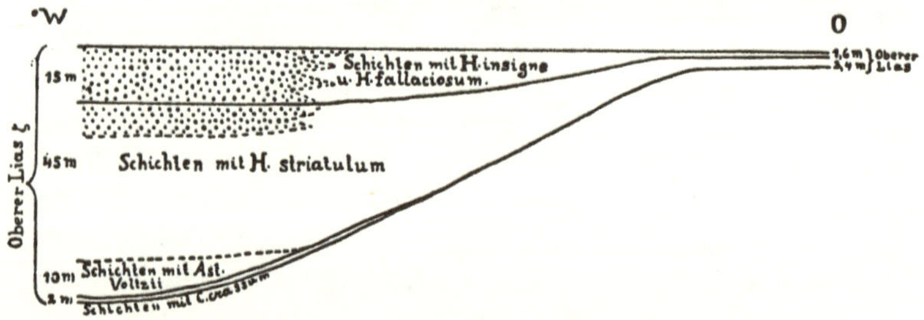

Fig. 9. Schematisches Profil durch den Oberen Lias (nach der Gliederung von Benecke) von Lothringen nach dem Unterelsaß.

gemein anerkannten Auffassung, für letzteres nach Benecke. Die geringe Mächtigkeit hat der ζ des Elsasses mit dem Schwabens gemein und bei der vorausgesetzten Gliederung müssen wir wohl für beide, wie für den Buntsandstein über den südlichen Vogesen (Fig. 7 auf S. 12), Ablagerung in einem in Heraushebung begriffenen Gebiet annnehmen, für Lothringen aber Senkung und infolgedessen mächtigere Entwicklung der Schichten.

Dieselben Verhältnisse zeigt das schematische Profil Fig. 10 von Lothringen nach dem Zentralplateau, für welches (Gegend von Thouars) die von Welsch gegebene Schichtenfolge zugrunde gelegt ist. Die Heraushebung hält aber nicht nur im ζ an, sondern den ganzen Unteren Dogger.

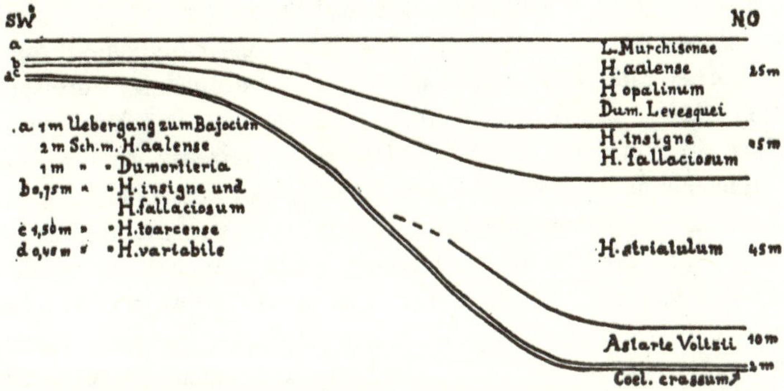

Fig. 10. Schematisches Profil durch den Oberen Lias und den Unteren Dogger (nach der Gliederung von Benecke) vom Zentralplateau nach Deutsch-Lothringen.

Ganz anders gestaltet sich dagegegen das Profil von Lothringen nach dem Elsaß, wenn wir es bis zur unteren Grenze des Mittleren Doggers ergänzen (Fig. 11). Das Elsaß verharrt

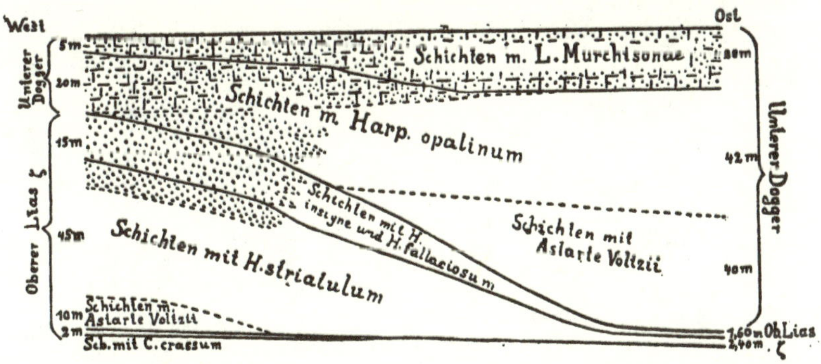

Fig. 11. Schematisches Profil durch den Oberen Lias und den Unteren Dogger (nach der Gliederung von Benecke) von Lothringen nach dem Unterelsaß.

nicht in heraushebender Bewegung, wie das Zentralplateau, sondern ist in ein ausgesprochenes Senkungsgebiet übergegangen. Die frühere Mulde hebt sich heraus, die frühere Anschwellung sinkt um den Betrag ihrer ehemaligen Heraushebung zurück. Bei den vielfachen Bewegungen, welche wir für unser Gebiet anzunehmen haben, ist das kein Ding der Unmöglichkeit. Außerordentlich auffallend aber ist es, daß sich dann im Elsaß im Unteren Dogger eine mächtige Tonbildung wiederholt haben muß, die wir in Lothringen im unteren Teil des Oberen Lias vorfinden, in beiden Fällen mit Einschaltung der Astarte Voltzii-Schichten im unteren Teil. Daß die diesen Schichten angehörenden kleinen Zweischaler und Gastropoden vereinzelt auch tiefer gesammelt werden können, beeinträchtigt ihren Wert für Vergleiche nicht. Nicht das zerstreute, sondern das durchgehende und reichlichere Vorkommen entscheidet.

Bei den wiedergegebenen Zeichnungen sind die Ammoniten als maßgebend für die Altersbestimmung angesehen worden. Ganz anders gestaltet sich das Bild jedoch, wenn man von den einzelnen Schichten ausgeht, die sich durch ihre Ausbildung, unter Beachtung der in Lothringen nahe dem Ardennenufer stattgehabten Faziesveränderungen, vergleichen lassen, wenn man also wesentlich von den geognostischen Körpern ausgeht. Bei dieser anderen Auffassung, die durch Fig. 12 erläutert ist,

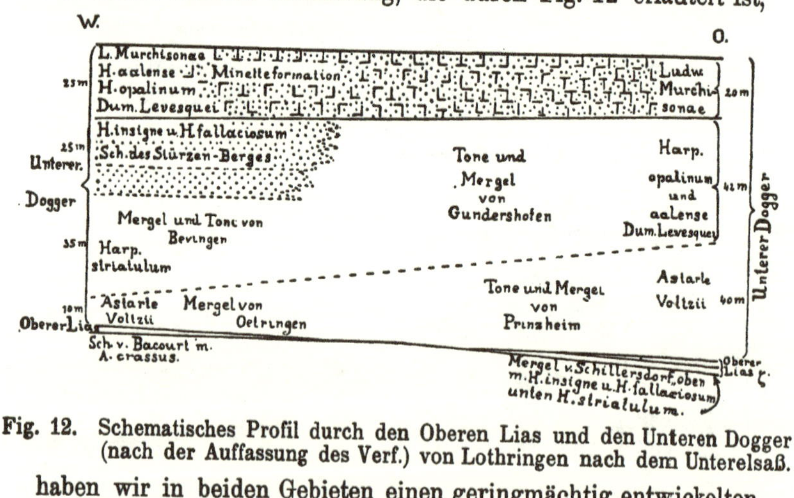

Fig. 12. Schematisches Profil durch den Oberen Lias und den Unteren Dogger (nach der Auffassung des Verf.) von Lothringen nach dem Unterelsaß.

haben wir in beiden Gebieten einen geringmächtig entwickelten obersten Lias und einen mächtigen Unteren Dogger. Wir gewinnen die Vorstellung eines in Lothringen wie im Elsaß sich gleichzeitig, in letzterem nur wenig stärker senkenden Beckens, im ganzen also das Bild einer regelmäßigen Auffüllung, zugleich aber auch die Anschauung, daß die Ammoniten für die vom Elsaß nach Lothringen herüberziehende Mulde im obersten Lias und im Unteren Dogger nicht leitend sind. In Lothringen reichen sie höher hinauf als im Elsaß, in welchem hingegen Astarte Voltzii länger in den Tonen und Mergeln fortlebt. Das Rheintal und mit ihm Schwaben haben aber zu dieser Zeit keine andere Stellung eingenommen als Lothringen.

Stärkerer Fazieswechsel in westöstlicher Richtung als im Lias stellt sich im Dogger durch vielfach wiederkehrende Oolithbildung ein. Sie beginnt in Lothringen in den Stürzenberg-Schichten, der Unterlage der Eisenerz- oder Minetteformation und erlangt in letzterer mehrfache Wiederholungen. Die sämtlichen Erze sind oolithisch. Im Unterelsaß sind die ersteren Schichten durch schwarze Tone ersetzt, in der schon erwähnten Bohrung bei Sierenz fanden sie sich aber in einer, von der lothringischen kaum abweichenden Ausbildung im obersten Teil der Opalinusschichten wieder. Die Fauna des lothringischen oolithischen Eisenerzes spricht für eine Bildung desselben in flacher See, Bäche und Flüsse führten das Eisen von der nahen Küste zu, und es ist wahrscheinlich, daß ältere Schichten des Juras, nachdem sie am Rande des Beckens herausgehoben, durch Zersetzung des in ihnen enthaltenen Eisenkieses das Muttergestein für den Eisengehalt sind. Abtragung jurassischer Ablagerungen gegen Schluß der Minetteformation ist durch ein Konglomerat bewiesen, das sich über dem obersten, dem rotsandigen Erzlager einschiebt. Die Gerölle bestehen hauptsächlich aus Toneisenstein, welcher grosse Uebereinstimmung mit den Toneisensteinen des Mittleren Lias zeigt, dann auch aus Sandstein, dessen Herkunft bisher nicht bestimmt werden konnte, und aus abgerollten Bruchstücken von Ammoniten und gelegentlich auch Gagat. Dieser weist besonders auf Posidonienschiefer hin. Als Küste, an der sich die lothringischen Minettelager niederschlugen, können wir die Ardennengegend ansehen. Für weiter südlich gelegene Vorkommen, wie die oolithischen Eisenerze der Haute-Sâone, bei Jussey und Conflans (nordwestlich von Vesoul) müssen wir aber eine andere Küste suchen, und wir finden sie wohl in den Vogesen. Das Vorkommen der Eisenerze bei Bourmont (Hte. Marne) gestattet anscheinend sogar, den Vorsprung der Mont-Faucilles zu erkennen. Ein Teil der Vogesen, wieder der südlichere höhere Teil, müßte demnach zur Zeit der Minetteformation als Insel über das Meer des Unteren Doggers herausgeragt haben. Die gleiche Annahme läßt sich für den Schwarzwald, soweit ich ersehen kann, nicht begründen.

War es die normale Ausbildung des Oberen Buntsandsteins und des Muschelsandsteins, welche veranlaßten, eine Vogeseninsel abzulehnen, so ist es hier die abweichende, oolithische Ausbildung, welche zur Annahme einer Vogeseninsel führt.

Jede Gebirgskette, sagt Cayeux, mit Ausnahme der alpinen, hat ihre sedimentären Eisenerze, d. h. jede hat während ihrer Abtragung das Material zur Ablagerung von Erzen geliefert. Die Eisenerze Lothringens sollen sich in der Gefolgschaft des variskischen Gebirges niedergeschlagen haben. Eisengehalt bedingt die rote Farbe des oberen Oberkarbon, des Rotliegenden und Buntsandsteins, und ihn können wir, wie schon gesagt, auf die Abtragung der variskischen Kette zurückführen. Unsere Eisenerze stehen aber mit wesentlich jüngeren, z. T. gleichfalls in variskischer Richtung erfolgenden Heraushebungen in Verbindung.

Die variskische Richtung kommt in den lothringischen Minetteablagerungen, was ich zum ersten Male in 1901 hervorgehoben habe, durch die Trennung in ein südliches Becken von Nancy und ein nördliches von Briey zum Ausdruck; das trennende erzarme Gebiet fällt in die Fortsetzung des Saarbrücker Kohlensattels. Bewegungen der gleichen Richtung bewirkten starke Diskordanzen zwischen Unterem und Mittlerem Dogger am Plateau von Langres.

Ausscheidungen von Eisenoolith, allerdings nicht bis zur Bildung bauwürdiger Lager, kehren in den Schichten von Charennes und Oettingen wieder (Sowerbyi-Schichten), und ganz neuerdings erkannte ich sie in einem Bohrloch bei Ste. Marie-aux-Chênes im Hohebrücker Kalk (Polyschides-Schichten).

Als Ausnahme beobachtete ich in demselben Bohrloch in den ersteren Schichten weiße, oolithische Kalke. Das gibt vielleicht einen Ausblick auf die Entwickelung in den noch westlicheren, überdeckten Gebieten. Als Kalk von Deutsch-Oth (kurz Other Kalk) erreichen die oolithischen Kalke eine mächtige Entwickelung in den höheren Schichten des Mittleren Doggers und treten hier in Beziehung zu Korallenkalken. Der östlichste Punkt für diese Entwickelung ist der Hochberg bei Tincry, östlich vom Delmer-Rücken; im Rheintal treffen wir an ihrer Stelle graue Mergel. Am Südfuß der Vogesen gehen beide Fazies in einander über. Eine mächtige Oolithbildung ist auch dem Oberen Dogger eingeschaltet, der Oolith von Jaumont in Lothringen, der Hauptoolith im Rheintal und im Juragebirge. Sie reicht aber weiter als die tieferen Oolithbildungen, über den Rhein bis an den Westfuß des Schwarzwaldes, überschreitet diesen jedoch nicht. Oestlich desselben ist er, wie die Oolith und Korallenkalkbildungen des Mittleren Doggers, durch Mergel ersetzt. Den Uebergang beobachtet man an der Aare. Daß wir es, wie bei den Eisenoolithen so auch bei den Kalkoolithen, mit den Bildungen einer flachen See zu tun haben, wird durch die Fauna dargetan, dann aber auch durch die mehrfach sich einschaltenden Abrasionsflächen, die von Bohrmuscheln angebohrt und mit flachen Austern überzogen sind. Die Mergel sind küstenfernere Absätze, also auch wohl in einer tieferen See entstanden. Daraus ersehen wir, daß zur Zeit des Doggers das westlichere Gebiet, anfangs nur westlich bis an die Mose bei Nancy wenig darüber hinaus (Unterer Dogger), dann weiter östlich später bis in die Nähe der Rheinebene (Mittlerer Dogger) und schließlich bis in das Gebiet des Schwarzwaldes (Oberer Dogger) in etwas höherer Lage sich befand als jeweils die östlicheren Gebiete. Ebenso sind die nördlichen und südlichen Dolomit- und Kalkgebiete des Oberen Muschelkalks an etwas höhere Lage gebunden als die tonig-kalkige Fazies. Ob die Vogeseninsel im Mittleren und Oberen Dogger fortbestand oder ob an ihre Stelle eine unterseeische Anschwellung getreten war, läßt sich nicht mit Sicherheit erkennen. Das Vorkommen von Korallen im Hauptoolith bei Oberehnheim und an anderen südlicheren Punkten läßt sich auch im letzteren Falle erklären.

Beachtung verdienen massenhafte Austernbänke an der Grenze des Mittleren gegen den Oberen Dogger. Von Norden her keilen sie gegen Süden aus, in Lothringen bei Roncourt, im Unterelsaß südlich von Mietesheim. Sie weisen auf Küstennähe hin und lassen erkennen, daß Änderungen im Norden sich vorbereiteten. Das Muldentiefste hat sich anscheinend verschoben. Denn der Oolith des Oberen Doggers (Oolith von Jaumont und Hauptoolith) ist in Lothringen schwächer entwickelt als im Rheintal und in diesem schwächer als im Juragebirge.

Von Lothringen gegen Westen, nach der Maas zu, finden wir den Malm in regelmäßiger Überlagerung über dem Dogger, ebenso im südlichen Rheintalgraben und im Juragebirge. Entschieden griff der Malm früher gegen Osten und Norden viel weiter vor, doch kennen wir seinen ursprünglichen Rand nicht. Kieselknollen mit Malmversteinerungen, die bei Saaralben und Saargemünd gefunden wurden, sprechen dafür, daß früher ein Zusammenhang zwischen dem französichen Malm und dem des Rheintales bestand. Oberste Schichten des Doggers, die zuerst als Malm aufgefaßt wurden, finden sich im Unterelsaß am Scharrach-Berg.

Im Pariser Becken und in der Aquitaine einerseits und in Norddeutschland andererseits fanden Heraushebungen nach dem Jura statt, die jedenfalls auch unser Gebiet betroffen haben. Auf beginnende Heraushebung im Norden wiesen bereits die Austernbänke an der Grenze des Mittleren gegen den Oberen Dogger hin. Unser Gebiet wurde durch Heraushebung dem Bereich der Niederschläge ganz entzogen, zum ersten Male seit der Kulmzeit, und im Norden früher als im Süden. Dies muß aus dem Grad der Abtragung geschlossen werden, welche im Eocän erreicht war. Es war aber kein Gebirge erzeugt worden, wie nach der karbonischen Faltung, sondern ein großes Schild mit einzelnen größeren Wellen, aus dem sich allmählich eine Stufenlandschaft mit nach Süden einfallenden Stufen herausbildete. Das Ufer des Kreidemeeres lag südlich von Vogesen und Schwarzwald, die Hauptmulde hatte sich südlich dieser Gegend verlegt. Die Welle, die früher von Süden nach Norden vorgeschritten, war nun gegen Süden zurückgeflutet. Eine untergeordnete Mulde scheint an Stelle der heutigen Pfalzburger Mulde vorhanden gewesen zu sein. Darauf weist das Vorkommen eocäner Süßwasserkalke bei Buchsweiler im Unterelsaß und im Kraichgau hin. Die Fortsetzung der Pfalzburger Mulde ist im Zaberner Bruchfeld trotz der vielen quer zu ihr verlaufenden jüngeren Zerreißungen durch die Verbreitung der jüngeren Schichten des Braunen Juras deutlich zu erkennen, ein Umstand, welcher bei der Annahme, daß die Muldenbildung dem Aufreißen der Spalten vorausging, leichter erklärlich ist als bei der jeder anderen Annahme. Die Höhenverhältnisse der begrenzenden Sättel mögen aber ganz andere gewesen sein als heute. Der Haardt-Odenwaldsattel lag wahrscheinlich höher als der Vogesen-Schwarzwaldsattel.

Da das Obereocän (Buchsweiler Süßwasserkalk usw.) ebenso wie die ältesten Konglomerate des Oligocäns in den Vorhügeln — das nördlichste der linken Rheinseite bei Buchsweiler — überall auf Oberem Dogger oder noch jüngeren Schichten aufruhen, so nahm man an, daß das Tertiär im ganzen Elsaß und in entsprechender Breite in Baden nirgends ältere Schichten als Oberen Dogger überlagere. Das neuerdings erst als Mitteleocän gedeutete Vorkommen von Messel nördlich vom Odenwald, das Rotliegendes überdeckt, beweist, daß weiter nördlich die Schichten zur gleichen Zeit weit stärker abgetragen waren. Bemerkenswert ist nun, daß in einigen Bohrungen im Pechelbronner Oelgebiet nicht Oberer, sondern Unterer Dogger (Murchisonae-Schichten) als Unterlage des Tertiärs angefahren worden ist, und es wird dadurch der Gedanke nahe gelegt, daß beim Beginn des Obereocäns und Oligocäns eine Schwelle im Gebiet der heutigen Rheinniederung vorhanden war. Nebenbei sei bemerkt, daß eine dieser Bohrungen bis in den Oberen Buntsandstein eingedrungen ist, dessen obere Grenze sie bei 1117 m Tiefe oder — 958 NN erreichte. Die Bohrung wurde in Zwischenschichten bei 1158 m Tiefe eingestellt.

Wie nach der postkulmischen Heraushebung wird die neue Reihenfolge der Schichten durch Süßwasserbildungen eingeleitet. Das voroberkarbone Gebirge war sehr arm an Kalkgesteinen, es bestand ganz vorwiegend aus kristallinen Gesteinen und aus Trümmergesteinen, die aus ihnen hervorgegangen. Die nun folgenden Kohlenbildungen sind deshalb von kalkarmen oder kalkfreien Gesteinsfolgen begleitet. Erst der Zutritt des Meeres im Zechstein und mehr noch in der Trias und im Jura bringt mit den marinen Versteinerungen aus größeren Becken und aus weiterer Ferne reichlich kalkige oder kalkig-tonige Absätze. Die Heraushebung nach dem Jura schuf eine Landschaft, deren Oberfläche im Süden von Kalkgesteinen gebildet war, gegen den Rand des rheinischen Schiefergebirges waren kalkärmere Gesteine der tieferen Schichtenfolge freigelegt. Deshalb ist die mitteleocäne Messeler Braunkohle von Tonen und Arkosen begleitet, und über der obereocänen Braunkohle von Buchsweiler im Unterelsaß folgen Süßwassermergel und -Kalke.

Mit dem Beginn des Oligocäns tritt das Meer in unsere Gegend zurück. Der Rheintalgraben, die bedeutendste und auffälligste tektonische Erscheinung des südwestlichen Deutschlands, beginnt, sich durch Abbiegung der Schichten und durch Verwerfungen herauszubilden. Die Nordsüdrichtung, die sich im Dogger besonders bemerkbar gemacht, kommt nun im ausgesprochenstem Maße zur Geltung. Das Gebiet östlich, nördlich und südlich des Mittelrheintales ist herausgehoben, das westliche liegt tiefer. Nach der karbonischen Faltung drang das Meer von Osten her vor, bei der Landwerdung nach dem Jura wurde es nach Westen und Süden zurückgedrängt. Es kehrt bei dem neuen Einbruch von Westen oder Nordwesten her zurück — die Einbruchspforte ist die Mulde von Pfalzburg — und ergießt sich in eine gegen Osten, zunächst auch noch gegen Norden und Süden, teilweise auch im Westen geschlossene Bucht. Die Verbindung mit dem Nord- und Südmeer erfolgte erst später. Dem Westmeer gegenüber verhielt sich die Rheintalbucht wie heute die Karabugasbucht zum Kaspischen Meer. Die Verbindung war aber keine ständige. Schwankungen der westlichen Barre — an ihrer Stelle mußten wir schon im Dogger eine Erhebung annehmen — schlossen zeitweise die Bucht ganz oder z. T. ab, die salzigen Wasser konnten sich konzentrieren, und es kamen Salzlager und mit ihnen das für die Landwirtschaft so wichtige Kalisalz (Sylvinit) zum Absatz. Die Zechsteinkalisalze des nördlichen und mittleren Deutschlands gehören einer Zeit an, in welcher das Meer sich angeschickt hatte, das ihm durch Hebungen nach dem Unterkarbon verloren gegangene, nunmehr wieder sich senkende Gebiet zurückzuerobern, die elsässischen Kalisalze stehen mit der Transgression in Verbindung, durch welche das Tertiärmeer infolge von Senkungen in das durch Heraushebungen in der Kreide geschaffene Festland zurückkehrte. Ein fortwährendes Ringen zwischen Senkungs- und Hebungserscheinungen hat in beiden Abteilungen die Bedingungen zur Bildung der Salz- und Kalisalzlager geschaffen. Dem Vorgang der Salzbildung sind wir schon im Muschelkalk und Keuper begegnet. Im ersteren waren die Hebungsvorgänge während verhältnismäßig kurzer Zeit auf ein geringes Maß beschränkt, die Senkungsvorgänge gewannen bald wieder die Oberhand, die Salzlager erreichten keine große Mächtigkeit, und Kalisalze kamen deshalb nicht zur Ausscheidurg. Länger anhaltende Schwankungen erzeugten im Keuper zahlreichere Salzlager, und gegen Schluß schieden sich in ihnen Nester von Polyhalit aus. Durch ähnlichen Kampf entstanden in den Süßwasserbecken des Karbons die Einschaltungen der Kohlenflöze. Zeitweise scheint das Rheintalbecken vollständig abgeschlossen gewesen zu sein, denn es schieben sich Süßwasserbildungen zwischen die Meeresniederschläge ein. Im Unterelsaß erreichen die oligocänen Schichten eine Mächtigkeit von 1200 m, im Oberelsaß von 1400 m, die weit größer ist als die der gleichhaltigen Schichten im Westmeer, im französisch-belgischen Becken. Dieses starke Anschwellen war nur dadurch möglich, daß der Graben sich während der Ablagerung der Schichten immer mehr vertiefte.

Hinter den Mächtigkeiten des Unterkarbons (12 500 m), des Oberkarbons (4 400 m) und des Rotliegenden (2 200 m) bleiben diese Zahlen stark zurück, erreichen aber die von Trias (in der Muldenmitte) und Jura zusammen (965 + 385 = 1350 m).

Zu unterst hat man schwarze Mergel mit Anhydrit, eine Meeresbildung, die mit grünen Mergeln, einer Süßwasserbildung, abwechselt und randlich (Kembs, Mülhausen, Châtenois) in einem Kalk, den Melanienkalk, übergeht. Wir stehen hier vor derselben Faziesverteilung, die wir bereits im Oberen Muschelkalk sowie im Mittleren und Oberen Dogger kennen gelernt haben.

Es folgen mehrere Zonen bituminöser Gesteine, zuerst streifige Mergel mit Anhydrit und Steinsalz, letzteres in einer großen Zahl verschieden dicker Lager, die eine Gesamtmächtigkeit von rund 140 m aufweisen (Bohrloch Wittelsheim I). Die Anhydrit und Salzbildung wird durch eine neue Zone streifiger Mergel unterbrochen, die durch reichliche Führung von Versteinerungen (mariner Tiere) die Ausbildung eines tieferen Becken bekunden; die Verbindung mit dem offenen Meer war eine freiere geworden als bisher. Im Pariser Becken wurden gleichzeitig die Marnes à Cyrènes des Sannoisien abgesetzt. Das verhinderte aber nicht, daß gelegentlich auch Süßwasserschnecken eingeschwemmt wurden. Eine neue Änderung der Verhältnisse bringt von neuem die Bildung von Steinsalzlagern und mit ihnen die von zwei Kalisalzlagern. Das Meerwasser enthält Chlorkalium in weit geringerer Menge (1,29 g auf 1000 g Wasser) als Chlornatrium (Kochsalz, Steinsalz, 26,70 g in 1000 g), und es müssen große Mengen von Meerwasser zur Verdampfung kommen, bevor Kalisalze in größerer Menge niedergeschlagen werden können. Ihre Bildung hätte man daher am Schluß der ersten salzreichen Schichtenfolge, also vor der Ablagerung der versteinerungsführenden streifigen Mergel erwarten müssen. Daß sie erst später, im Anschluß an geringmächtige Salzlager erfolgte, verlangt eine andere Erklärung für ihre Entstehung als die der unmittelbaren Ausscheidung aus eingedicktem Meerwasser. Man spricht von deszendenter (abstammender) Bildung: Die Kalisalze sollen durch Auflösung eines Teils der älteren Salzlager und Anreicherung des in diesem vorhandenen Kaligehaltes entstanden sein. Das setzt starke Störungen nach Ablagerung der versteinerungsreichen Zone voraus, deren Möglichkeit aber nicht von der Hand gewiesen werden kann. Diese Ansicht hat vieles für sich, in ihren Einzelheiten ist die Frage aber noch nicht gelöst.

Das Kalisalz kommt in zwei Lagern als Sylvinit, einem Gemenge von Chlorkalium und Chlornatrium vor. Das obere mißt durchschnittlich 1,16 m, das untere oder Hauptlager 4,15 m, wovon 3,507 m reiner Sylvinit; der Rest besteht aus dünnen Zwischenlagen von Steinsalz und Salzton. Im Hangenden dieses Lagers ist, bisher aber nur an einer einzigen Stelle, eine über $^1/_2$ m dicke Carnallitschicht erkannt. Für das Zwischenmittel zwischen beiden Lagern, das aus Mergeln mit Steinsalz- und Anhydritbänken besteht, ist eine durchschnittliche Mächtigkeit von 20 m anzunehmen.

Auf Grund der ersten Bohrungen, die in 1904 begannen und von Förster ausführlich beschrieben sind, nahm man nur ein Kalibecken von elliptischer Form an, dessen größte Achse eine NNO-Richtung hat und sich 20 km weit von Reiningen bis Meienheim erstreckt. Den Westrand bezeichnete Berrweiler, den Ostrand Battenheim. Dem oberen Kalilager kommt darin eine geringere Verbreitung zu als dem Hauptlager. Es umfaßt 90 Millionen Quadratmeter, das untere 172 Millionen. Neuerdings hat man Kalisalze, allerdings in geringerer Mächtigkeit, in der weiteren Umgebung von Banzenheim erbohrt, die ein selbständiges kleines Becken ausgefüllt zu haben scheinen. Günstigeren Befund, ein Lager von 4 m reinem Sylvinit, ergab eine Bohrung bei Buggingen in Baden, doch ist eine große Verbreitung bisher nicht nachgewiesen.

Bewegungen, welche die Heraushebung des Sundgauer Hügellandes einleiteten, waren maßgebend für die Verbreitung der einzelnen Kaligebiete. Sie schufen eine weniger tief gelegene östliche Stufe und eine tiefe, den Vogesen genäherte Rinne. Auf der ersteren ist der Melanienkalk eine ufernahe Bildung ebenso wie bei Montbéliard. Das Verhältnis zwischen Stufe und tiefer Rinne stellt sich im Profil in derselben Weise dar wie die Abnahme und das Ausfallen einzelner Abteilungen des Buntsandsteins in Fig. 7 S. 12. Der östliche Teil der Zeichnung auf Taf. I, die von Wagner herrührt, gibt eine Vorstellung dieser Verhältnisse, sobald man sich die dort eingetragenen Verwerfungen ausgeschaltet denkt.

Die Kalimulden liegen anscheinend im tiefsten Teil der früheren Bucht, am Fuß der höchsten Erhebungen von Vogesen und Schwarzwald. Das elsässische Vorkommen liegt in der erwähnten westlichen Rinne, das badische in der Fortsetzung der Mulde von Landser.

Den Mergelschichten, welche die Kalilager umschließen, eignet ein gewisser Gehalt an Bitumen, das anscheinend immer noch in innerer Umbildung sich befindet; durch die sich dabei abspielenden chemischen Prozesse tritt Wärmeentwickelung ein, und die Temperatur ist in den Kalibergwerken eine größere, als sie bei normalen Verhältnissen zu erwarten wäre.

Ueber der Kalisalz führenden Zone stellen sich bis zu 480 m mächtige, vorwiegend bunte, z. T. auch streifige Mergel ein, die wieder Anhydrit — bei geringerer Tieferlage Gips — und Steinsalz führen, letzteres in einer Gesamtmächtigkeit der Lager bis zu 185 m.

Während im Oberelsaß der marine Charakter der besprochenen Schichten vorwiegt, schieben sich im Unterelsaß von Norden her zahlreiche Süßwasserbildungen ein, z. T. Sandsteine. An diese ist das unterelsässische Erdöl (Gegend von Pechelbronn) als eine ursprüngliche, aus der Zersetzung von tierischen Resten hervorgegangene Bildung gebunden. Wo später Zerreißungen der Schichten infolge von Verwerfungen stattfanden, konnte auch das Oel wandern, in höherem Maße die in ihm gelösten Gase, weshalb diese bei Bohrungen auch ohne Oel getroffen werden. Starke Salzwasser sind vielfach in diesen Schichten seit längerer Zeit bekannt, Salzlager werden aber erst in neuester Zeit durch Thürach für die Gegend von Büchel-Berg im Bienwald erwähnt. Oel wurde hier nur spurenweise vorgefunden, Gas in einer Bohrung aber reichlich, so daß es zunächst den Anschein hat, daß Oel und Salzlager sich im Elsaß ausschließen. Eine Bohrung, welche bei Ostwald unweit Straßburg zur Aufsuchung von Erdöl niedergebracht worden war, hat Steinsalz, aber kein Oel aufgeschlossen.

Auch im Erdölgebiet hat man, wie im Kaligebiet, geringe Thermenstufen, d. i. höhere Temperatur in verhältnismäßig geringen Tiefen, hier aber die merkwürdige und für die gegebene Erklärung beweisende Erscheinung, daß die Thermenstufe unterhalb der Petroleumlager wieder zunimmt.

Die S. 25 erwähnten, tief ins Liegende des Tertiärs getriebenen Bohrlöcher bezweckten die Entscheidung der Frage, ob das Erdöl im Tertiär ursprünglich zu Hause oder aus tieferen Schichten auf Spalten emporgedrungen sei. Für die Richtigkeit der ersten Anschauung wurden zahlreiche Anhaltspunkte gewonnen, keine für die zweite.

Zur Zeit der Ausbildung der Salzlager war die Rheintalbucht noch immer eine geschlossene und erreichte im Norden nicht das Mainzer Becken, im Süden nicht den Jura. Mit Sanden, die wegen ihrer reichen marinen Fauna als Meeressande bezeichnet worden sind, noch mehr mit dem Septarienton und dem bitumenreichen Fischschiefer fand ein weiteres Uebergreifen des Meeres statt; das Nordmeer trat nun erst durch die Wetterau in den Rheintalgraben ein und dehnte sich gegen Süden in die Schweiz hinein aus.

Starkes Uebergreifen gilt auch für die nächst jüngeren, aus sandigen Mergeln und Kalksandsteinen aufgebauten, Blattreste und Fischschuppen führenden, im Oberelsaß nach Wagner bis zu 200 m mächtigen Melettaschiefer (Blättersandsteine), zu denen wohl die Elsheimer Meeressande des Mainzer Beckens gehören.

In der beschriebenen Weise gestaltete sich die Ausbildung der Schichten aber nur im Innern der Bucht. An den Rändern entstanden durch den Anprall der Wogen Gerölle, die zu Konglomeraten (Küstenkonglomerate) verfestigt wurden. Von den ältesten Schichten des Oligocäns reichen sie bis in den Meeressand, und erst die jüngeren Schichten fanden bei uns keine steile Küste vor und griffen über die früheren Ränder über.

Ein so vollständig eingeebnetes Land, wie es der Buntsandstein vorgefunden, fand diese Transgression aber wohl nicht vor. Foraminiferen führende Mergel des Septarientones umschließen bei Rodern im Oberelsaß Kalksandsteine mit kleinen Geröllen, unter denen sich auch solche von kristallinen Gesteinen befinden. Das beweist, daß zur Zeit ihrer Ablagerung in den Vogesen noch Land vorhanden war, obgleich es weiter westlich gelegen haben wird als zur Zeit des Meeressandes. Das Konglomerat desselben ist ja schließlich nur das Grundkonglomerat des Septarientones oder richtiger des tieferen Teils desselben. Daß es, wenigstens nicht überall, den Verlauf der ehemaligen Küste andeutet, beweisen die Konglomerate von Gunstett, Morsbronn und Uhlweiler, deren Gerölle ihrer Natur nach nicht dem Aufbau des angrenzenden Gebietes entsprechen. Bemerkenswert ist, daß sich zwischen Meeresrand und Septarienton bei Lobsann die Süßwasserbildung des Asphaltkalkes einschiebt, und daß dem Septarienton wenig weiter nördlich eine Sandeinlagerung eingeschaltet ist. Auf der Schwarzwaldseite wird das Ufer weiter gegen Osten gelegen haben als der heutige Abfall des Gebirges. Im Mainzer Becken transgrediert der Septarienton mit sandigen und geröllführenden Bildungen.

Der beschränkten Ausdehnung der Bucht zur älteren Oligocänzeit entsprechend fehlen die älteren Konglomerate an den nördlichen und südlichen Punkten, im Mainzer Becken und im Jura. Sie sind vom Südfuß der Vogesen bis Buchsweiler im Unterelsaß, nicht aber weiter, am Rand des Schwarzwaldes von Müllheim bis Freiburg bekannt, umschließen Gerölle von Juragesteinen, und liegen ausschließlich auf Oberem Dogger und Malm auf. In den etwas jüngeren mischen sich zuerst Lias, dann Muschelkalk und auch Buntsandsteingerölle bei. Daraus erkennen wir die allmähliche Abtragung der Küste. Die festen Gesteine der jüngsten mesozoischen Schichten finden sich als Gerölle in den ältesten oligocänen Konglomeraten.

Die jüngsten Konglomerate umschließen im Mainzer Becken Gerölle von Taunus- und Rotliegendgesteinen, in der Pfalz und im anstoßenden Teil des Unterelsaß Muschelkalk und Buntsandstein, weiter südlich neben diesen auch Jura; von Egisheim bei Colmar (hier mit Versteinerungen des Meeressandes) bis zur französischen Grenze gesellen sich Gesteine des alten Kerns der Vogesen bei: Granit, Porphyrite sowie Grauwacken des Unterkarbons. Die Abtragung des alten Gebirges bewirkt auch hier wieder Rotfärbung der Ablagerungen, so zwar, daß die Schichten stellenweise früher mit Rothliegendem verwechselt werden konnten. Im Mainzer Becken und in der Pfalz liegen diese jüngsten Konglomerate auf Rotliegendem und verschiedenen, z. T. gegen einander verworfenen Schichten der Trias, vom Unterelsaß bis zur Doller nur auf tertiärer Unterlage, die selbst auf Dogger aufruht. Im Juragebirge greifen sie auf Malm über. Aus diesem Verhalten kann, wie aus dem des Eocäns geschlossen werden, daß die Heraushebung nach dem Malm im Norden früher begonnen hat als im Süden, denn nur dadurch erklärt sich, warum zur gleichen Zeit das Oligocän im Norden eine weiter abgetragene Landschaft vorfand als durchgehends im Süden. In den südlichen Vogesen war der alte Kern am Hang gegen das Rheintal freigelegt, die mesozoische Decke war aber noch nicht vollständig entfernt. Gegenüber, auf der Schwarzwaldseite, sind dagegen in den Konglomeraten nur Gerölle der Trias und des Juras, besonders des letzteren, bekannt, Gerölle älterer Gesteine fehlen, selbst in den jüngsten Konglomeraten. Die Heraushebung des Schwarzwaldes konnte also damals noch nicht so weit vorgeschritten sein, wie die der Vogesen. Das gleiche trifft für die Langenbrückener Senke zu, denn das hier vorkommende Konglomerat der Bohne bei Wiesloch, das nach seinem Alter dem Meeressand angehört, enthält als älteste Gerölle Keupergesteine, nicht Muschelkalk und Buntsandstein, wie die gleichaltrigen Konglomerate der gegenüber liegenden Seite.

Nach dem stärksten Uebergreifen des Meeres machte sich mit dem Beginn des oberen Oligocäns, in den Cyrenenmergeln, der dauernde Einfluß süßen Wassers bemerkbar; es entstanden graue, sandige Mergel und Sandsteine mit einer Brackwasserfauna. Die Verbindung mit dem Pariser Becken scheint aber noch erhalten geblieben zu sein. Darauf weisen Quarzite mit oberoligocänen Brackwasserversteinerungen hin, die man in Blöcken zerstreut auf der lothringischen Hochfläche findet. Sie sind, wie die erwähnten Reste des Malms, die einzigen der Verwitterung und Abtragung entgangenen Reste einer früher zusammenhängenden Decke und sind Zeugen der

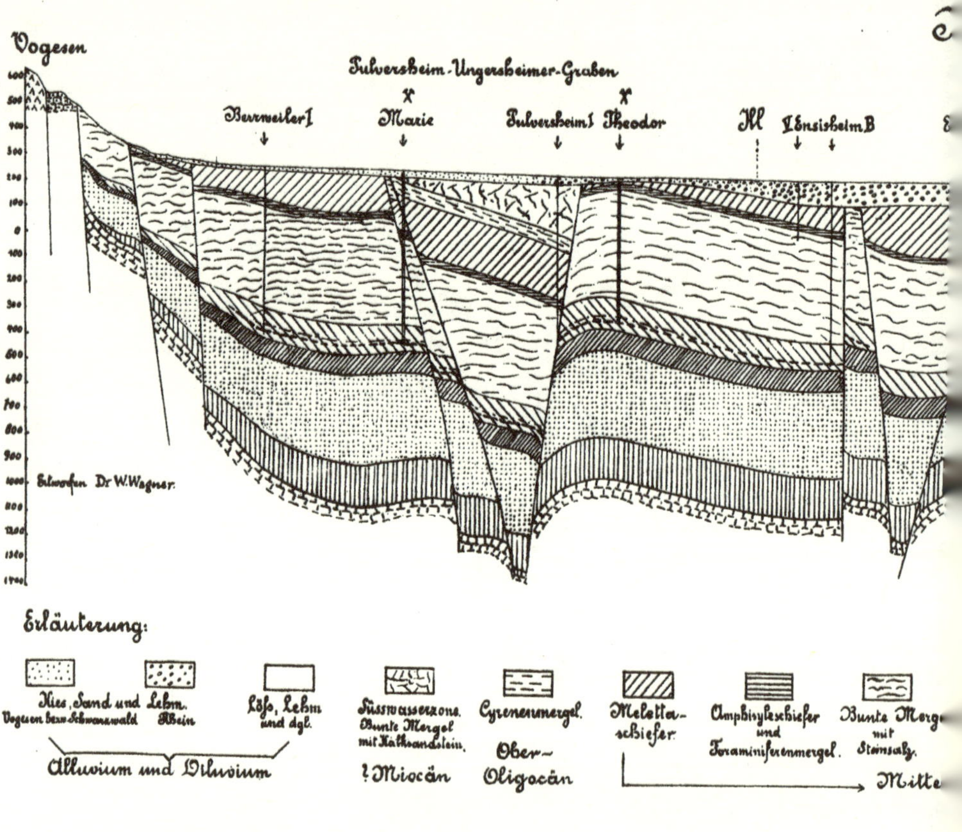
Vogesen
Pulversheim-Ungersheimer-Graben
Berrweiler I
Marie
Pulversheim I
Theodor
Ill
V Ensisheim B
Entworfen Dr. W. Wagner.
Erläuterung:
Kies, Sand und Lehm.
Vogesen bezw. Schwarzwald
Rhein
Löß, Lehm und dgl.
Alluvium und Diluvium
Süsswasserzone. Bunte Mergel mit Kalksandstein.
? Miocän
Cyrenenmergel.
Ober-Oligocän
Meletta-schiefer.
Amphisyleschiefer und Foraminiferenmergel.
mit Steinsalz.

Tafel I.

Aus Mitteil. d. Philomath. Ges. in Els.-Lothr., Bd. IV Taf. XIII.

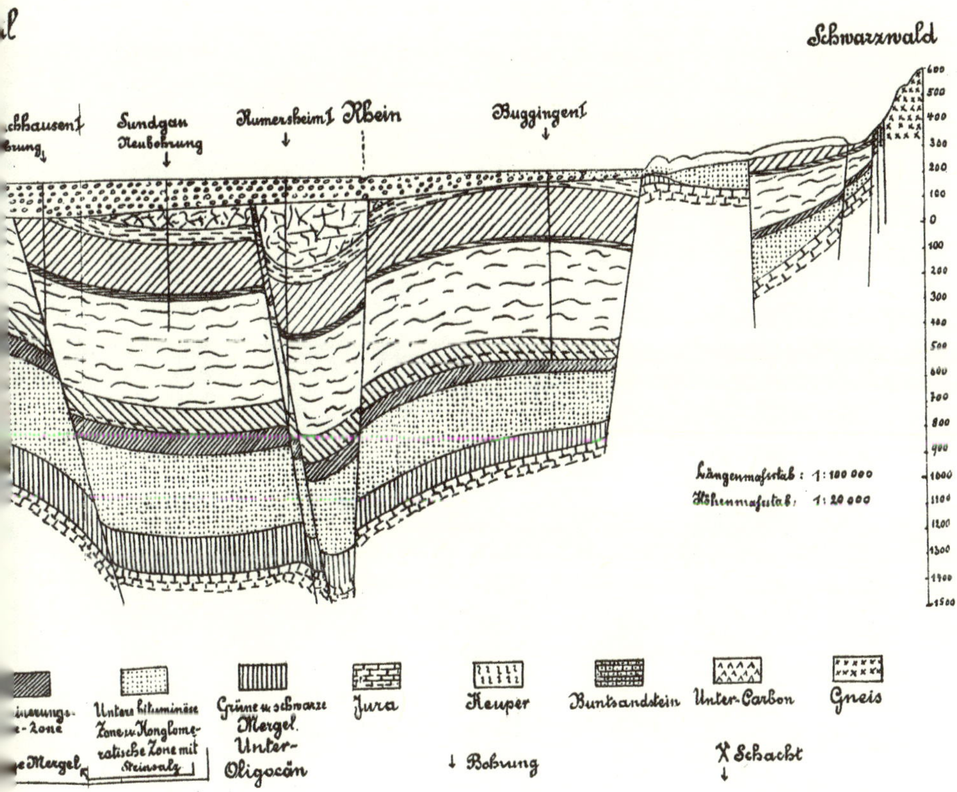

großen Abtragungen, welche seit der Tertiärzeit unser Land betroffen haben.

Heraushebungen drängten schließlich das Meer zurück, und mit dem Beginn des Miocäns herrschen Brack- und Süßwasserbildungen, teils Kalke, wie am Fuße der Haardt und am Büchelberg im Bienwald, dicht jenseits der unterelässischen Grenze, bei Waltenheim im Unterelsaß und Tüllinger Berg in Baden, teils, wie im Kaligebiet des Oberelsaß, weniger in Baden, bunte Mergel und Sandsteine mit Süßwasserschnecken in einer bisher nicht geahnten, von Wagner zu mehr als 300 m angegebenen Mächtigkeit. Die erwähnten Kalkvorkommen sind randliche Bildungen und ihre Lage zu der mergeligen oder tonigen Fazies erinnert an die Faziesverteilungen im Oberen Muschelkalk, im Mittleren und Oberen Dogger sowie im tiefsten Oligocän.

In geringer bis verschwindender Mächtigkeit legen sich miocäne Süßwasserbildungen südlich vom Schwarzwald auf den Jura auf, der hier einen gegen Süden vorspringenden Sporn bildet, auf sie folgt eine sandigkonglomeratische Meeresbildung, die ihrerseits wieder von Süßwasserabsätzen überlagert wird (Süßwasserkalke, untere Süßwassermolasse, Meeresmolasse, obere Süßwassermolasse). Erst im Miocän wurde der kristalline Korn des Schwarzwaldes angegriffen, wie aus der Natur der Gerölle der Meeresmolasse hervorgeht. Die Ausfüllungsmasse des miocänen Schlotes von Alpirsbach im Schwarzwald beweist, daß auf den Höhen desselben damals noch Dogger vorhanden war. Das Rheintalgebiet war durch Heraushebung dem Gebiet der Meeresniederschläge entzogen, im Mainzer Becken etwas später als im Oberelsaß — hier wurden anscheinend zur Zeit der Cerithienkalke Süßwasserabsätze gebildet —, und aus den Vogesen verfrachteten Flüsse rote Vogesensande und Gerölle, die teils aus dem alten Kern, teils aus dem Buntsandstein stammen, über das Gebiet der damals noch nicht vorhandenen Juraketten in dieses südliche, von der Rhône nach dem Wiener Becken sich erstreckende Meer. Wir kennen die Vogesengerölle am Fuß der nördlichsten Kette bei Dürlinsdorf, in den Falten des Juras bei Puntrut und Delsberg. Durch die später erfolgte Faltung des Juras wurde der Zusammenhang der früher einheitlichen Terrasse zerstört.

Die miocänen Vogesensande sind älter als die Jurafaltung. Die nächst jüngeren Schichten, die wir bei uns kennen und die der obersten Stufe des Tertiärs angehören, sind anscheinend jünger. Die **Faltung** (Fig. 13) muß in die Zwischenzeit fallen. Sie erfolgte durch einen hauptsächlich von Süden, von den Alpen kommenden Druck, doch sind auch Erscheinungen vorhanden, die auf einen aus Ost kommenden Druck hinweisen. Er erzeugte Falten, welche die SW bis NO streichenden Hauptfalten überqueren. Im Jura hat die Faltung die Schichten z. T. stark aufgerichtet, oft saiger gestellt, vielfach auch überkippt. Die starke Aufrichtung und das **ostwestliche Streichen** des Muschelkalks und des Doggers bei Aue, also bereits in den Vorhügeln der Vogesen, ist auf diesen aus Süden kommenden Schub oder Druck zurückzuführen. Wir stehen hier gleichsam vor einer nördlichsten Jurafalte. Durch denselben, mit Ostschub in Verbindung tretenden Südschub wölbten sich auch Schwarzwald und Vogesen höher als bisher, sie erhoben sich als Horste hoch über ihre Umgebung, die Mulden von Pfalzburg und des Kraichgaus prägten sich deutlich aus. Die geringere Höhe des Haardt- und Odenwaldsattels ist durch eine Abnahme der Druckwirkung gegen Norden bedingt. Trotzdem ist ganz Lothringen von deutlichen Aufwölbungen, von Sättel und Mulden, durchzogen, von SW—NO streichenden Hauptfalten und von senkrecht dazu gerichteten Querfalten. Diese sind durch einen Druck aus NO gestaucht.

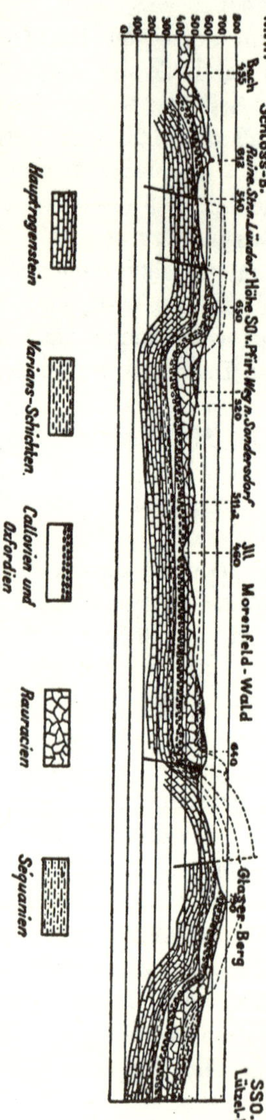

Fig. 13. Querprofil durch die nördlichen Falten des Jura-Gebirges. Aus dem Geologischen Führer durch das Elsaß. Gezeichnet von L. van Werveke. Maßstab der Länge und der Höhe: 1 : 50000.

Von den Hauptfalten ist der lothringische Hauptsattel

die wichtigste. Er erhebt sich in der südwestlichen Fortsetzung der Saarbrücker Kohlensattelung und ist an die Bewegung der letzteren gebunden. Süß bezeichnet diese nachträglichen Bewegungen als posthume. Ihre Bedeutung ist schon früh erkannt worden, und ihre Erkenntnis war leitend für die auf ihrer Basis schon Mitte des vorigen Jahrhunderts angeregten, aber erst in den ersten Jahren dieses Jahrhunderts in Lothringen ausgeführten Bohrungen zur Aufsuchung der Fortsetzung des Saarbrücker Kohlengebirges unter der Bedeckung jüngerer Schichten. So gut sich die Ansicht auch stellenweise bewährt hat, so wenig zutreffend war sie an anderen, und für ihre Anwendung in der Praxis ist Vorsicht geboten.

Daß die Randgebirge des Reintalgrabens stärker herausgehoben wurden als das zwischenligende Tertiär ergibt sich aus folgender Ueberlegung.

In der Gegend von Montbéliard bis Belfort reichen die jüngsten, oligocänen Konglomerate bis gegen 400 m, am Ostabhang des Strangenberges bei Rufach bis 340 m, bei Egisheim bis 230 m, bei Wolxheim, am Wolxheimer Horn, bis 274 m, bei Weißenburg bis 300 m, westlich von Alzey bis 290 m, bei Münster am Stein bis 300 m, auf den Vorbergen des Soonwaldes bis auf 400 m.

Das Tertiär ist demnach am Rande des linksrheinischen Gebirges und in der westlichen äußeren Umrandung des Mainzer Beckens durch die nach der Ablagerung des Oligocäns erfolgte Hebung ziemlich gleichmäßig betroffen worden. Die angeführten Punkte liegen, was für die Frage von besonderer Wichtigkeit ist, teils westlich, teils östlich der westlichen Rheintalspalte. Das heutige Gebirge wurde dagegen stärker gehoben. Bei Lobsann z. B., am Fuße des Hochwaldes, schneidet der Septarienton scharf am Buntsandstein des Gebirges ab. Seine Zusammensetzung und seine Fauna, welche wesentlich aus Foraminiferen besteht, weisen mit Sicherheit darauf hin, daß das Meer hier nicht an einem Ufer von Buntsandstein brandete, sondern über den jetzigen Gebirgsrand übergegriffen haben muß. Die heutige gegenseitige Lagerung kann also nur durch eine Verschiebung zustande gekommen sein, welche jünger als der Septarienton ist. Da letzerer selbst über dem Meeresspiegel gehoben sein muß, so kann die Verschiebung nur auf die Weise erfolgt sein, daß der Buntsandstein stärker gehoben wurde als das Tertiär. Denselben Schluß müssen wir ziehen, wenn wir in der Gegend von Barr z. B. und am Schwarzwaldrand die Konglomerate mit Geröllen von ausschließlich mesozoischen Schichten am Fuß des kristallinen Gebirges anstehend sehen. Die Verchiebung hat an verschiedenen Stellen längs des Gebirgsrandes einen verschiedenen Betrag erreicht und ist im Süden durchgängig größer gewesen als im Norden. Im Buntsandstein war unser ganzes Gebiet in senkende Bewegung geraten, der südliche Teil von Vogesen und Schwarzwald widerstrebten bis zu einem gewissen Grade, ebenso später im Keuper und im Jura. Dieselbe Neigung stärkerer Aufwärtsbewegung wiederholt sich im Miocän und hat die höchste Lage des Gebirges dort geschaffen, wo schon vor dem Oberkarbon der Kern eines Gewölbes sich herausgebildet hatte.

Die gleiche Erscheinung ungleichen Verhaltens zu beiden Seiten einer und derselben Spalte zeigt uns mehrfach der lothringische Hauptsattel. Die Sattelachse erscheint an den Verwerfungen in ihrer Richtung verschoben; es liegen aber keine Verschiebungen in einem fertigen Sattel vor, sondern die benachbarten Stücke haben sich nach dem Aufreißen der Spalten längs derselben selbständig verhalten und sind getrennt gefaltet worden.

Mit der Faltung ging das Aufreißen von Spalten Hand in Hand, es entstanden teils Längs-, teils Querspalten oder -Verwerfungen. Die Randspalten des Rheintalgrabens nahmen an Sprunghöhe zu, das Innere des Grabens wurde stark zerrissen (vergl. Taf. I) und auch die Vorhügel und das Gebirge blieben nicht verschont.

Fig. 14 gibt ein Profil aus den Vorbergen. Der Große Bast-Berg überragt auf weite Erstreckung seine Umgebung, und es befremdet auf den ersten Blick, daß er einem Graben, also einem tief liegenden Gebirgsstück angehört. Das erklärt sich, worauf ich schon vor 10 Jahren in den Erläuterungen zu Blatt Buchsweiler aufmerksam gemacht habe, aus der Gesteinsbeschaffenheit der am Aufbau beteiligten Formationen. Entschieden lag der Große Bast-Berg als wirklicher Graben, auch im gewöhnlichen Sinne des Wortes, zwischen seiner Umgebung, die anfangs an ihrer Oberfläche aus denselben Konglomeraten bestand, die heute nur noch an ihm sich vorfinden. Wegen ihrer höheren Lage fielen die Schichten in der Umgebung,

Konglomerate sowohl als auch der unterlagernde feste Hauptoolith, zuerst der Abtragung anheim. Nachdem diese erfolgt war, ergriff die Erosion die weicheren Schichten im Liegenden

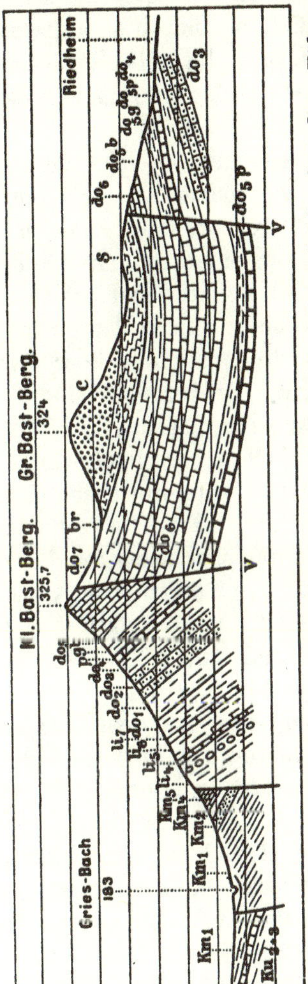

Fig. 14. Profil durch die beiden Bast-Berge bei Buchsweiler im Unterelsaß. Aus dem Führer durch des Elsaß. Gezeichnet von L. van Werveke. Maßstab der Länge 1 : 25000, der Höhe 1 : 6250.

ku_{2+3} bunte Mergel der Lettenkohle und Grenzdolomit; km_1 = Salz- und Gipskeuper; km_2 = Schilfsandstein und bunte Tone über diesem; km_4 = Rote Mergel; km_5 = Steinmergelkeuper. — li_4 = Ovoidenmergel und Mergel mit Septarien; li_5 = Costatenkalk; li_6 = Posidonienschiefer; li_7 = Jurensis-Schichten. — do_1 = Tone mit Astarte Voltzi; do_2 Opalinus-Tone; do_3 = Murchisonsandstein; do_4 = Sowerbyi-Schichten und Blaue Kalke mit Cancellophycus; do_5 = Kalke mit Am. polyschides; $do_{5}g$ = Giganteusmergel; $do_{5}b$ = Blagdeni-Schichten; do_6 = Hauptoolith; do_7 = Schichten mit Parkinsonia ferruginea und Rynchonella varians. — br = Braunkohle; s = Süßwasserkalk. — c = Oligocänes Konglomerat. — V = Verwerfungen.

des Ooliths und trug diese r a s c h e r ab als die festen Konglomerate am Bast-Berg, die dadurch ihre beherrschende Lage erhielten.

Auf eine bedeutende Verwerfung ist die Beschränkung der Buntsandsteinkegel auf den östlichen Teil der Mittelvogesen zurückzuführen, und das Weilertal brach als Kessel in seiner Umgebung ein. Die Höhenlage des Buntsandsteins westlich vom Hohnack läßt eine ganze Reihe von Verwerfungen erkennen. Derselben Zeit gehören die Gräben von Freudenstadt, Triberg und Bonndorf im Schwarzwald an und die Lostrennung des Dinkel-Berges. Stark wurden auch die außenliegenden Stufenländer zerrissen, wofür als Beispiel das lothringische Stufenland angeführt sei (vergl. Taf. II).

Die senkrechten Verschiebungen, welche die Schichten durch die Verwerfungen gegeneinander erfahren haben, schwanken in den weitesten Grenzen, von kaum merkbaren Sprunghöhen bis zu solchen von einer Gesamtwirkung bis zu 4000 m. Für eine Bohrung bei Leitersweiler ergibt sich eine Verschiebung von 2400 m, wenn man die Lage des Doggers unter dem Tertiär und seiner früheren Lage über dem Hochwald bei Weißenburg vergleicht. Größer noch sind die Unterschiede im Oberelsaß, wo für eine Bohrung bei Wittelsheim eine Verschiebung von rund 4000 m berechnet wurde.

Die vielfachen Störungen in vormesozoischen Zeiten waren mit Ausbrüchen vulkanischer Gesteine verbunden, die langsamen, meist senkenden, nur lokal hebenden Bewegungen in der mesozoischen Zeit hatten keine auffallenden Stauchungen und keine Zerreißungen bewirkt, und vulkanische Gesteine fehlen. Erst die stärkere gebirgsbildende Tätigkeit im Tertiär förderte wieder vulkanische Ausbrüche.

Die Eruptionen begannen, wie aus dem Zusammenvorkommen mit Schichtgesteinen hervorgeht, im Kaiserstuhl bereits im Oligocän (?), die des Hegaus erst im Miocän. Bei Frankfurt dauerten sie im Pliocän fort.

Ueber die verschiedenen Ansichten zur Erklärung der Tektonik der allmählich geschaffenen Landschaft habe ich eingangs dieses Aufsatzes kurz berichtet. Meine eigene Ansicht drückte ich in folgenden Worten aus: „Nicht ein Zug der Tafelländer in die Tiefe hat die höhere Lage der Gebirge bedingt, sondern eine infolge seitlichen Druckes erfolgte Emporwölbung dieser selbst. Die Tafelländer wurden bei diesem Vorgang mit gehoben, wenn auch in geringerem Maße, und mitgefaltet“.

Druck aus südlicher bis südöstlicher Richtung hat das älteste und das variskische Gebirge gestaucht, und Nachwirkungen dieses Druckes haben die aufwärtsstrebende Bewegung während des Mesozoikums unterhalten. Er hat später den Jura gefaltet und Vogesen und Schwarzwald hoch gepreßt. Auf Druck aus der gleichen Richtung führe ich auch das Aufreißen der im großen ganzen N-S gerichteten Spalten des Rheintalgrabens zurück, sowie einen Teil der Verwerfungen der Gebirge und der Tafelländer. Ein Versuch mag den Vorgang erläutern. Man nehme ein etwas dickeres geheftetes Buch, fasse es an den beiden vorderen Ecken und versuche, beide durch Druck in der Längsrichtung einander zu nähern. Es werden an einer oder mehreren Stellen klaffende Spalten mit nach außen gebogenen Rändern entstehen. Sehr schön zeigen derartige, konvergierende Spalten die Mergelzwischenlagen in den Sylvinitlagern des Oberelsasses, wovon Fig. 15, die nach einem von Dr. Wagner in der Grube Amélie gesammelten Stück gezeichnet ist, eine Anschauung gibt. Die Spalten stehen senkrecht zum Streichen

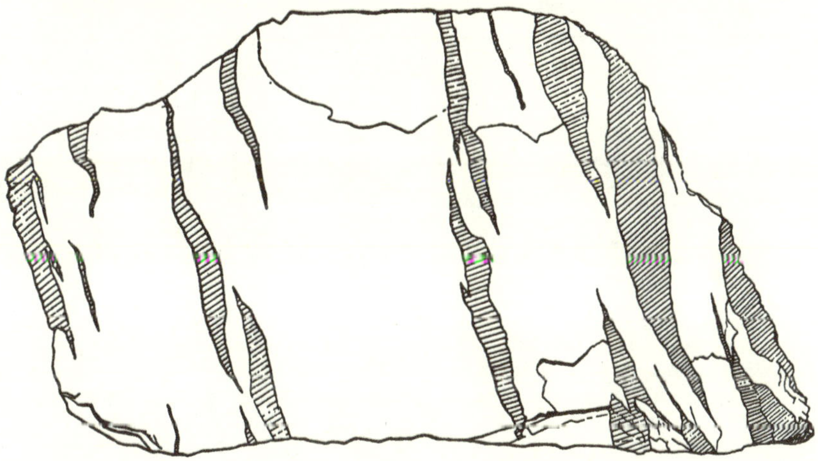

Fig. 15. Mit Fasersatz angefüllte Klüfte aus dem Kalilager der Grube Amélie.

der Schichten und sind mit Fasersalz ausgefüllt. Parallele Risse stellt Fig. 16 dar, die in einem aus Voltziensandstein bestehenden Bindestein eines Türpfostens des Kellergeschosses im nördlichen Hof des Gebäudes des Mineralogisch-Petrographischen und des Geologisch-Paläontologischen Institutes der Universität beobachtet wurden. Das Reißen ist die Folge eines von oben nach unten, also in der Richtung der Risse, durch die Last des Mauerwerkes erfolgten Druckes. Außer der Zerreißung hat eine Verschiebung stattgefunden; die in der Zeichnung mit feiner Linie begrenzten

Stücke sind gegenüber den mit stärkerer Linie begrenzten aus der Fläche etwas herausgedrückt.

Im Gebirge werden sich klaffende Spalten nicht erhalten, es wird vielmehr ein Absinken von Gebirgsstücken entstehen. So entstand der Einbruch des Rheintales, und so entstanden die Gräben des Tafeljuras, die schmalen von Bücking erkannten Schollen von Karbon im oberen Markircher Tal, der schmale, den Muschelsandstein beherbergende Graben bei Altweier, und der von Rotliegendem erfüllte Graben bei Triberg im Schwarzwald. Aehnlich ist der Einbruch des Türgewölbes am Waschhaus von Königsmachern (Fig. 3 auf S. 4) die Folge einer entstandenen klaffenden Spalte, eines Auseinanderweichens der Seitenwände. Während diese Zeichnung uns die Erscheinung in senkrechtem Riß veranschaulicht, sind die Spalten im Voltziensandstein (Fig. 16) und das Gesteinstück aus der Grube

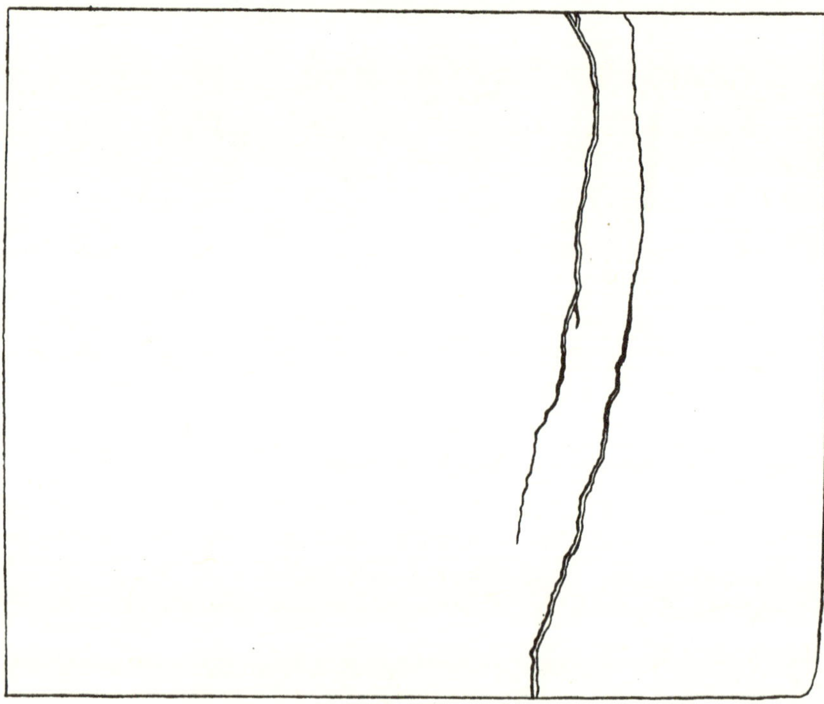

Fig. 16. Risse, welche im Voltziensandstein durch einen in ihrer Längsrichtung wirkenden Druck entstanden sind. ½ der natürlichen Größe.

Amélie (Fig. 15) geeignet, uns die Erscheinung im Grundriß vorzuführen.

Noch ein anderer einfacher Versuch sei hier erwähnt. „Man nehme ein rechteckiges festes Papier — ich nahm eine Sammlungsetikette —, mache einen scharfen Einschnitt in der Längsrichtung, der aber die Ränder unberührt läßt, und schiebe nun senkrecht zum Schnitt zusammen. Die eine Seite wird einen Sattel bilden, die andere eine Mulde, Höchstes und Tiefstes liegen sich gegenüber. Führt man statt des einen zwei parallele Schnitte aus, so erhält man beim Zusammenschieben und richtiger Handhabung einen stark vertieften Graben zwischen zwei Sätteln .... Die Wände des Grabens müssen durch den Druck etwas nach außen gebogen worden sein, und dies ermöglichte das Einsinken der Massen".

Dieser Versuch erklärt, warum sich die besonders tiefe Mulde, welche die Kalisalze beherbergt, am Fuß der höchsten Aufragungen der Gebirge gebildet hat.

Das abweichende Streichen der Kulmschichten zwischen Masmünster und Gebweiler in NNO — es war vielleicht nicht ohne Einfluß auf die spätere Lage der Rheintalspalte — weist auf einen damals zum Ausdruck gekommenen mehr östlichen Druck hin, senkrecht auf die Längserstreckung der Rheintalspalten und senkrecht auf den Druck, der diese erzeugt hat. Die zahlreichen Sättel und Mulden des lothringischen Stufenlandes (vergl. Taf. II) beweisen, daß wir auch schwache Falten auf seitlichen Druck zurückführen können, und es ist wohl nicht zu weit gegangen, wenn Stille die weitgreifenden epeirogenetischen Bewegungen auf die gleiche Ursache zuruckführt. Dann kommen wir aber für die Hebungen, welche sich in der Kohle und im Unteren Rotliegenden im Westen vollzogen haben, und für die Quermulden im Saarbrücker Kohlensattel auf eine faltende Richtung senkrecht zur Rheintalrichtung, desgleichen für die flachen Schwellen im Rheintal im Keuper und vor Ablagerung des Oligocäns. In ausgesprochendster Weise haben aus SO und NO kommende Drucke an der Entstehung der variskisch und hercynisch streichenden Mulden und Sättel sowie der Spalten in Lothringen zusammengewirkt. Ersterer erzeugte die NW, letzerer die Südwest streichenden Verwerfungen. Das Walten schiebender Kräfte beweisen am deutlichsten die Abscherungen, welche ich in der Lettenkohle bei Farschweiler nachgewiesen habe. Fig. 17 gibt hiervon eine Vorstellung. Sie zeigt zugleich, wie sehr die Bewegungen im einzelnen von der Gesteinsbeschaffenheit abhängen. So geht z. B. die Mulde südlich vom Siercker Sattel, die im festen Oberen Muschelkalk einfach ist, im Gebiet des auflagernden Keupers in mehrere schmälere, durch Sättel getrennt Mulden über. (Taf. II.) An Druck aus nordöstlicher Richtung denkt man auch unwillkürlich für die Umbiegung der nördlichen Ketten des Juragebirges. Möglich ist es aber sogar, daß sie von den südlicheren O—W verlaufenden Ketten durch einen aus O wirkenden Druck abgelöst und geknickt wurden. Die Flexur, in welche die Schwarzwaldspalte gegen Süden übergeht, hängt wohl mit östlichem Druck zusammen. Die Höhe ihres steil stehenden Teils läßt das Ausmaß des Zusammenschubes erkennen (Fig. 18). Ein Teil der Verwerfungen im nördlichen Teil des Hügellandes südlich von Mülhausen streicht den Randverwerfungen des Rheintalgrabens parallel; man muß sie, wie diese, auf Druck zurückführen, der aus S bis SW kommt. Aus O bis SO wirkender Druck stauchte aber ebenda den Sattel von Illfurt und die Mulde von Landser, zugleich erzeugte er NW streichende Risse. Wir

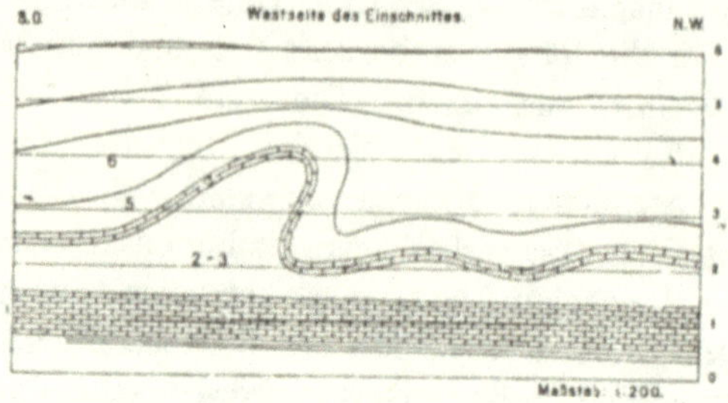

Fig. 17. Abscherung der Lettenkohle bei Farschweiler in Lothringen.

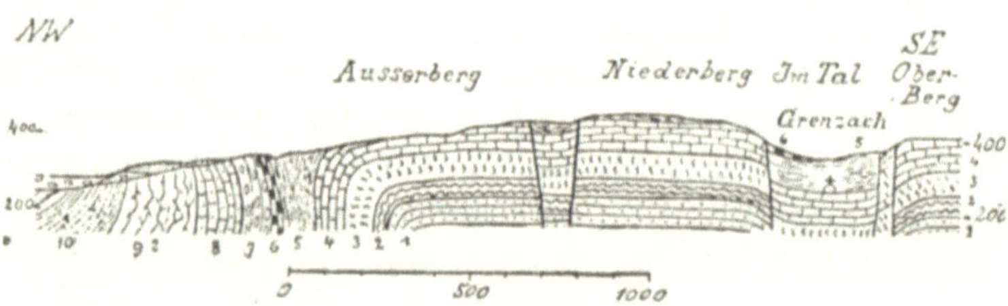

Fig. 18. Profil durch das Gebiet der Rheintalflexur am Hörnli bei Basel. Nach A. Buxtorf.
1. Buntsandstein; 2. Unterer Muschelkalk; 3. Mittlerer Muschelkalk; 4. Oberer Muschelkalk; 5. Keuper; 6. Lias; 7. Unterer Dogger; 8. Oberer Dogger; 9. Malm; 10. Septarienton.

haben auch hier ein Zusammenwirken verschiedener Druckrichtungen, und aus ihrem Vorkommen im Sundgauer Hügelland wurde geschlossen, daß auch die Lagerungsverhältnisse in dem tiefen durch mächtiges Diluvium verdeckten Teil des Rheintalgrabens von denselben Verhältnissen, also von denselben Richtungen der Falten- und der Spaltenbildungen beherrscht werden.

Am linken Grabenrand sind alle senkrechten oder vielmehr vorwiegend senkrechten Verschiebungen als gewöhnliche Verwerfungen ausgebildet, sie fallen nach dem abgesunkenen oder tiefer liegenden Teil ein. Anhaltspunkte, welche auf das Vorkommen von Ueberschiebungen hindeuten könnten, sind nicht bekannt. Manche Beobachtungen durch Wagner im Innern des Grabens, in den Schächten des Kaligebietes, lassen sich aber kaum anders als durch Ueberschiebung erklären.

Am Schwarzwaldrand hat man es gleichfalls, soweit sichere Anhaltspunkte vorliegen, nur mit echten Verwerfungen zu tun, desgleichen am Odenwaldrand. Der Mittelrheintalgraben ist also ein gewöhnlicher Graben mit nach innen einfallenden Wänden. Den Eberbacher Graben erklärt Salomon durch Ueberschiebung. Wenn man die Quermulden und -Sättel des Saarbrücker Kohlengebirges und im lothringischen Stufenland, ferner die Quermulden im Juragebirge auf östlichen Druck zurückführt, so muß man auch den Westabfall der Vogesen und den Ostabfall des Schwarzwaldes, also die Heraushebung längs des Rheintales auf östlichen Druck zurückführen. Die Streichkurven sind am Ostrand des Schwarzwaldes im allgemeinen süd-nördlich, also senkrecht zu diesem Druck. Den Westabfall der Vogesen mit dem Sporn der Mont-Faucilles beherrschte stärker der südliche bis südöstliche Druck. Dieser bewirkte auch die Entstehung der in variskischer Richtung streichenden Mulde Pfalzburg-Langenbrücken und verhinderte, daß durch östlichen Druck ein einheitliches, dem Rheintalgraben parallel streichendes Gewölbe entstand, wie sich es É. de Beaumont gedacht. Das Zusammenwirken der beiden Richtungen bewirkte sowohl für Vogesen—Schwarzwald als auch für Haardt—Odenwald den allseitig abfallenden Gewölbebau.

Die vielfach an Verschiebungen beobachteten Rutschflächen mit horizontaler und wenig geneigter Streifung, die schon früher gebührend beachtet wurden, aber erst in neuerer Zeit im einzelnen verfolgt werden, lassen sich durch die Annahme seitlichen Zusammenschubes leicht erklären, während sie der Annahme rein senkrechter Bewegungen große Schwierigkeiten entgegen setzen.

Wenn nun alle Erscheinungen sich ungezwungen auf seitlichen Schub zurückführen lassen, woher kommt es dann, daß die Horsttheorie lange so günstigen Anklang fand und auch heute noch Anhänger hat? Bei den vorkommenden Faltungen spielt die Mächtigkeit der vorhandenen, bisher nicht gefalteten Schichten eine wesentliche Rolle. Darauf beruht die Theorie der Geosynklinalen. Bei jedem Zusammenschub kann die schiebende Kraft sich in zwei Komponenten zerlegen, in eine, welche in horizontaler und in eine andere, welche in vertikaler Richtung wirkt. Handelt es sich um Stauchung mächtiger horizontaler Schichten, so wird die horizontale Komponente vorwiegen, und der Zusammenschub macht sich wesentlich in Sätteln und Mulden bemerkbar. Die deutlichsten Erscheinungen der postkulmischen Falten zeigt uns der sehr mächtige Kulm der Vogesen, scharf bis deutlich gefaltet ist das mächtige Saarbrücker Oberkarbon und über ihm, wo auch in der Trias sich das Muldentiefste erhielt, bildete sich der Lothringer Hauptsattel nebst vielen schwächeren Falten aus. Die Verschiebung der Mulde nach dem Südfuß der Vogesen und des Schwarzwaldes im obersten Malm und in der Kreide führte im Tertiär zu den scharfen Faltenbildungen des Juragebirges in dieser Rinne. Liegen aber die zu faltenden Schichten in verhältnismäßig geringer Mächtigkeit über bereits vorher gefalteten Schichten, und das war in den südlichen Vogesen und im südlichen Schwarzwald fast immer der Fall, so werden diese dem horizontalen Zusammenschub einen größeren Widerstand entgegensetzen, als mächtigere, ungefaltete Schichten, und die verikale Komponente wird einen größeren Betrag erreichen. Bei dieser Hebung sind die jüngeren Schichten gezwungen, sich dem aufsteigenden älteren Kern anzupassen und ihre Oberfläche zu vergrößern. Das geschieht durch Zerreißungen, durch Verwerfungen, durch welche tiefer liegende Schichten zum Aufbau der Oberfläche herangezogen werden, und das Gesamtbild ist dem ähnlich, das durch die Horsttheorie verlangt wird.

Die Entwickelung unseres Gebietes habe ich nach dem Eintreten der starken Verschiebungen im Miocän unterbrochen. Zeichen von fortschreitender Heraushebung haben wir auch noch in jüngerer Zeit. Es ist die Schrägstellung der Rheinterrassen nach dem Juragebirge. Weiter verbreitet ist aber das Fortschreiten des Absinkens im Rheintal, z. T. jedenfalls an Verwerfungen (z. B. zwischen Hangenbieten und Achenheim). Daß der Senkungsvorgang nicht unbedeutend ist, beweist die große Mächtigkeit, in welcher diluviale Schotter bei Bohrungen im Kaligebiet vorgefunden worden sind, bei Blodelsheim z. B. 160 m.

Schwankungen in der Bewegung, wie sie im Oligocän so häufig vorkamen, fehlen anscheinend auch dem Diluvium nicht. Die bedeutende Ausbreitung der jüngeren Diluvialschotter mag mit Zeiten zusammenfallen, in denen durch eine Senkung großer Gebiete (epeirogenetische Bewegungen) eine Verringerung des Gefälles der Flüsse stattfand, während die Zeiten tiefer Erosion mit schwacher Heraushebung, welche eine Verstärkung des Gefälles zur Folge haben mußten, zusammenfallen würden. Die Rinnen nahmen später die jüngeren Diluvialschotter auf.

Die Bewegungen kommen aber auch bis heute nicht zur Ruhe. Die Erdbeben sind z. T. Auslösungen der Spannungen, welche mit der Falten- und Spaltenbildung in Zusammenhang stehen. Der kristalline Kern des französischen Zentralplateaus war Festland zu einer Zeit, in welcher die Vogesen von den älteren Schichten der Trias überdeckt wurden und er ragte auch im Mitteloligocän über das Meer hinaus. Die südlichen Vogesen erreichten eine gleiche Höhenlage, die durch das erwähnte Vorkommen von Geröllen kristalliner Gesteine in den Küstenkonglomeraten bewiesen ist, im Oligocän, der Schwarzwald erst im Miocän. Er ist jünger als die Vogesen. Den Vorsprung, den diese im Oligocän gewonnen, holte er aber im Miocän oder erst in jüngerer Zeit ein, wie man wohl aus der Höhenlage, welche die Küstenkonglomerate an seinem Westfuß und das mesozoische Gebirge auf seiner Ostseite einnehmen, schließen darf. Am Schoen-Berg bei Freiburg reichen nämlich die Konglomerate bis zu 640 m, also bis zu einer Höhe, aus der sie, wie die nach S. 35 gegebenen Zahlen dartun, am Fuß der Vogesen nicht bekannt sind. Die mesozoischen Tafeln liegen südlich des Schwarzwaldes wesentlich höher als westlich der Vogesen. Mit dem jüngeren Alter und mit der jüngeren und höheren Heraushebung steht im Zusammenhang, daß der Schwarzwald von Erdbeben häufiger betroffen wird als die

Vogesen, im allgemeinen auch stärker. Ein weiteres Vorrücken der Aufwölbungen gegen Ost mag vielleicht durch das starke Erdbeben vom 16. November 1911 angedeutet sein.

Außerordenlich mannigfaltig sind die Bewegungen, welche unsere südwestdeutsche Landschaft betroffen haben. Der Kampf ums Dasein zwischen Land und Meer ist von den ältesten, für uns faßbaren Zeiten bis zur Gegenwart an uns vorübergegangen. Mehrfach sahen wir unser Gebiet unter den Meeresspiegel sinken und ebensooft wieder emportauchen. Dieselben Gebietsteile (Saarbrücker Kohlenmulde und über ihr später die Trias- und Juramulde) waren bald in Senkung, bald wieder im Aufsteigen und im Falten begriffen, die Falten wiederholten sich übereinander oder verschoben sich. Die Verschiebungen der Senkungen und Hebungen erfolgten bald von Süden nach Norden oder umgekehrt, bald von Westen nach Osten. Seitendruck war stets die bewegende Kraft, nicht nur für die Falten, sondern auch für die Verwerfungen. Einseitiger Druck war aber wohl nie allein am Werk, wohl stets wirkten zwei Richtungen zusammen, eine südliche und eine östliche, die erste meist stärker als die zweite. Der Hauptwirkungskreis des östlichen liegt außerhalb unseres Gebietes, im Osten und Nordosten. Durch alle Zeiten hindurch waren die südlichen Teile von Vogesen und Schwarzwald am beharrlichsten in ihrem Ziele. Auch wenn das ganze Gebiet sich senkte, so hatten sie stets ein großes Streben zur Heraushebung, und dieses hat ihnen schließlich die höchste Lage in unseren mittelrheinischen Gebirgen verschafft. Immer wieder fiel die Hülle durch ihre höhere Lage der Abtragung anheim, der Kern wurde immer wieder herausgeschält. „Was ehedem Boden war, ist nun Gipfel."

Die Bildung unserer mittelrheinischen Gebirge und des trennenden mittelrheinischen Grabens ist noch nicht abgeschlossen, und das gleiche gilt für unsere Ansicht über die Vorgänge, die sich dabei abgespielt. Ich habe ein Bild gegeben, das so gut wie möglich für den Augenblick die Hauptzüge unserer Kenntnisse festzuhalten versucht hat. Der weitere Ausbau mag manches fester begründen, manches aber ändern. Die Wahrheit wird die verdeckende Hülle sprengen und allein obsiegen. Ihr werden wir uns auf sicherem Wege nähern, wenn wir der Phantasie die Zügel nicht zu sehr lockern, die vorhandenen Beobachtungen richtig verwerten und durch neue vermehren.

Orographisch-geologischer und tektonischer Überblick der Gegend zwischen Rimbach- und Lebertal.

Mit 1 Karte, 5 Textfiguren und 6 Profilen.

Von Dr. Hans Klähn.

1. Grenzen.

Die Grenzen des Gebietes, das einer kurzen Besprechung unterzogen werden soll, sind die folgenden: Im Norden das Lebertal von Schlettstadt bis Markirch, im NW dasselbe bis zur Quelle der Leber. Im Westen der Kamm von les grandes Ordons (1115,2 m) über den Roßberg — den Col du Bonhomme (950 m) — den Reißberg (1300 m) — den Ringbühlkopf (1300 m) — den Wurzelsteinkopf (1286,5 m) — die Schlucht (1139 m) — den großen Hohneck (1361 m) — den Kastellberg (1344,9 m) nach dem Rainkopf (1298 m). Hier verlassen wir die deutsch-französische Grenze; die unseres Gebietes biegt nach SO um und läuft über die folgenden Gipfel: Rothenbacherkopf (1315,7 m) — Batteriekopf (1310,3 m) — Schweiselwasen (1269,6 m) — Hundskopf (1235,5 m) — Breitfirst (1282 m) — Markstein (1240,7 m) — Storkenkopf (1361,8 m) — Großer Belchen (1424 m) — Sudelkopf (1009 m) — Thierenbachkopf (834,7 m) nach Sulz. Die Ostgrenze wird durch die Linie Bollweiler—Colmar—Schlettstadt gebildet.

2. Orographisch-geologischer Überblick.

(Hierzu Profil 6, bei dem Zone I fehlt.)

Das Gebiet zwischen dem Rimbach und der Leber[1]) läßt sowohl in N—S — als auch in W—O — Richtung eine Gliede-

[1]) Wer sich für die Frage interessiert, welchen Teilen der Vogesen das Gebiet zwischen der Leber und dem Rimbach von verschiedenen Autoren zugeteilt wird, sei auf R. Langenbeck: Die Landeskunde des Reichslandes Elsaß-Lothringen. Sammlung Göschen, Leipzig 1904. — Gerland: Das Reichsland Elsaß-Lothringen I. Teil, Straßburg 1898—1901. I. Geographische Schilderung des Reichslandes Elsaß-Lothringen. — L. van Werveke: Zur Geologie der mittleren Vogesen; Mitt. d. philom. Ges. in Els. Lothr. Bd. III. Jahrg. 13 (1905) aufmerksam gemacht.

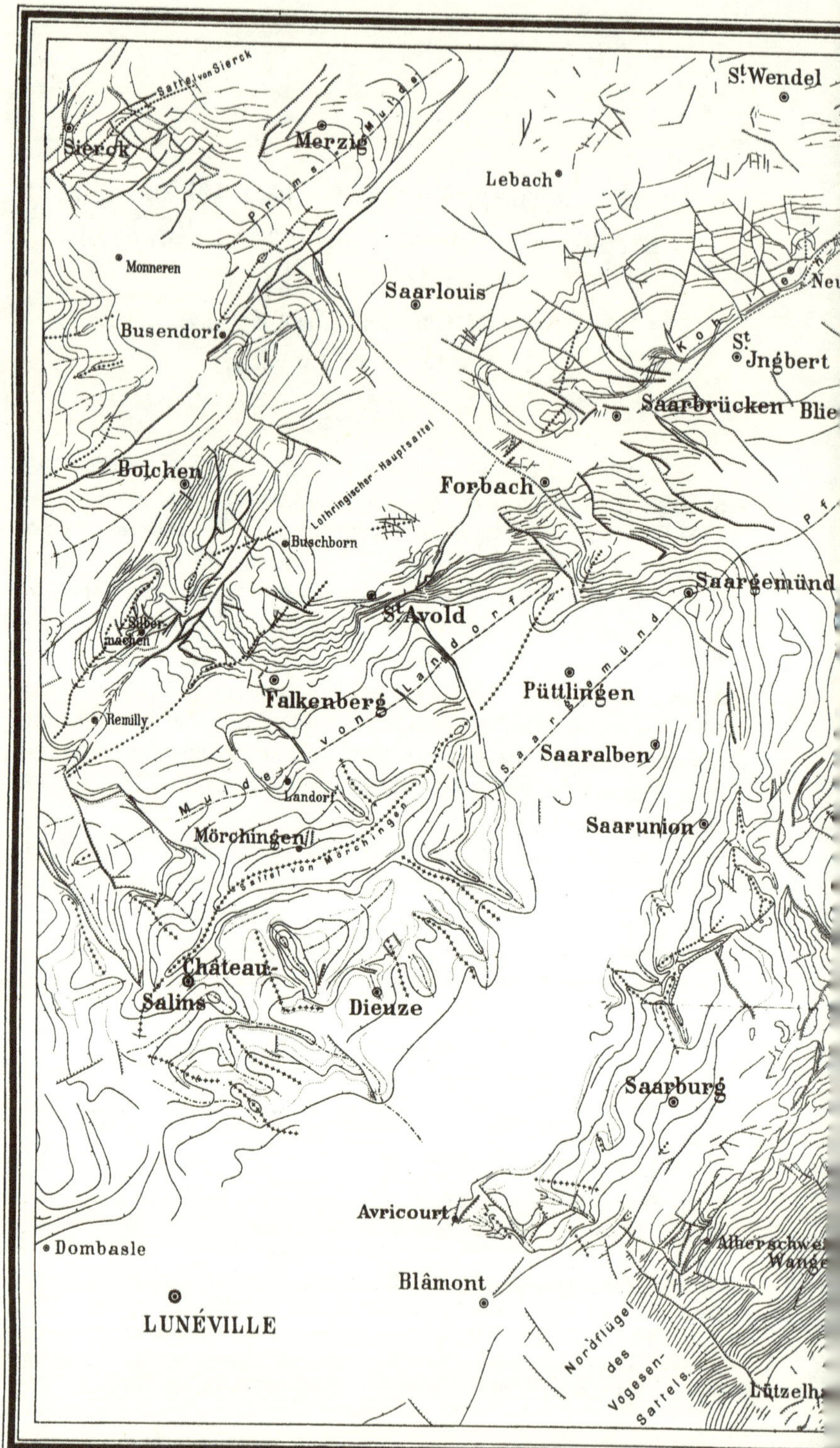

Sattel von Sierck
Sierck
Merzig
Prims-Mulde
St. Wendel
Lebach
Monneren
Saarlouis
Busendorf
St. Jngbert
Saarbrücken
Bolchen
Lothringischer-Hauptsattel
Forbach
Buschborn
St. Avold
Saargemünd
Falkenberg
Püttlingen
Remilly
Mulde von Landorf
Sattel von Saargemünd
Saaralben
Landorf
Saarunion
Mörchingen
Sattel von Mörchingen
Château-Salins
Dieuze
Saarburg
Avricourt
Dombasle
Blâmont
LUNÉVILLE
Nordflügel des Vogesen-Sattels

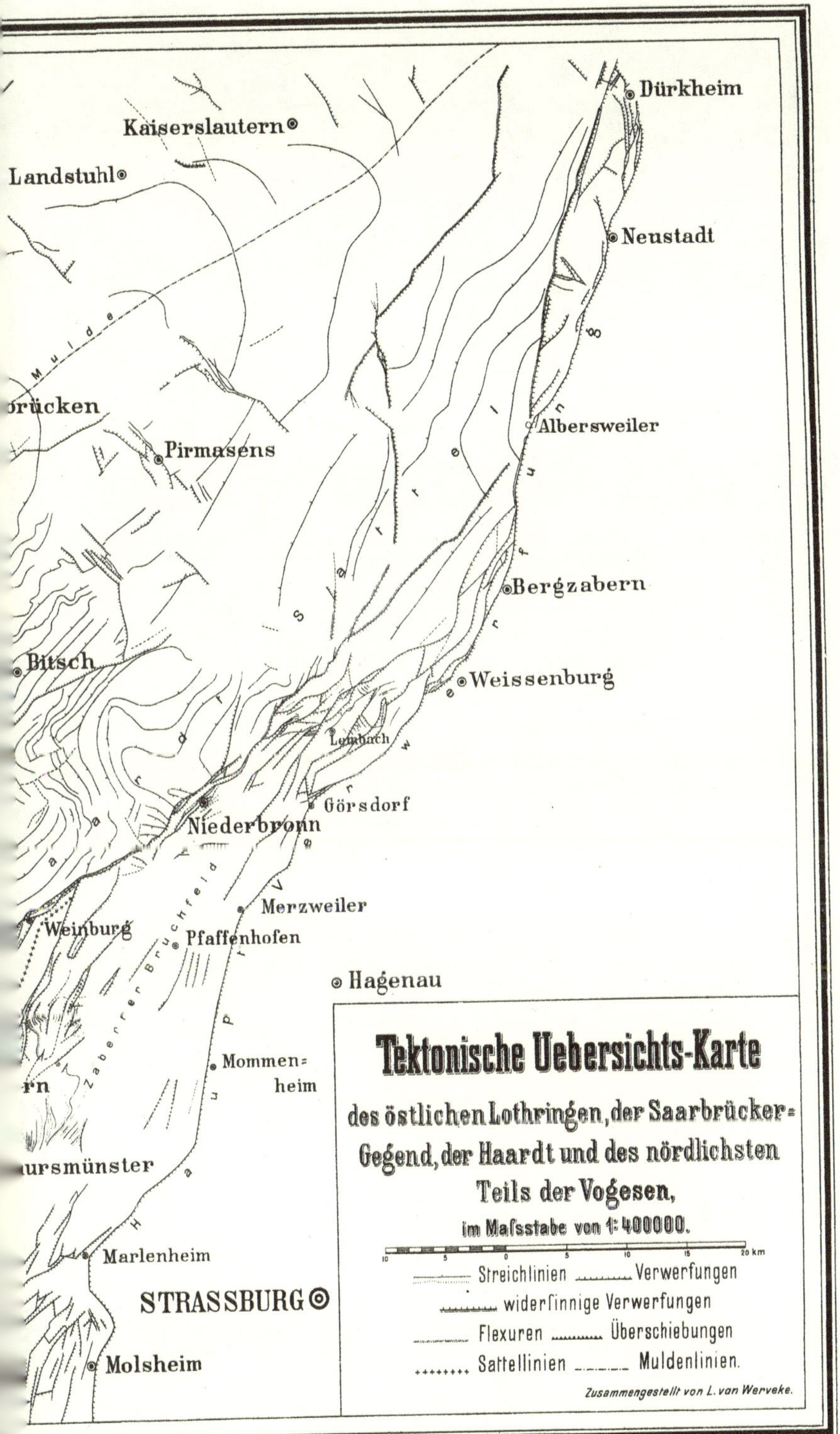

Tektonische Uebersichts-Karte
des östlichen Lothringen, der Saarbrücker-Gegend, der Haardt und des nördlichsten Teils der Vogesen,
im Mafsstabe von 1:400000.
20 km
Streichlinien
Verwerfungen
widerfinnige Verwerfungen
Flexuren
Überschiebungen
Sattellinien
Muldenlinien.
Zusammengestellt von L. van Werveke.
Dürkheim
Kaiserslautern
Landstuhl
Neustadt
Mulde
Albersweiler
Pirmasens
Bergzabern
Bitsch
Weissenburg
Lembach
Görsdorf
Niederbronn
Merzweiler
Weinburg
Pfaffenhofen
Zaberner Bruchfeld
Hagenau
Mommen=
heim
Marlenheim
STRASSBURG
Molsheim

rung im orographisch-geologischen Sinne zu. Jedesmal wollen wir von dem Knochengerüst, das sich im S und W befindet, ausgehen. Dasselbe tritt uns im Kamm von les grandes Ordons (1115,2 m) bis zum Breitfirst (1282 m) entgegen, wo es sich in drei Arme teilt: der eine zweigt nach SO um und verläuft über den Jungfrauenkopf (1266,6 m), den Markstein (1240,7 m), den Storkenkopf (1361,8 m) zum großen Belchen (1424 m), der andere wendet sich vom Breitfirst nach NO: Klinzkopf (1328 m) — Langenfeldkopf (1289 m) — Hilsenfirst (1270,2 m) — Steinberg (1256,2 m) — Kahler Wasen (1267,6 m). Der dritte Arm erstreckt sich vom Breitfirst nach N über den Lauchenkopf (1313 m) — den Nonselkopf (1267,6 m) zum Schnepfenriedkopf (1253,7 m) und fällt über den Anlaßwasen nach Metzeral.

Die Durchschnittshöhe des Kammes und seiner Zweige (Zone I) beträgt 1251 m. Der Grenzkamm besteht aus Granit (Kammgranit), der an verschiedenen Stellen Quarzporphyr- und Kersantitgänge besitzt. Torf finden wir beim Schwarzen und Weißen See.

Die vom Breitfirst abzweigenden Glieder setzen sich aus Granit und z. T. kontaktmetamorph umgewandelten Grauwacken und Schiefern von palaeozoischem Alter zusammen.

Der teilweise baumlose und kahle Kamm trägt die Seen zwischen dem Rimbach- und dem Lebertal: den Weißen (1054,5 m) und den Schwarzen See (950 m), den Forellenweiher (1061 m), den Sulzerner See (1044 m), den Schießrotrietweiher (920 m), den Altweiher (920 m), den Lauchensee (924 m) und den Belchensee (985,8 m). Sie liegen meist tief im Gebirge eingesenkt da und sind als Stauweiher angelegt. Der Schwarze und Weiße See sollen mit einander verbunden werden; die Energie, die beim Herabfließen des Wassers in den Schwarzen See entsteht, soll in elektrische umgewandelt werden. Das Wasser wird nachts wieder in den Weißen See zurückgepumpt werden.

Gehen wir vom Kammgebiet nach Osten, so kommen wir in die Zone II, die südlich der Fecht eine andere Zusammensetzung hat als nördlich derselben.

1. Südlich der Fecht beteiligen sich am Aufbau der Zone II im großen und ganzen dieselben Gesteine, die Zone I zusammensetzen: Granit und palaeozoische Sedimente, die zum größten Teil kontaktmetamorph umgewandelt sind. Dazu kommen noch südlich der Lauch mächtige Labradorporphyrgänge.

Die Westgrenze der Zone II zwischen Fecht und Leber geht westlich Hury südlich St. Kreuz westlich des Tännchel nach Schnierlach, von da westlich des Grand-Faudé und Noirmont über den Combekopf nach Münster. Zu der genannten Zone gehören der Tännchel (Rammelstein 992 m), der Königsstuhl (958 m), der Grand-Faudé (772,5 m), der Noirmont (860,5 m), die Vorhöfe (882 m), der Eichenrain (941 m), das Schratzmännele (1040 m) und der kleine und große Hohnack (976,1 m).

Die Durchschnittshöhe beträgt 927,6 m. Sie übersteigt die des Gebirges östlich des Krebsbaches etc. um 95,9 m; sie bleibt aber hinter der des Kammgebietes um 323,4 m zurück.

Der Zone II ist eine Zone III vorgelagert.

1. Zwischen dem Rimbach und der Lauch besteht sie aus Gesteinen des Rotliegenden und des Buntsandsteins. Ihre Westgrenze geht östlich Hugstein (südlich Bühl) über St. Anna nach dem Wünheimer Bach. Dieser Zone gehört der größte Teil des Rotliegendenbeckens von Gebweiler an. Zu ihr sind der Luspelkopf (Buntsandstein und Rotliegendes 843 m), der Heidelberg (Zwischenschichten 552,2 m) und der Großberg (Hauptkonglomerat 477,2 m) zu rechnen.

Die Durchschnittshöhe beträgt 504 m.

2. Zwischen der Lauch und der Fecht machen sich breite Plateaux, zum Teil aus oberem Buntsandstein bestehend, bemerkbar. Untergeordnet tritt auch Muschelkalk auf. Die Westgrenze fällt mit der Ostgrenze des Granits und der Hornfelse der Zone II zusammen und läuft mit deren Westgrenze parallel. Diesem Komplex gehören von S nach N an: der Oberlinger (Voltziensandstein 573 m), die ebenso zusammengesetzte Breitenburg (559,1 m), die Hohburg (Hauptkonglomerat, Zwischenschichten 676,7 m) und die 3 Exen (Hauptbuntsandstein 590,7 m).

Die durchschnittliche Höhe beträgt 572,5 m. Mithin ist die Differenz gegenüber II, 1 = 259,2 m.

Zwischen II, 1 und III schiebt sich eine aus Buntsandstein-, Muschelkalk-, Keuper-, Lias und Diluvialgesteinen zusammengesetzte Depression ein: das Bruchfeld von Winzfelden, dessen tiefste Stelle 332 m hoch liegt. Diese Wanne macht sich — mag man von Osten oder Westen kommen — vorzüglich bemerkbar. Die Höhen um sie herum sind bewaldet; in ihr selbst werden Acker- und Weinbau betrieben. Steil fallen die

Berge nach der Depression zu ab. Der Bergbau, der an ihren Rändern früher umging, ist ganz erloschen.

3. Zwischen Fecht und Leber fehlt eine der Zone III südlich der Fecht genau entsprechende Partie. Die Vogesensandsteinfetzen nördlich Reichenweier (380 m) und südwestlich Rodern erreichen nicht die Höhen der Zone III südlich der Fecht. Wohl aber könnte eine Zone, die am Hahnenberg (Rotliegendes auf Granit 529,6 m) beginnt und sich über den Langenberg (Granit 465,2 m), den Kochersberg (Buntsandstein auf Kohle 552 m), den Schlüsselstein (577,4 m) und die Hohe Schwärz (Granit mit eingeschlossenem Gneiß 661,1 m) nach dem Borntalerkopf (616,2 m) fortsetzt, in orographischer Beziehung mit Zone III südlich der Fecht parallelisiert werden, wenn auch ihre geologische Zusammensetzung zum größten Teil eine andere ist.

Die Durchschnittshöhe beträgt 562,5 m, entspricht also derjenigen südlich der Fecht. Die Differenz gegenüber II, 2 ist gleich 365,1 m.

Zone IV besteht aus welligen Hügeln, die nie über 400 m groß werden. Der Sigolsheimerberg nördlich Sigolsheim und Kienzheim erreicht gerade die zuletzt genannte Höhe. Die Westgrenze der Hügel ist sehr scharf und der Gebirgsabfall nach ihnen zu oft recht steil. Am meisten fällt diese Erscheinung an der Grenze des Hahnenberges, der Hohen Schwärz, und besonders der Berge der Zone III zwischen Fecht und Rimbach gegen die Hügel auf. Die Ostgrenze fällt mit den Kurven 180 und 200 m zusammen.

Durch ihre geologische Beschaffenheit unterscheiden sich die Hügel wesentlich von den übrigen Zonen. Granit und Palaeozoicum fehlen vollkommen, dafür beteiligen sich die Trias, der Jura, das Tertiär und das Diluvium wesentlich an ihrem Aufbau. Je nach der Härte der verschiedenen Gesteine bilden diese die Hügel oder Depressionen. So treten die Erhebungen, die sich aus der oberen Partie des Muschelkalks, dem Hauptoolith oder den mitteloligocänen Küstenkonglomeraten zusammensetzen, deutlich hervor, während die Sedimente der weicheren Lias- oder Keuperschichten in Tälern auftreten.

Die Verteilung der einzelnen Formationsglieder wechselt sehr: Vogesensandstein tritt am Rand der Zone III nur zwischen Weiß und Leber und ganz untergeordnet südlich der Fecht auf. Das Hauptverbreitungsgebiet des Muschelkalks (und des Keupers) liegt zwischen der Weiß und der Leber; sie kommen nur untergeordnet südlich der Fecht vor. Dasselbe gilt vom Lias. Der Dogger findet sich zwischen der Leber und der Lauch, fehlt aber südlich derselben. Das Tertiär tritt zwischen der Leber und der Fecht untergeordnet auf und hat südlich der Fecht seine Hauptverbreitung. Ungeschichteter Löß liegt in breiten Decken zwischen Lauch und Fecht, tritt jedoch nur vereinzelt südlich des ersteren Flusses und nördlich der Fecht auf.

Die hervorragendsten Erhebungen sind:

1. südl. des Rimbachtales der Hornstein (Tertiär 359,9 m)

2. zwischen Lauch und Fecht der Bollenberg (Dogger, Tertiär 363,1 m), der Strangenberg (Dogger, Tertiär 374,7 m), der Hengst (untergeordnet Muschelkalk, Tertiär 380,4 m), der Letzenberg (Dogger, Tertiär 322 m), der Florimont (Dogger, Tertiär 308 m), die Sigolsheimerhöhe (Dogger, Tertiär 400 m), der Kanzlerberg (Keuper, Lias, Dogger 336,1 m), der Grasberg (Muschelkalk 378 m).

Das ergibt eine Durschnittshöhe von 360,2 m. Die Differenz gegenüber Zone III beträgt also ungefähr 202 m.

Die Hügelzone geht allmählich in eine aus Sandlöß, Löß und Alluvium bestehende Zone V über; die Grenze zwischen dem Diluvium und dem Alluvium fällt mit derjenigen zwischen Acker- und Wiesenland zusammen.

Hiermit hätten wir zwischen dem Rimbach und der Leber von Westen nach Osten 5 deutlich von einander unterschiedene Zonen zu trennen:

I. Die Kamm-Gebirgszone, die sich aus Granit und palaeozoischen Sedimenten aufbaut. Ihre durchschnittliche Höhe ist 1251 m.

II. Die Gebirgszone

1. südlich der Fecht. Sie setzt sich im großen und ganzen aus den nämlichen Gesteinen wie Zone I zusammen. Durchschnittshöhe: 831,7 m.

2. nördlich der Fecht. Grauwacken und Schiefer fehlen. Dafür treten außer Granit: Gneiß, produktive Kohle, Rotliegendes und Buntsandstein auf.
Durchschnittshöhe: 927,6 m.

III. Die Vorgebirgszone

1. zwischen Rimbach und Lauch. Rotliegendes, Buntsandstein. Durchschnittshöhe: 504 m.

2. zwischen Lauch und Fecht. Oberer Buntsandstein. Durchschnittshöhe: 572,5 m.

3. zwischen Fecht und Leber. Granit, Buntsandstein, Gneiß. Durchschnittshöhe: 562,5 m.

IV. Die Hügelzone. Trias, Jura, Tertiär, Diluvium. Durchschnittshöhe: 360,2 m.

V. Die Zone der Ebene. Unter der 200 m-Kurve.

Trennen wir das Gebiet von Süden nach Norden, so ist der Teil südlich der Fecht durch das Auftreten der palaeozoischen Sedimente charakterisiert. Seine Vorgebirgszone zeichnet sich durch die weite Verbreitung der aus oberem Buntsandstein zusammengesetzten Plateaux gegenüber der orographisch äquivalenten Partie nördlich der Fecht aus.

Das Gebirge zwischen Fecht und Leber besitzt den Gneiß und Vogesensandstein, die dem Gebirge südlich der Fecht fehlen. Nördlich der Fecht liegt produktives Karbon, das wir südlich davon ganz vermissen.

3. Tektonik.

An der Entstehung unseres Gebietes hat sich sowohl die Tangential- als auch die Vertikalkraft der Erde beteiligt. Doch herrschte zu den verschiedenen geologischen Epochen eine dieser Kräfte vor. So lag die Haupttätigkeit der Tangentialkomponente im Palaeozoicum, während sich die Vertikalkraft vor allem im Tertiär äußerte.

Die ältesten Erdbewegungen lassen sich bis ins Präkambrium zurückverfolgen. Damals hatte wahrscheinlich der Gneiß bereits seine erste Faltung gehabt. Während das Kambrium nördlich des Lebertales zum Absatz gelangte, konnte das Silur bis jetzt in den Vogesen nicht nachgewiesen werden. Hieraus schloß van Werveke, daß auch vor dem Silur eine Störung stattgefunden haben mußte. Da das Devon zum Teil konglomeratisch entwickelt ist und dasselbe vom Kulm gilt, meint van Werveke, daß während der Kulmzeit der Gneiß sicher inselförmig über seine Umgebung herausgeragt hat.[1])

[1]) L. van Werveke: Zur Geologie der mittleren Vogesen; Mitt. d. phil. Ges. Els. L. Bd. III, Jahrg. 13. 1905. — Ders: Die Trierer Bucht und die Horsttheorie; Sitzungsb. d. naturhist. Vereins d. preuß. Rheinl. u. Westfalens. 1910.

Zwischen der Zeit des Absatzes des Kulm und der des produktiven Karbon fand die Auffaltung des in variskischem Sinne angelegten Markircher Sattels statt. Die Achse desselben geht über die genannte Stadt; nach Norden folgen kambrische, devonische und kulmische Schichten. Nach Süden hin haben wir nicht dieselbe Reihenfolge. Die Gneiße, zum großen Teil in Granit eingeschlossen und in Hornfelse umgewandelt,[1]) finden sich bis südlich des Weißtales, worauf bis zur Fecht Granite folgen. Südlich dieses Flusses beginnen die meist kontaktmetamorph umgewandelten Schiefer, Grauwacken und Granite des Kulm. Devon konnte bis zur Lauch nicht mit Sicherheit erkannt werden: vielleicht gehört aber ein Teil der genannten Sedimente dieser Formation an.

In die aufgepreßten Sedimente drang der Granit ein und wandelte sie kontaktmetamorph um. Der älteste von diesen Graniten ist der Kammgranit, zu dem der größte Teil unseres Granitgebietes gehört. An manchen Stellen (Glashüttentäler) ist er besonders grobkristallinisch ausgebildet und wurde von van Werveke als „Glashüttengranit" ausgeschieden.[2]) Durch den Kammgranit brachen andere Stöcke durch: der Bressoirgranit, der von Groth[3]) für den ältesten Granit gehalten wurde, bis van Werveke sein jüngeres Alter nachwies. Von demselben Forscher wurden der „3 Ährengranit" zwischen Weiß und Fecht und der ihm zum Teil sehr ähnliche „Bilsteingranit" als besondere Granitstöcke nachgewiesen, die von Delbos und Koechlin u. a. teilweise als Gneiß angesehen worden waren. Die beiden zuletzt genannten Granite dürften sich im Alter sehr nahe stehen.

Daß der Kammgranit vor der Ablagerung der St. Pilter Kohlen aufdrang, beweist das Vorkommen granitischen Materials in den grobkörnigen Arkosen des produktiven Karbons daselbst. Sodann beobachtet man deren Auflagerung auf Kammgranit südlich des „St" der Bezeichnung „Bürgerwald von St. Pilt." Es sind mehr oder weniger grobkörnige, meist leicht zerfallende

---

[1]) L. van Werveke: Zur Geologie der mittleren Vogesen; l. c.

[2]) L. van Werveke: Geognostische Unters. d. Umgebg. v. Rappoltsweiler; Mitt. d. geol. L. A. Els. L. Bd. I. 1886—88. und ders: Zur Geologie d. mittl. Vog. — Ders.: Bemerkungen zu einigen Profilen durch geologisch wichtige Gebiete des Elsaß; Mitt. d. geol. L. A. Els. L. Bd. IV. 1892—98.

[3]) P. Groth: Das Gneißgebiet von Markirch im Oberelsaß; Abh. z. geol. Spez.-Karte v. Els. L. Bd. I. 1877.

Grande und Arkosen mit Einlagerungen von weichen glimmerführenden Schiefern und Kohlenschmitzen. Darüber liegt Hauptbuntsandstein.

Die Kohlen führenden Schichten lagerten sich in Depressionen ab und wurden dann ziemlich stark von Verwerfungen betroffen.

Vor der Ablagerung des oberen Rotliegenden, der Kohlbächelschichten, fanden wiederum bedeutende Störungen statt. Die eine ist die von Bücking[1]) nachgewiesene Spalte von Ekkirch, die östlich der St. Didler Höhe und des Col du Bonhomme auf deutscher Seite entlang zieht, um dann ihre Fortsetzung westlich des Reisbergs und des Hohnecks auf französischem Gebiet zu finden. Sie ist als Quetschzone ausgebildet und schneidet zwischen Markirch und der St. Didler Höhe oberes Karbon gegen Granit ab.

In dieselbe Zeit fällt die Entstehung der Fechtstörung.[2]) Daß dieselbe erst nach dem Aufdringen des Granits gebildet wurde, geht daraus hervor, daß gerade dieses Gestein starke Quetschungen erlitten hat, die von Münster bis Türkheim nachweisbar sind. Auffallend ist, daß nördlich der Fecht (bis zur Leber) von altpalaeozoischen Gesteinen nur Gneiß und Granit vorhanden sind, während südlich davon gleich karbonische (vielleicht auch devonische) Sedimente in großem Maße auftreten. Als sich der Buntsandstein ablagerte, existierte die Störung schon, denn nördlich der Fecht liegt er auf Gneiß und Granit, südlich davon auf Kulm; dasselbe gilt von der Lagerung des oberen Rotliegenden.

Die Lauchstörung dürfte auch vor der Ablagerung des oberen Rotliegenden gebildet worden sein, denn südlich dieses Flusses befinden sich die älteren Rotliegendenschichten, die nördlich davon ganz fehlen.

Auch das Leber- resp. das Gießental bezeichnet wohl eine Störung, die älter als das Oberrotliegende ist, denn nördlich davon liegen die mächtigen älteren Rotliegenden Schichten des Weiler Beckens.

Damals dürfte das Gebiet zwischen Lauch und Leber als

[1]) H. Bücking: Mitt. d. geol. L. A. Els. L. Bd. IV; Aufnahmebericht S. LXXXVI—LXXXIX.

[2]) H. Klähn: Die Geologie d. Umgebung von Colmar; Mitt. d. nath. Ges. Colmar i. Els. 1914.

Horst emporgeragt zu haben. Das Gebweiler und Weiler Becken wurden mit den älteren Rotliegenden Sedimenten aufgefüllt, worauf die Transgression des obersten Rotliegenden erfolgte. So liegt es am Oberlinger zwischen Grauwacken und Vogesensandstein in sehr geringer Mächtigkeit; auf Blatt Münster bezeichnen Karneole am Breitenberg seine Existenz zwischen Kammgranit und mittlerem Buntsandstein. Auf Blatt Winzenheim stehen über dem Granit des Zwergberges Grande und Arkosen vom Alter der Kohlbächelschichten an. Bei den 3 Ähren liegen zwischen „3 Ährengranit" und Buntsandstein feldspatreiche Arkosen. Im Hohkönigsburggebiet (im weiteren Sinne) sind zwischen Gneiß oder Granit und mittleren Buntsandstein Konglomerate und dolomitführende Arkosen und Breccien vorhanden.

Nach der Ablagerung des oberen Rotliegenden fanden weitere Störungen statt. van Werveke[1]) nimmt die Entstehung einer großen Mulde an, deren Achse etwa an der bayrischen Grenze durchzieht und deren Südschenkel sich bei Aue (Oberelsaß) befindet. So kommt es, daß der untere Buntsandstein im Elsaß nur in der Niederbronner Gegend vorkommt, während sich der Vogesensandstein bis Aue hin verfolgen läßt. Der Muldencharakter ist nun weiter durch die Mächtigkeitsdifferenzen des letzteren ausgeprägt, indem die Mächtigkeiten nach van Werveke zwischen Leber und Thur die folgenden sind:

	sm	
Tännchel-Hohkönigsburg	. 200 m	
Königsstuhl	. . . 180 m	
Vorhöfe	. . 120 m	
Hohnack	. . . 110 m	(140 m)
Oberlinger	. 125 m	(60—80 m)
Aue bei Sentheim . .	25 m	

Dem gegenüber geben Delbos und Koechlin-Schlumberger[2]) 179 m am Hohnack und 200 m bei Gebweiler an. Ich konnte sowohl am Hohnack als auch am Breitenberg 140 m, am Zwergberg ca. 180 m und am Oberlinger 60—80 m (ohne Konglomerat) messen. Während nun nördlich der Fecht die

[1]) L. van Werveke: Zur Geologie der mittl. Vogesen. l. c.

[2]) Delbos u. Koechlin-Schlumberger: Description géolog. et minéralog. du département du Haut-Rhin. Tome I. 1866. S. 225.

obere Partie des mittleren Buntsandsteins mit folgenden Mächtigkeiten vertreten ist:

	sm
Tännchel-Hohkönigsburg . .	60 m
Königsstuhl	ca. 40 m
Hohnack-Zwergberg	ca. 40 m(?)

kann man ihn südlich davon nicht mehr nachweisen. Das scheint dafür zu sprechen, daß nach Ablagerung der unteren Partie des Vogesensandsteins an der alten Fechtstörung wiederum Erdverschiebungen stattfanden: während nördlich des Fechttales die obere Partie des mittleren Buntsandsteins zum Absatz kam, wurde ein Teil der unteren Partie südlich davon wieder abgewaschen und der obere Teil hier nicht abgelagert.

Das Hauptkonglomerat legte sich später über die jüngere Partie des Vogesensandsteins nördlich der Fecht und dessen ältere Schichten südlich davon hinüber.

Für Störungserscheinungen während der Ablagerung des Buntsandsteins spricht auch die Mächtigkeitsdifferenz des mittleren Buntsandsteins am Grand Faudé und desjenigen der übrigen benachbarten, teilweise aus diesem Gestein zusammengesetzten Berge:

Grand Faudé (ohne	Konglomerat	gerechnet)		90 m
Zwergberg	„	„	„	ca. 180 m(?)
Eichenrain	„	„	„	ca. 120 m
Hohnack	„	„	„	ca. 140 m

Der obere Buntsandstein, der Muschelkalk und der untere und mittlere Keuper wurden nun konkordant übereinander abgesetzt. Während der Ablagerung des oberen Keupers sollen nach de Lapparent[1]) Südvogesen und Südschwarzwald über Wasser gelegen haben, sodaß Räth nicht zum Absatz kam. Nun habe ich bei Bergholz-Zell quarzitähnliche, glimmerreiche Sandsteine unter Lias α gefunden, die vielleicht als Äquivalent des Räth aufzufassen sind. Sollte dies zutreffen, so hätte nicht unser ganzes Gebiet damals inselförmig aus dem Räthmeer herausgeragt.

Zur Zeit des Lias α senkte sich die Insel wieder und das Meer nahm von neuem von ihr Besitz. Der unterste schwarze

[1]) De Lapparent: Note sur l'histoire géolog. des Vosges; Bull. de la soc. géol. de France, 3me série, tome 25. 1897.

Jura wurde, wie auch seine übrigen Abteilungen, in einem nicht allzutiefen Meer abgelagert. Hierfür spricht das Vorkommen der *Gryphaea arcuata* und der *Brachiopoden* gegenüber echten Tiefseevertretern wie *Belemniten* und *Ammoniten*.

Auch zur Zeit des Doggers ist das Meer nicht allzu tief gewesen, denn auch hier gilt ähnliches, was vorhin über die Fossilien des schwarzen Jura gesagt wurde: Viele *Brachiopoden* und sehr wenige *Cephalopoden*. Dazu kommt noch das stellenweise reichliche Auftreten von *Korallen* (*Thamnastrea* und *Isastrea*). Auch der petrographische Charakter der Doggergesteine spricht dafür, daß diese in nicht allzu großer Entfernung von der Küste resp. in seichtem Wasser abgelagert wurden. Die oft recht großen Oolithe des Hauptooliths und das Auftreten der Mumienhorizonte könnten dies meiner Meinung nach beweisen. Dazu kommt noch, daß in manchen Lagen die Fossilien in teilweise zerbrochenem Zustand auftreten.

Sollte sich nach dem Gesagten nicht bereits eine Mulde zwischen Schwarzwald und Vogesen befunden haben? Dies kann allerdings nicht direkt bewiesen werden, ebenso wenig wie das von van Werveke[1]) angenommene Gegenteil, daß die Juraschichten über den genannten Gebirgen, die selbstredend nicht in ihrer heutigen orographischen Gestalt vorhanden waren, abgelagert wurden.

Zur Zeit des Callovien setzte wiederum eine Hebung ein und zwar in der Weise, daß der Markircher Sattel und seine nordöstliche Fortsetzung am meisten gehoben wurden. Brauner Jura ζ kam bei uns nicht zur Ablagerung; wohl aber wurde er am Scharrachberg im Unterelsaß nachgewiesen.[2]) Während der Ablagerung des weißen Jura und der Kreide, die in unserem Gebiet vollkommen fehlen, lag das Gebiet zwischen Rimbach und Leber, wie überhaupt die Vogesen, über Wasser. Die Hebung mag wie im Harz zur Quadratenkreidezeit ihren Höhepunkt erreicht haben.[3])

---

[1]) L. van Werveke: Wie die Umgebung von Gebweiler entstanden ist. Mitt. d. phil. Ges. Els. L. 11. Jahrg. 1903. S. 66.

[2]) E. Benecke u. L. van Werveke: Zentralbl. f. Min. etc. 1908. — E. Benecke: Über einen neuen Juraaufschluß im Unterelsaß; Mitt. d. geol. L. A. Els. L. Bd. VI. 1907—09.

[3]) O. v. Linstow: Über die Zeit der Heraushebung des Harzes; Jahrb. d. preuß. geol. L. A. Bd. XXXIV, Teil I, Heft 3. 1913. S. 625—633.

Dann aber setzten Störungen ein. In Depressionen und Mulden wurden die eocänen Süßwasserkalke von Sigolsheim und weiter nördlich die von Buchsweiler abgesetzt. Bereits vor dem Unteroligocän begann die Bildung des „Rheintalgrabens", in den nach van Werveke das Meer durch die Pfalzburger Mulde eindrang.

Der Graben war im Süden tiefer als im Norden; der südliche Teil wurde zuerst ausgefüllt, während die nördlicheren Randpartien bis Mainz hin einer starken Verwitterung anheimfielen. So lagern die tertiären Küstenkonglomerate im Norden auf weit älteren Schichten als im Süden.

Daß der Rheintalgraben damals schon deutlich ausgebildet war, geht daraus hervor, daß die ältesten Tertiärkonglomerate in unserm Gebiet diskordant auf Dogger liegen, dessen Einfallen beim Herannahen des Meeres im Mittel 20° O betrug.[1])

Wie tief war nun die Mulde, in die das Tertiärmeer eindrang?

Nehmen wir die Breite zwischen Strangenberg und den Vorhügeln bei Mülheim zu 30 km an und ziehen wir den Dogger mit 20° zu einer Mulde aus, so ergibt sich für die Tiefe derselben

$$x = 2644 \text{ m.}$$

Stimmt nun diese theoretische Zahl mit den Tatsachen überein?

Der Dogger liegt am Strangenberg 395 m hoch. Wagner[2]) berechnet die Mächtigkeit des Tertiärs bei Wittelsheim, abgesehen von lokal auftretendem Eocän, zu 2037 + m. Die Bohrung Ungersheim liegt 214 m über Normalnull; die Kies- und Sandablagerungen sind 127 m stark. Von der Sohle der Ebene (214 m) bis zur Höhe des Strangenbergs (395 m) beträgt die Höhe des Muldenschenkels 181 m. 127 m Diluvium + 87 m Tertiär = 214 m treffen Normalnull. 2037 m — 87 m Tertiär = 1950 m geben die Lage des Doggers unter Tag an. Zählen wir alle Daten zusammen, so ergibt sich als Muldentiefe 2218 m, d. h. diese bleibt hinter der berechneten um 2644 — 2218 = 426 m zurück.

---

[1]) L. van Werveke: Die Entstehung des Rheintales; Mitt. d. phil. Ges. Els. L. V. Jahrg., 2. Heft. 1897.

[2]) W. Wagner: Neuere Ergebnisse über die Gliederung und die Lagerung des Tertiärs im Kalisalzgebiet des Oberelsaß; Mitt. d. phil. Ges. Els. L. Bd. IV, Heft 5. 20. Jahrg. 1912.

Bei der theoretischen Berechnung kommt man zu dem Schluß, daß der Bogen b (s. Fig. 1) um 618 m verlängert worden ist, d. h. Schwarzwald und Vogesen mußten um je 309 m = 618 m nach der Rheintalmitte verschoben worden sein.

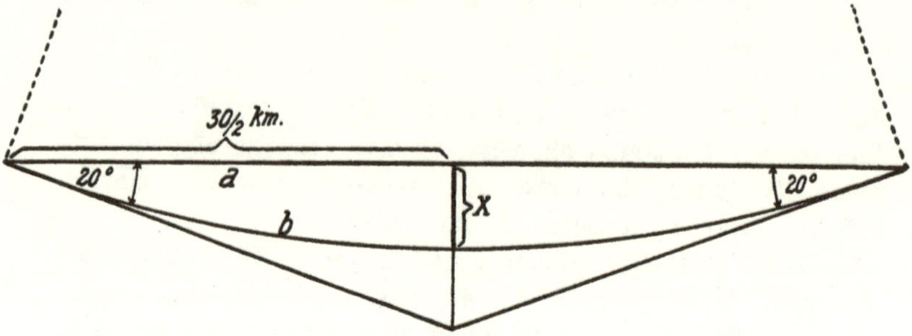

Fig. 1.

Das praktische Resultat scheint mit dem theoretischen annähernd übereinzustimmen. Doch ist diese Übereinstimmung nur eine scheinbare, denn beim Vergleich der oligocänen Ablagerungen unter Tag mit denen in den Hügeln ergibt sich folgendes: Nehmen wir eine Mulde von rund 2000 m Tiefe, in die das Unteroligocänmeer einströmte, an, so müßten die grünen Mergel des Unteroligocäns in dieser Tiefe abgelagert worden sein, d. h. etwa 1700 m unter Normalnull, wenn wir die Höhe der ältesten Oligocänablagerungen über Tag als 300 m bestimmen. Hier sind diese als Konglomerate, hauptsächlich aus Doggergeröllen bestehend, zusammengesetzt.

Wäre nun wirklich eine Mulde von der theoretischen Tiefe vorhanden gewesen, so hätte das Unteroligocänmeer eine Mindesttiefe von 2000 m haben müssen, wogegen sehr vieles, wofür nichts spricht. Denn dann wäre es nur möglich gewesen, daß 1700 m unter Normalnull sich Mergel absetzen konnten, während 300 m über Normalnull zugleich Konglomerate gebildet wurden (s. Fig. 2).

Diese Niveauunterschiede sind nur durch tektonische Vorgänge, die sich nach dem Absatz der Unteroligocänschichten abspielten, zu erklären.

Statt einer Mulde, in die das älteste Oligocänmeer eindrang, haben wir einen Graben mit Flexurrändern (Fig. 2) anzunehmen. Dieser Graben hatte vielleicht eine Tiefe von 200 m und sank immer tiefer, bis die Flexuren rissen, worauf der Einbruch während des Absatzes der Mittel- und Oberoligocänschichten an Verwerfungen vor sich ging.

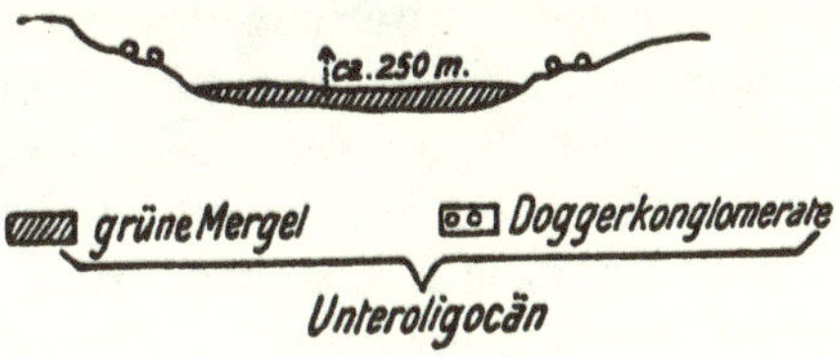

Fig. 2.

Dafür, daß diese erst nach dem Unteroligocän einsetzten, spricht der einheitliche Charakter der unteroligocänen Doggerkonglomerate und die gemischte Ausbildung der höheren Konglomerate,[1]) die zum großen Teil an Steilküsten abgesetzt wurden wodurch die enormen Mächtigkeitsdifferenzen der gleichaltrigen Schichten über und unter Tag zum Teil zu erklären sind.

Im Unteroligocän nahm die Ausbildung unseres Gebietes ihren Fortgang, die aber erst im Laufe der Mitteloligocänzeit an Deutlichkeit zunahm und im Laufe des Oberoligocäns und Miocäns ihren Höhepunkt erreichte.

Dabei wurden Störungen, die teilweise älter als das Rotliegende sind, wieder aufgerissen. Die westlichste Verwerfung ist in dem behandelten Gebiet die schon S. 55 erwähnte, von Bücking nachgewiesene, dem Kamm etwa parallel laufende Linie.

Eine weitere große Störung geht von Hury zuerst nach Süden und biegt dann nach SW um. Sie wurde von van Werveke[2]) bis Schnierlach verfolgt und von demselben Autor bis zum Münstertal vermutet.[3]) Sie bringt den Vogesensandstein des Tännchel-, Königsstuhl-, Hohnack-, Breitenbergsmassivs, das heute mannigfach zerrissen ist, gegenüber dem hauptsächlich aus Granit bestehenden des Bressoir, des Reisbergs und des Hohnecks in eine tiefere Lage, wodurch das Vorkommen des Vogesensandsteins auf diesen Höhen zu erklären ist. Die höchste Erhebung ist das Schratzmännele (1040 m), das auf seinem Gipfel nicht wie die meisten anderen Buntsandsteinberge

[1]) L. van Werveke: Die Entstehung des Rheintales l. c.

[2]) L. van Werveke: Geogn. Untersuch. d. Umgebg. von Rappoltsweiler. Vgl. die Karte im Maßstab 1:250000. S. 180.

[3]) L. van Werveke: Über einige Verwerfungen in den mittleren Vogesen; Mitt. d. geol. L. A. Els. L. Bd. I. 1886—88.

des Gebirges Hauptkonglomerat, sondern mittleren Buntsandstein (sm der geologischen Spezialkarte) trägt. Der Berg ist von fast allen Seiten von Verwerfungen umgrenzt.

Der genauere Verlauf der von van Werveke bereits vermuteten Störung von Schnierlach nach dem Fechttal ist ungefähr der folgende: Von Schnierlach streicht sie, immer durch Täler bezeichnet, nach Goutte und Urbeis. Sie verwirft den Buntsandstein des kegelförmigen und bereits von weitem wegen seiner eigentümlichen Gestalt deutlich erkennbaren Grand Faudé (772,5 m) gegen Granit. Von dem genannten Ort folgt die Störung dem Weißtal bis „Faing" und streicht dann um den Noirmont (860,5 m) über die Sägemühle Pairis nach Près-du Bois bei Oberhütten. Südlich des Noirmont geht sie über Bas-des Huttes nach Unterhütten bis Combe westlich des Schratzmännele (1040 m). Von hier scheint sie über Hohrodberg nach Münster zu streichen. Sowohl der Grand Faudé als auch der Noirmont werden von einer anderen Verwerfung begrenzt, die von Schnierlach nach Hachimette und Urbeis läuft. Ein Steinbruch zwischen diesen beiden Orten schließt teilweise gequetschten Granit auf. Bei Urbeis tritt diese Störung an die vorhin genannte Linie zwischen diesem Ort und Faing heran und zieht am Osthang des Noirmont nach Unterhütten, wo sie mit der Unterhütten-Combe-Störung zusammentrifft. Die Störung Hachimette-Combe streicht etwa NNO—SSW bis NO—SW. Heute liegen der Grand Faudé und der Noirmont viel tiefer als die östlich resp. südöstlich vorgelagerten Höhen der Vorhöfe (882 m) und des Eichenrain (bis 941 m). Diese Höhenunterschiede sind auf ungleichmäßige Hebungen zurückzuführen. An den Verwerfungen sind die Sandsteine teilweise verkieselt. Der Kuhberg und der Lingekopf werden durch eine SSO—NNW streichende Störung vom Schratzmännele getrennt. Ihre Fortsetzung läuft wohl dem Tal von Günsbach parallel und ist durch Quetschzonen im Granit markiert.

Das Hebungsausmaß zwischen Grand Faudé (772 m) und den Vorhöfen (882 m) dürfte etwa 882—772 = 110 m betragen.

Die Fortsetzung der Günsbachlinie läuft vielleicht am linken Krebsbachhang von Sulzbach über Dorspach am Westhang der Strauenburg nach den westlichsten Häusern von Wasserburg. Westlich dieser Linie liegt Granit, östlich davon treten neben diesen kontaktmetamorph umgewandelte Kulmsedimente auf. In dem genannten Tal kommen Hornfels und Granit in der Weise vor, daß man dasselbe zunächst entschieden als Kontaktal auffassen muß. Nun scheint hier eine Störung gerade mit der Kontaktzone zusammenzufallen, wofür das Auftreten der Gonzenbachquelle bei Sulzbach spricht.

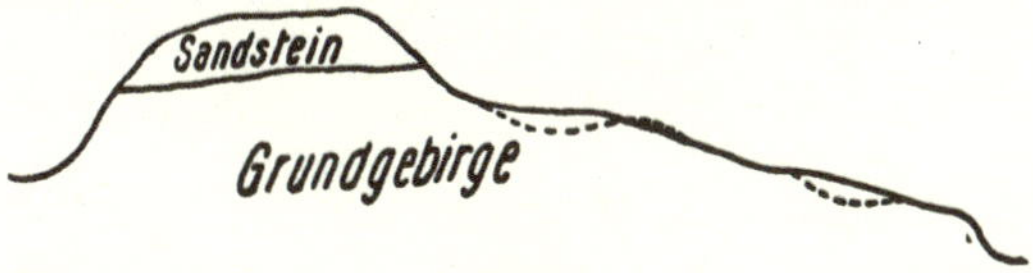

Fig. 3.

Eine andere, im Tertiär wieder aufgerissene Störungszone (s. S. 55), die schon vor der Trias bestanden hatte, ist die Fechtstörung. Durch sie wurden die genannten Buntsandsteinberge gegenüber den südlich der Fecht gelegenen, aus Granit und palaeozoischen Schichten bestehenden Erhebungen verworfen. Der Hohnack, die Breitenburg, der Eichenrain lagen also grabenförmig zwischen dem Kammgebiet und dem Gebirge südlich der Fecht. Hier wurde der Sandstein fortgewaschen.

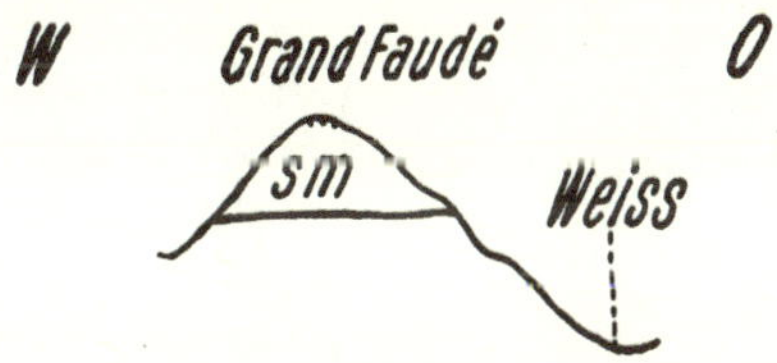

Fig. 4.

Es scheint nun, daß die Sandsteinberge auch im Osten von einer Störung eingefaßt werden, trotzdem ich dieselbe nur zum kleinsten Teil kenne, weshalb die Behauptung mit Vorbehalt gemacht werden soll. Auf den Blättern Winzenheim, Kaysersberg und Schlettstadt lagert sich nämlich vor die Sandsteinberge nach der Ebene hin ein aus alten Gesteinen (Granit, Gneiß, Rotliegendes) bestehender Gebirgszug vor, zu dem der Buchentalkopf (625 m), die Galz (729 m), die Hohe Schwärz (661 m) (Prof. 1), der Bilstein (757 m), der Langenberg (440 m) und der Hahnenberg (529 m) gehören. Diesen Höhen gegenüber stehen die der Hohkönigsburg (755,2 m), des Tännchel (992 m am Rammelstein), des Hohnacks (976 m) usw.

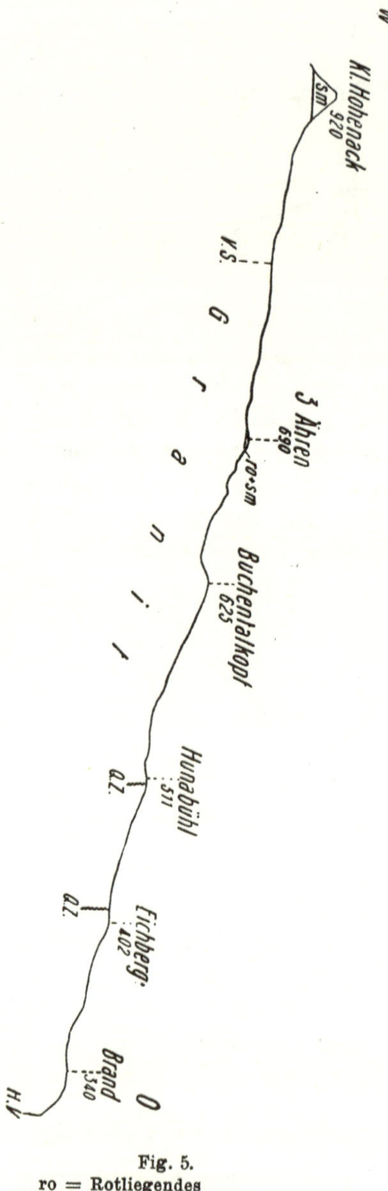

Fig. 5.
ro = Rotliegendes
sm = Vogesensandstein
H.V. = Hauptverwerfung
Q.Z. = Quetschzone
V.S. = Vermutete Störung.

Es könnte ja immerhin sein, daß die zuerst genannten Berge einem normalen Abfall der Buntsandsteinerhebungen angehören, daß Verwitterung und Abwaschung den Osthang bis auf daß Rotliegende, den Gneiß und den Granit abgewaschen und in einzelne Erhebungen zerlegt hätten, wie es Figur 3 und Profil 3 zeigen.

Doch, vergleichen wir einmal den langsamen Gebirgsabfall vom Kleinen Hohnack nach dem Brand (Fig. 5) mit den Steilabfällen am Grand Faudé (Fig. 4). Bei dem zuletzt genannten Profil wird wohl niemand irgend eine größere Störung an der Böschung vermuten, wohl kann man dies bei Fig. 5 tun. Wie sollte man sich denn die Erscheinung erklären, daß am Kleinen Hohnack bei 940 m Vogesennsandstein mit 60 m, bei den 3 Ähren (690 m) mit viel geringerer Mächtigkeit und auf der ganzen langen Strecke von den 3 Ähren bis zum Brand (340 m) überhaupt nicht vertreten ist? Der Steilabfall der Buntsandsteinberge des Tännchel und der Hohkönigsburg ist beinahe so steil wie die der Berge bei

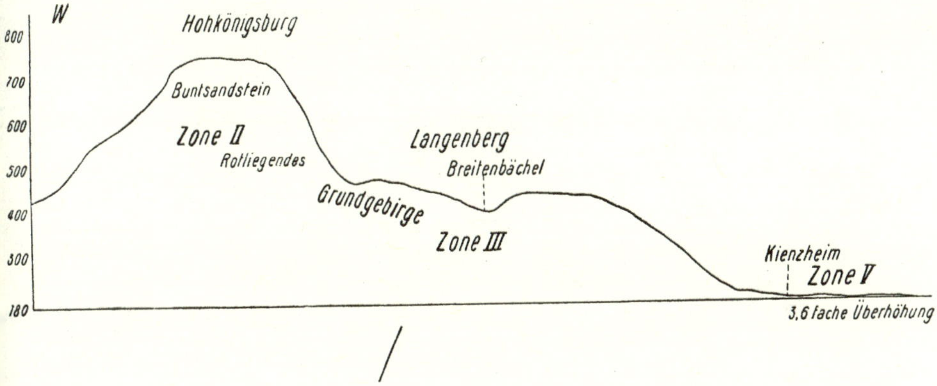

1 : 25 000.
3/5 fache Verkleinerung.

1. Orographisches Profil von der Hohkönigsburg nach Kienzheim.

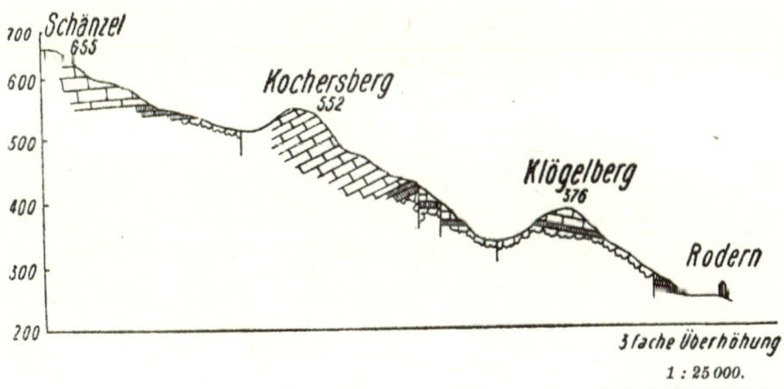

1 : 25 000.
3/5 fache Verkleinerung.

2. Profil vom Schänzel nach Rodern.

Granit. Schiefer, Arkosen, Kohle der produktiven Kohle. mittlerer Buntsandstein.

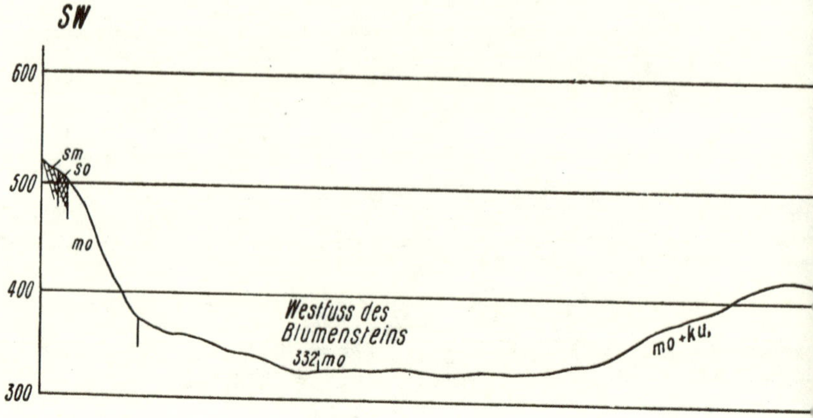

sm = mittlerer, so = oberer Buntsandstein; mm_2 = Dolomite d. mittleren Muschelkalks; m
Gr = Granit.

5. Längsprofil durch das Bruchfeld von Winzfelden.

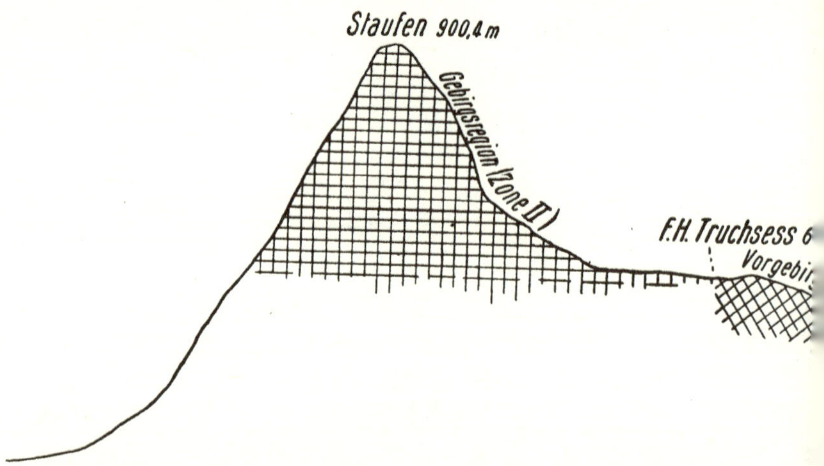

6. Profil durch die Gebirgs-,

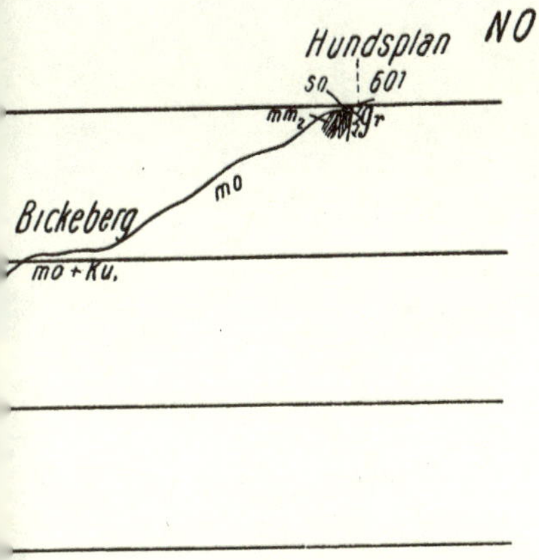

1 : 25000. ³/₅fache Verkleinerung.
che Überhöhung.

k; Ku = unterer Keuper (Goldfussidolomite);

dem Profil 4.

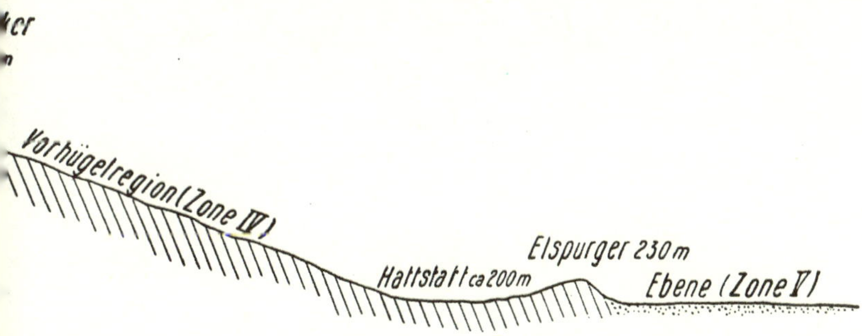

gel- und Ebenenregionen.

Vöklinshofen, wo die große S. 71 erwähnte Störung durchzieht.

Ich glaube, daß der steile Abfall der Buntsandsteinberge, die langestreckte Gestalt der ihnen östlich vorgelagerten Grundgebirgsrücken, das Auftreten zahlreicher Quetschzonen in diesen (Fig. 5.) und das Vorkommen von Basalt direkt am Fuße des Tännchels dafür sprechen, daß der Buntsandstein auf diesen wegen der einstigen höheren Lage gegenüber den heutigen Sandsteinbergen fortgewaschen wurde. Mit andern Worten soll das heißen, daß diese einst tiefer als die vorgelagerten alten Berge lagen und später herausgehoben wurden.

Dafür spricht auch die tiefe Lage der folgenden, nach der Ebene zu gelegenen Buntsandstein und Rotliegendenvorkommnisse:

Hahnenberg (Rotliegendes, obere Partie):	529,6 m
Klögelberg (Vogesensandstein, untere Partie):	376 „
Kochersberg („):	552 „
Steinbruch westlich Ruine Reichenberg (Vogesensandstein)	380 „
zwischen Reichenweier und „Kappenwald" (Vogesensandstein)	470 „
Frauenberg bei Drei-Ähren (Rotliegendes und Vogesensandstein)	730 „
Dreiexen (Vogesensandstein)	590 „
Luspelkopf (Rotliegendes, wenig mächtiger Buntsandstein)	483 „

Das ergibt eine Durchschnittshöhe von 511 m. Demgegenüber beträgt die Durchschnittshöhe der hohen Buntsandsteinberge 927 m (s. S. 49 und 50).

Die dem Rheintal zu gelegenen Erhebungen müßten normalerweise viel jüngere Schichten, die hohen Buntsandsteinberge hingegen weit ältere Gesteine besitzen als dies in Wirklichkeit der Fall ist.

Bringen wir die Lage der letzeren auch in Beziehung zu einzelnen aus Granit und palaeozoischen Sedimenten aufgebauten Bergen südlich der Fecht auf Blatt Winzenheim:

Hohlandsburg (Granit)	643,9 m
Staufen (Palaeozoicum)	900,4 „
Berg NO Wolfsgrube (Palaeozoicum)	880 „
Firstplan	771 „

Die Durchschnittshöhe ist gleich 798 m.

Diese Daten besagen, daß die hohen Sandsteinberge heute höher liegen als das alte Gebiet zwischen Fecht und Lauch, als die rheintaleinwärts gelegenen alten Berge zwischen Fecht und Leber, und daß sie auch gegenüber dem auf S. 65 aufgezählten Sandsteinvorkommnissen zu hoch liegen, um nicht im Lauf der Zeit weit mehr als diese abgewaschen worden zu sein.

Nun könnte man ja daran denken, daß das alte Gebiet südlich der Fecht nach einer einstmals höheren Lage in eine niedrige gebracht worden sei. Dann muß man auch annehmen, daß die auf S. 65 aufgezählten Vorkommnisse z. T. noch höher gelegen haben als die hohen Sandsteinberge, denn auf diesen liegt meistens noch das Hauptkonglomerat, das den ersteren zum größten Teil fehlt. Sie hätten also etwa in der Höhe des Schratzmännele, das ja auch keine Konglomeratdecke trägt, gelegen, d. h. 1040 m hoch.

Sollten nun alle diese Gebirgsteile mitsamt den Hügeln und der Ebene abgesunken sein, und nur das Schratzmännele konnte sich halten?

Viel glaubhafter ist es wohl, wenn man die hohen Sandsteinberge ursprünglich in einer tieferen Lage, rings von Verwerfungen umgeben, annimmt. Sie lagen etwa so tief[1]) wie die rheintaleinwärts gelegenen Sandsteinvorkommnisse, und, weil sie in einem Graben gelegen haben, hat sich der Buntsandstein erhalten. Für die einstige Lage von 400 m spricht das kleine Vorkommen von Buntsandstein in 400 m Höhe beim Vogesehisle westlich Türkheim. In gleicher Höhe fand ich weiter südlich, allerdings nicht anstehend, einzelne verkieselte Buntsandsteinbrocken. Diese Vorkommnisse sind so gering, daß man kaum daran denken könnte, sie wären etwa grabenförmig eingesunken.

Später wurde das ganze Gebirgsbuntsandsteingebiet herausgehoben.

Wie könnte nun diese Heraushebung erklärt werden? Obgleich die Frage eine rein theoretische ist, dürfte sie interessieren. Durch den Einbruch des Rheintalgrabens wurde der Eintritt des Meeres und mithin der Absatz enormer Sedimente ermöglicht. Zu gleicher Zeit wurden aber in den frei gelegten Horsten die Gesteine abgewaschen. Während also einerseits Abtragung erfolgte, setzte andrerseits Auffüllung ein.

[1]) Vielleicht etwas tiefer.

Hierdurch wurde aber unbedingt eine Gewichtsdifferenz auf beiden Seiten hervorgerufen. Stellen wir uns nun das Magma als feurig-flüssige Masse vor, so erfolgte in der Ebene ein Überdruck, der sich auf der andern Seite auslösen mußte, und diese Auslösung erfolgte in Form von Hebung im Gebirge und Senkung in den Hügeln und in der Ebene.

So wird auch das Auftreten von Basalten erklärlich, die durch den Druck auf das Magma herausgepreßt wurden. Es sind dies in unserem Gebiet die Basalte von Reichenweier[1]), Urbeis[2]), des Tännchels[3]) und vom Vordermarbacherwald bei Vöklinshofen[4]).

Kehren wir zu den im Gebiet zwischen Leber- und Rimbachtal auftretenden Störungen zurück. Weit mehr zerstückelt als das Gebirge wurden das Vorgebirge, die Hügel und die Ebene. Nur die beiden ersteren können hier besprochen werden, weil der Kalibergbau, der Aufschluß über die Tektonik unter Tag verschaffen könnte, bei uns nicht umgeht.

Während nun im Gebirge die Störungen hauptsächlich nach dem variskischen SW-NO-Typus orientiert sind, spielt im Vorgebirge und in den Hügeln die rheinische S-N resp. SSW-NNO-Streichrichtung die Hauptrolle, wenn auch die alte variskische und die dazu senkrecht stehende herzynsiche Störungsorientierung in nicht unbedeutenden Maße auftreten.

Gerade der Eintritt von variskischen Linien ist für unser Gebiet von allergrößter Wichtigkeit, weil durch sie die Bruchfelder von Rappoltsweiler, Gebweiler und Winzfelden bedingt sind, wie dies auch in größerem Maße beim Zaberner Bruchfeld der Fall ist.

Verfolgen wir die „Hauptverwerfungsspalte", an welcher der Haupteinbruch des Rheintalgrabens erfolgte, vom Leber- bis zu Rimbachtal. Von Kestenholz zieht über Kinzheim nach Orschweier eine rheinische SSW-NNO-Störung, die deutlich durch den bedeutenden Abfall (namentlich am Hahnenberg)

[1]) G. Linck: Die Balte d. Elsaß; Mitt. d. geol. L. A. Els. L. Bd. I. 1888.

[2]) H. Bücking: Ein neues Basaltvorkommnis aus d. Els.; Mitt. d. geol. L. A. Els. L. Bd. I. 1888.

[3]) Fr. Kallhardt: Ein neues Basaltvorkommnis in d. Vogesen; Mitt. d. geol. L. A. Els. L. Bd. Bd. VI. 1907—09.

[4]) H. Klähn l. c.

orographisch markiert ist. Westlich der Linie stehen Wälder, östlich davon Reben, eine Beobachtung, die man fast in dem ganzen Gebiet machen kann. — Bei Orschweier biegt die tektonische Linie nach SW, W und gar nach NW um d. h. sie verläuft nach herzynischem Typus. Etwa von Rodern läuft ihr eine andere Störung parallel; beide werden durch eine SW-NO streichende Linie verbunden. Sie schließen eine Partie ein, deren Liegendstes Granit und produktive Kohle bilden, während als Hangendstes Vogesensandstein auftritt. Diesem Teil gehören von NW nach SO der Schänzelberg (655 m), der Kochersberg (552 m) und der Klögelberg (376 m) an. Querstörungen bedingen ein treppenförmiges Absinken nach SO. Merkwürdigerweise fallen die Kohlen- und die Vogesensandsteinschichten am Kochersberg bis 55° nach NW. (Prof. 2.) Heraushebungen haben hier wohl auch eine Rolle gespielt.

Die SO-NW-Störung von Rodern tritt nun weit nach SO vor und läuft dem Eckenbach parallel. Von diesem Ort geht die Hauptverwerfung in variskischem Sinne am Grasberg vorbei über Rappoltsweiler nach dem Osthang des Kappenwaldes nordwestlich Reichenweier. Bei Rodern, dort, wo die variskische Linie die rheinische ablöst, beginnt das Bruchfeld von Rappoltsweiler.

Von Reichenweier zieht die Hauptverwerfung in rheinischem Sinne am Osthang der Hohen Schwärz entlang, kreuzt westlich Kienzheim die Fecht und zieht in SSO-Richtung nach Katzental (östl. dieses Ortes). Hier ist das Ende des Bruchfeldes erreicht.

In rheinischem S-N-Sinne streicht die Hauptspalte zwischen Letzenberg und Brand durch und wird nun unweit Wettolsheim von einer variskischen Linie gekreuzt. Hier beginnt das Bruchfeld von Gebweiler. Die Hauptverwerfung selbst zieht am Westhang der Hohburg durch nach dem Hundsplan und nach Winzfelden. War sie bis dahin variskisch, so wird sie jetzt wiederum rheinisch und endigt bei Schweighausen. Beim Forsthaus Osenbühr schart sie mit einer rheinischen Linie; zwischen dieser und ihr liegt das Bruchfeld von Winzfelden, das dort, wo die rheinische mit der variskischen Linie schart, beginnt.

Bei Schweighausen wird die Hauptspalte von der herzynisch streichenden Lauchstörung abgeschnitten. Von Gebweiler geht sie im NO-SW-Sinne um den Heidelberg herum und wird nun wiederum von der herzynischen Rimbachstörung abgeschnitten.

Die einzelnen Bruchfelder sind mithin durch das Einschneiden von variskischen Linien ins Gebirge hinein bedingt.

Wie steht es nun mit den übrigen Störungen? Es würde selbstredend zu weit führen, wollte ich alle kleinen Verwerfungen aufzählen — nur die wichtigsten sollen erwähnt werden.

Beginnen wir wiederum beim Lebertal. Zwischen Kestenholz und St. Pilt machen Gehängeschutt und Lehm jegliche Beobachtung unmöglich. Nahe der Hauptverwerfung laufen Sprünge, die Muschelkalk gegen Buntsandstein (manchmal in minimaler Weise vertreten) verwerfen. Der Muschelkalk tritt öfters vollständig an das Grundgebirge heran; er hat hier, wie oben schon erwähnt wurde, eine ziemlich große Verbreitung. An einer westlich des Kanzlerberges vorbeiziehenden Störung, die sich über Hunaweier, Reichenweier bis westlich des Sigolsheimer Hügels verfolgen läßt, aber selten direkt nachweisbar ist, werden Gipskeuper und Lias gegen Muschelkalk und gegen die Goldfussidolomite verworfen. Die Zone, die bei Hunaweier ziemlich breit ist, verschmälert sich beim Sigolsheimer Hügel dermaßen, daß nur noch Lias zum Vorschein kommt. Die Gipskeuper-Liaszone ist durch deutlich sichtbare Depressionen charakterisiert. Zwei bedeutendere Quer-Störungen begrenzen den Keuper-Liaskomplex von Hunaweier; die eine streicht südlich hiervon in SW-NO-Richtung vorbei, die andere läuft wahrscheinlich mit dem Reichenweierer Tal parallel.

Doch machen mächtige Löß- und sandige Lehmlagen, in die neben Quarzen, dem Hauptkonglomerat des Buntsandstein entstammend, Buntsandsteinblöcke von oft beträchtlichem Durchmesser stark zersetzte Granite, die wie viele der Buntsandsteinblöcke abgerundet sind, und Gangquarze eingebettet sind, eine genauere Beobachtung der darunter liegenden Sedimente unmöglich.

Nebenbei sei bemerkt, daß die genannten Schichten zwischen Mittelweier, Reichenweier und Hunaweier, dann aber auch bei Rappoltsweiler auftreten — und das ist das Merkwürdige, auf flach abfallende Hügeln, deren Hinterland teilweise gar keinen Buntsandstein führt, und die durch Depressionen von ihm getrennt sind. Ob sie als Terrassen des vielleicht früher über sie geflossenen Strengbachs oder als solche der nach Osten fließenden kleinen Bäche aufzufassen sind[1]), kann ich bis jetzt nicht beurteilen. Auffallend ist vor allem die vollkommene Zersetzung der gerundeten Granitgerölle und das Auftreten von hellem glimmerführenden (pliocänen?) Sand, der südlich des zweiten „E" des Wortes RAPPOLTSWEILER in einer Grube gewonnen wurde. Glaziale Herkunft der Gerölle halte ich für ziemlich ausgeschlossen.

Eine weitere Störung, die noch jüngere Schichten: Dogger und Oligocän verworfen hat, geht nördlich Rohrschweier um den nordwestlich des bei diesem Dorf gelegenen Hügel herum. Das Einfallen des Hauptooliths, dessen Klüfte Bohnerz führen, ist bei der „Kiesgrube" (Kgr.) etwa 50° S. Die Verwerfung zieht nach dem Tempelhof, streicht in NO-SW-Richtung westlich Zellenberg und dann in N-S-Richtung westlich Bebelnheim nach Mittelweier. Dort wird sie von einer, vermutlich etwa W-O nördlich der Sigolsheimer Höhe entlang streichenden Verwerfung abgeschnitten. Diese wird von einer ungefähr N-S streichenden Störung gekreuzt, die zwischen dem „r" und dem „H" der Worte „Sigolsheimer Höhe" durchzieht[2]). Auf dem Westhügel liegt der eocäne Süßwasserkalk ziemlich hoch, während er nö. des Franziskanerklosters ungefähr zwischen den Höhen 260 und 280 m ansteht, wie ich mich bei einer Weganlage überzeugen konnte. Schließlich trennt noch eine vermutete rheinische SSW-NNO-Störung die östlich Bebelnheim und Sigolsheim gelegenen Hügel von der nördlich Mittelweier und westlich Bennweier zum Sigolsheimer Berg gehörigen Höhe. Die Linie ist durch zum Teil tiefe Depressionen markiert. Sie schart scheinbar unter spitzem Winkel mit der Verlängerung der Verwerfung, die östlich Zellenberg beginnt und in S-N-Richtung nach Mittelweier zieht. Auch diese Störung ist eine vermutete.

Zwischen Sigolsheim und dem Heilibrunnen bei Katzental sind Beobachtungen unmöglich. Östlich dieses Ortes beginnt eine N-S streichende Linie, die Dogger und oligocäne Küstenkonglomerate gegen Muschelkalk verwirft. Der Muschekalk bei Türkheim fällt nach dem Gebirge zu.

Südlich Winzenheim beginnt wiederum der oben genannte

[1]) L. van Werveke: Geogn. Unters. d. Umgebg. von Rappoltsweiler.

[2]) P. Keßler: Die Tertiären Küstenkonglomerate in d. Mittelrh. Tiefebene; Mitt. d. geol. L. U. Els. L. Bd. VII, Heft 2. 1909: S. 219.

Hauptsprung, der dann bald nach SW abbiegt. Eine etwa N-S streichende Linie zieht westlich Häusern, Geberschweier nach dem Sandsteinbruch östlich Forsthaus Hohberg. Triassische, jurassische und tertiäre Sedimente werden gegen den Buntsandstein westlich der genannten Linie abgeschnitten. Nirgends ist der Abfall des Vorgebirges gegen die Ebene so schroff wie hier. Von weitem sieht man die großen in ihm angelegten Steinbrüche.

Diese große Störung wird nun durch eine O—W streichende Verwerfung abgeschnitten, die mit einer von Osenbach über Bad Sulzmatt, am Osthang der Pfingstberge nach Orschweier vorbeiziehenden, etwa NNW—SSO (mehr S—N) streichenden Störung ein Triasfeld einschließt, dessen höchste Erhebung das Zinnköpfle (480 m) ist. Die zuletzt genannte Störung ist die Fortsetzung der oben genannten östlich des Forsthauses Hohberg endigenden Verwerfung. Sie kommt am Osthang des Oberlingers mit S—N Streichen wieder zum Vorschein und läuft am Osthang des Großbergs nach Jungholz herüber. Überall verwirft diese große Störung jüngere Triasschichten gegen Buntsandstein.

Durch zahlreiche, meist rheinisch, aber auch variskisch und in O—W-Sinne streichende Sprünge wird das dem Buntsandsteinvorgebirge vorgelagerte Hügelland, das hauptsächlich aus Dogger- und Tertiärschichten aufgebaut ist, zerschnitten. Die größte dieser Verwerfungen beginnt südlich Häusern und setzt sich über Geberschweier nach der Höhenmarke 353,4 am Strangenberg fort. Von hier aus macht sie sich orographisch sehr deutlich durch eine NO—SW verlaufende Depression, in der die den Atmosphärilien wenig Widerstand entgegensetzenden Liasschichten liegen, bemerkbar. Westhalten und Orschweier befinden sich darin. Sie streicht dann am Westhang des Unterlingers und am Westhang des Oberhornsteins weiter.

Das größte Interesse dürften nun die E r d v e r s c h i e b u n g e n des B u n t s a n d s t e i n b l o c k s zwischen dem Winzfeldener Bruchfeld und der großen Störung: Kloster Marbach — östlich Forsthaus Hohberg — Osthang des Heidenbergs — Osthang der Pfingstberge — Bergholz — Zell — Gebweiler beanspruchen, weil sie eine Stütze für die Hebungstheorie bilden.

Im großen und ganzen kann man wohl sagen, daß das G e b w e i l e r B r u c h f e l d tiefer eingebrochen ist als das von Rappoltsweiler, denn dort haben wir östlich der Hauptstörung hauptsächlich ältere Schichten als Dogger, während im Gebweiler Feld Schichten vorherrschen, die jünger als Lias sind. Hierbei ist das Winzfeldener Becken, das für sich zu betrachten ist, außer Acht gelassen.

Trotzdem nun der besagte Buntsandsteinblock heute höher liegt als der Buntsandstein des Rappoltsweiler Feldes, muß er einst tiefer gelegen haben. (Vgl. Prof. 4.)

Dafür spricht folgendes:

Die Durchschnittshöhe der hauptsächlich aus mittlerem Buntsandstein bestehenden Vorhügelfetzen im nördlichen Bruchfeld ergibt sich als:

Klögelberg	376 m
Kochersberg (gehoben?)	552 m
Steinbruch nw. Ruine Reichenberg .	360 m
nw. Hunaweier . . .	380 m
nw. Reichenweier	460 m

425 m, während die aus oberem Buntsandstein bestehenden Berge des südlichen Bruchfelds bis zum Rimbachtal eine durchschnittliche Höhe von

Vordermarbacherwald . . .	575 m
Ostburg . . .	550 m
Breitenburg	580 m
Höhe no. Osenbach . . .	580 m
Schimberg	560 m
Oberlinger	573 m
Großberg .	772 m

599 m besitzen.

Mithin liegt der obere Buntsandstein im südlichen Bruchfeld durchschnittlich um 174 m höher als der mittlere Buntsandstein im nördlichen Bruchfeld.

Diese Berechnung läßt wohl nur den einen Schluß zu, daß sich der obere Buntsandstein bei Gebweiler dank seiner ursprünglichen tiefen Lage gegenüber dem Vogesensandstein von Rappoltsweiler hat erhalten können, und daß er später emporgehoben wurde. Man könnte ja daran denken, daß der letztere in jüngerer Zeit um ein größeres Ausmaß gesunken sei als der erstere. Doch dagegen spricht die Lage der aus oberen Buntsandstein bestehenden, in NO—SW Richtung angeordneten Erhebungen des Heidenkopfs (475 m), des großen (442 m) und des kleinen Pfingstbergs (413 m). Durchschnittliche Höhe: 443 m.

Im Quirenbachtal steht beim Forsthaus Schäfertal Muschelsandstein bei 360 m an und läßt sich in diesem weiter nach SO hin verfolgen. Er stellt das Tiefste eines Grabens (Quirenbachgraben) dar, der im NO vom kleinen Pfingstberg, im W von einer am Osthang des Schimbergs hinziehenden Störung begrenzt wird. (Prof. 4.)

Die Lage dieses schmalen Muschelsandsteinzuges steht in einem fast normalen Verhältnis zu dem mittleren Buntsandstein bei Rappoltsweiler. Er gibt ungefähr die beim oligocänen Einbruch erlangte Tiefe an. Die von ihm staffelförmig nach dem Schimberg und Oberlinger einer- und der Osenbacher Höhe und dem Pfaffenheimer Wald anderseits aufsteigenden Stufen aus oberem Buntsandstein sind gehobene Berge; das ganze System stellt einen durch Hebung entstandenen Graben dar.

Aber auch das zwischen dem Buntsandsteinblock und der Hauptverwerfung gelegene Bruchfeld von Winzfelden hat sich durch Hebung zu seiner heutigen Gestalt herausgearbeitet und bildet mit dem vorhin genannten System eine durch Hebung entstandene, SSO—NNW streichende Mulde. (Prof. 5.)

Ursprünglich war es als Graben gegen den vorgelagerten Sandsteinblock eingebrochen, und der aus Dolomiten des mittleren Muschelkalks und Trochitenkalk bestehende Blumenstein (Einfallen nach dem Gebirge) mit 340 m Höhe gibt seine frühere Lage an. Er liegt in der Fortsetzung des Quirenbachmuschelsandsteins (360 m). Der Blumenstein liegt um 40 m niedriger als der aus unterem Lias bestehende, sw. von ihm gelegene Fetzen südlich des Nonnenwäldle (380 m).

Der Höhe 340 m des Blumensteins stehen die des „Marmorbruchs" nw. Bannstein: ca. 490 m (Trochitenkalk), des Schafbuckels: bis 420 m (Trochitenkalk), der Trochitenkalkhöhe südlich Forsthaus Osenbühr: 580 m und des Bickebergs (oberer Muschelkalk und Goldfussischichten): 503 m gegenüber.

Diese Muschelkalkvorkommnisse sind wohl nur durch Hebung in ihre jetzige Lage gebracht worden.

Der Muschelkalk am Marmorbruch bildet die Fortsetzung des Schimbergs, der am Bickeberg und am Forsthaus Osenbühr die der Osenbacher Höhe, während, wie oben schon gesagt wurde, das Tiefste des Quirenbachgrabens seine Fortsetzung im Blumenstein hat.

Zu erwähnen bliebe schließlich noch ein kleiner Graben, der auch als Stütze der Ansicht, daß das Schimberg-Oberlingermassiv ein herausgehobenes ist, herangezogen werden kann. (Prof. 4.) Er zieht vom oberen St. Gangolf, orographisch deutlich ausgeprägt, östlich des Wettelsberges ungefähr nach dem auf der Meßtischkarte Gebweiler als „Schätz“ bezeichneten Gehöft. Er besteht aus Zwischen- und Voltziensandsteinschichten, die am „r“ des Wortes Krebsbach 50° W einfallen. Sie liegen zwischen 400 und 360 m Höhe. Der Graben ist so schmal, daß man ihn kaum anders als einen, bei der Hebung des Schimbergs zurückgebliebenen Fetzen auffassen kann.

Wenn wir das Gesagte bezüglich des Verhältnisses des Buntsandsteinblocks zum Bruchfeld von Winzfelden kurz zusammenfassen, so ergibt sich, daß sie zusammen einem etwa SSW—NNO streichenden System angehören. Östlich des Buntsandsteinblockes brach das Hügelland im Mitteloligocän ab, und nach Westen zu bildete sich das Bruchfeld von Winzfelden. Während herzynische Störungen damals gegenüber den rheinischen und variskischen zurücktraten, übernahmen sie bei den später eintretenden Hebungen die Hauptrolle. Der Buntsandsteinhorst mitsamt dem westlich gelegenen Winzfeldener Bruchfeld wurden durch Hebungen in einen herzynisch bis N—S streichenden Graben verwandelt, dessen tiefste Teile die Quirenbachpartie im Horstgebiet und die Blumensteinpartie in der Winzfeldener Wanne bilden.

Bei der Heraushebung wurden auch Vorhügelpartien, wenn auch in geringerem Maße, in Mitleidenschaft gezogen.

Noch andere herausgehobene Berge und Hügel liegen in dem beschriebenen Gebiet — doch würde es zu weit führen, wollte ich sie alle aufzählen und weitere Argumente, die ihre Heraushebung beweisen könnten, ins Feld führen. Ich verweise da auf meine soeben erschienene Arbeit: Die Geologie der Umgebung von Colmar; Mitteilungen der nath. Ges. Colmar i. Els. 1914.

Was das Alter der Heraushebungen anbelangt, so haben sie nach dem Haupteinbruch des Rheintalgrabens, der nach der Ablagerung des Septarientons erfolgte, stattgefunden — vielleicht am Ende des Oligocäns oder am Anfang des Miocäns.

Sie stehen wahrscheinlich im Zusammenhang mit den Basaltausbrüchen von Reichenweier, am Bressoir, bei Untertannach und am Vordermarbacherwald. Parallelisieren wir deren Ausbruchszeit mit der des Kaiserstuhls, die nach Soellner[1]) an das Ende des Oligocäns resp. an den Anfang des Miocäns verlegt wird, so hätten die Hebungen ungefähr zu jener Zeit stattgefunden.

Diese sowohl als auch die Senkungen haben über das Diluvium hinaus bis zur Jetztzeit fortgedauert.

[1]) Soellner: Geol. Aufbau des Limberges bei Sasbach am Kaiserstuhl und über das Auftreten tertiärer Sedimente; Mitt. großh. bad. L. A. Bd. VII, Heft 1. 1912.

Das Schutzgebiet Deutsch-Neu-Guinea in der Gegenwart.[1])

Von Prof. Dr. Karl Sapper, Straßburg i. Els.

Die deutschen Südseebesitzungen mit Ausnahme von Samoa sind in neuester Zeit durch eine kräftigere verwaltungstechnische Zusammenfassung in ein neues Entwicklungstadium getreten. Wohl war dem sogenannten „Alten Schutzgebiet“ (d. h. Deutsch-Melanesien, umfassend das Kaiser Wilhelmsland, den Bismarck-Archipel mit seinen Annexen und die deutschen Salomonen) schon seit der Erwerbung das ehemals spanische Mikronesien (Karolinen, Palau und Marianen) angegliedert worden; aber die Marshall-Inseln mit Nauru bildeten seit der Flaggenhissung durch das deutsche Reich ein gesondertes Schutzgebiet unter einem eigenen Landeshauptmann, und wurden erst im Jahre 1906 ebenfalls Deutsch-Neu-Guinea zugeteilt; die Angliederung war aber zunächst nur lose: die weite Entfernung und mit ihr die Seltenheit direkter Verbindungen verhinderten eine stärkere Beeinflussung der Verwaltung vom alten Schutzgebiet aus. Erst 1909 wurde durch Schaffung einer regelmäßigen Dampfer-Verbindung und durch häufigere Besuche des Gouverneurs oder seines Vertreters ein engerer Zusammenschluß ermöglicht, sodaß 1910 auch die Finanzverwaltung des Inselgebiets mit der des alten Schutzgebiets vereinigt und ein einheitlicher Etat aufgestellt werden konnte[2]).

Mit dieser strafferen Vereinheitlichung der Verwaltung

[1]) Hinsichtlich der früheren Entwicklung des Gebiets und mancher von dem hier vertretenen Standpunkt abweichender Ideen über die Zukunft desselben sei auf den inhaltsreichen Bericht des Gouverneurs Dr. Hahl „Über die Entwicklung von Neu-Guinea“ im V. Jahrgang des „Jahrbuchs über die Deutschen Kolonien“, herausgegeben von Dr. K. Schneider, hingewiesen.

[2]) Die deutschen Schutzgebiete in Afrika und der Südsee 1911/12. Berlin 1913 (S. 146). Ferner wurden u. a. benutzt der entsprechende Bericht 1912/13, Berlin 1914, das „Amtsblatt für das Schutzgebiet Deutsch-Neu-Guinea Jahrg. 1909—1913 und von 1914 die Nummern 1 bis 6, die „Deutsche Kolonialzeitung“ und das „Deutsche Kolonialblatt“. Der Bücherei der Deutschen Kolonialgesellschaft sei auch an dieser Stelle für die gütige leihweise Überlassung des Amtsblattes für Deutsch-Neu-Guinea mein aufrichtiger Dank ausgesprochen.

geht zugleich eine Vereinfachung des Verwaltungsapparates Hand in Hand: An Stelle einer Landeshauptmannschaft und dreier Bezirksämter sind jetzt im Inselgebiet (Deutsch-Mikronesien) nur noch zwei Bezirksämter vorhanden (Jap und Ponape); auch diese beabsichtigt die Regierung des Schutzgebiets in Stationen umzuwandeln, nachdem schon am 1. April 1911 das Bezirksamt Jaluit zu einer Station gemacht worden ist. Eine solche Vereinfachung und Vereinheitlichung der Verwaltung ist zweifellos in vielfacher Hinsicht sehr zu begrüßen, hat aber sicherlich auch manche Nachteile im Gefolge, so z. B. eine noch weitere Belastung der bisher schon ungemein stark in Anspruch genommenen Arbeitskraft des jeweiligen Gouverneurs. Außerdem muß natürlich den entfernten Stationsleitern ja doch ein verhältnismäßig hohes Maß von Selbständigkeit gelassen werden, da die Seltenheit der Verbindungen und die riesigen Entfernungen zurzeit eine häufige und eingehende Besprechung der jeweiligen Sachlage doch noch nicht erlauben. Wohl steht ja dem Gouverneur ein Regierungsdampfer („Komet“) ständig zur Verfügung, wozu 1911/12 noch ein weiterer Dampfer im Inselgebiet kam, während 1913 der Dampfer „Kolonialgesellschaft“ der Kaiserin Augustastrom-Expedition in die Hände der Regierung überging; aber wenn wir uns die riesigen Entfernungen und die daraus folgende lange Dauer der Fahrten vergegenwärtigen, so wird uns die Schwierigkeit einer strafferen Zentralverwaltung ohne weiteres klar; ist es doch von Rabaul gegen 1300 km bis zur West-Grenze des Kaiser Wilhelmlandes, über 1400 km nach Ponape, rund 2200 km nach Jap, noch etwas mehr nach Jaluit, fast 3000 km nach der nördlichsten Marianeninsel; das sind Entfernungen wie von Straßburg etwa nach Messina, nach Syrakus, bis über Kreta hinaus und nach Cairo oder Beirut.

Bedenkt man, daß ein Dampfer doch nur verhältnismäßig langsam vorankommt und daß die Pausen in den Verbindungen natürlich recht groß werden müssen, so begreift man leicht die relative Seltenheit unmittelbarer Benachrichtigungen unter den gegenwärtigen Verhältnissen. Einen großen Fortschritt bedeutet es daher, daß von Jap aus, das ja durch Kabel mit der übrigen Welt verbunden ist, die Nachrichtenvermittlung durch drahtlose Telegraphie nach Rabaul, Nauru (und Apia) teils schon durchgeführt ist, teils in Bälde vollendet sein wird.

Die (private) Funkenspruchverbindung von Jap nach der Phosphatinsel Angaur im Palauarchipel hat sich gut bewährt.

Eine rasche Nachrichtenvermittlung wird nicht nur für Verwaltung, Handel und Verkehr große Erleichterungen schaffen, sondern wird namentlich auch auf politischem Gebiet von der größten Bedeutung sein, indem sie Erhebungen von Eingeborenen, wie eine solche z. B. 1910/11 auf Ponape erfolgt war, rasch niederzuwerfen und schließlich wohl ganz unmöglich zu machen erlauben wird.

Aber nicht nur eine Verbesserung des Nachrichtendienstes liegt im dringenden Interesse des Schutzgebietes, sondern auch eine Verbesserung des Frachtdienstes. Wohl sind durch die Austral-Japan-Linie und die Singapore-Linie des Norddeutschen Lloyd, sowie durch die Jaluit-Linie, und mehrere seltener verkehrende Dampfer und Segelschiffe ausländischer Gesellschaften Verbindungen mit Asien und Australien gegeben und die Küstendampfer Sumatra und Meklong sorgen neben etlichen kleineren, teils Privaten teils der Regierung gehörigen Fahrzeugen für den lokalen Frachtverkehr im alten Schutzgebiet; aber die Marianen entbehren zur Zeit zufriedenstellender Frachtverbindungen noch ganz und sind in der Hauptsache auf Segelschiffe der japanischen Gesellschaften Nanjo Boeki und Koshin Co. zu Tokio angewiesen (die auch nach Palau zu fahren pflegen); infolgedessen liegt der ganze Handel der Marianen in japanischen Händen, und so wird es bleiben müssen, bis es etwa den Bemühungen der Verwaltung gelingen wird, ein kapitalkräftiges deutsches Unternehmen ins Leben zu rufen. Freilich werden die großen Entfernungen, die relative Kleinheit der bearbeitbaren Flächen der einzelnen Inseln und noch mehr die geringe Zahl arbeitsfähiger und -williger Männer auf den Marianen eine große Erschwerung für die Erreichung einer nennenswerten Rentabilität eines solchen Unternehmens bilden. Aber abgesehen von Verkehrseinrichtungen größeren Stils ist auch eine Verbesserung der lokalen Verbindungsmöglichkeiten von allergrößter Bedeutung; insbesondere zeigt der glänzende Erfolg, welchen der rührige Stationsleiter von Kieta, Herr Döllinger, hinsichtlich der Ausbreitung der Verwaltung in den deutschen Salomonen jüngst durch den Besitz einer Dampfbarkasse errang, daß manche Stationen, namentlich im Bismarckarchipel und in der Admiralitäts-Gruppe, eigene schnelle Fahrzeuge zur Verfügung, haben sollten — weil damit ein nach Raum und Intensität wesentlich gesteigerter Einfluß auf die Eingeborenen ausgeübt werden könnte — sehr zum Nutzen des gesamten Schutzgebiets. Auch die Erforschung weiter, bisher noch wenig bekannter Gebiete könnte dann endlich energisch gefördert werden. Mit großer Freude ist es daher zu begrüßen, daß nicht nur für den Verkehr am Nordrand der Gazellehalbinsel und für die Station Manus (Admiralitätsinseln) ein gedeckter Kutter mit Motorbetrieb angeschafft worden ist, sondern auch für Käwiëng (Nord-Neumecklenburg) eine Hochseebarkasse in Auftrag gegeben wurde.

Von außerordentlicher Wichtigkeit ist aber auch die Schaffung von Landwegen in den einzelnen Gebieten, da die dürftigen Fußpfade der Eingeborenen natürlich einem Verkehr größeren Maßstabs in keiner Weise genügen können. In der Tat sind auf einzelnen kleineren und größeren Inseln schon zahlreiche Wege angelegt worden; stellenweise sind, wie auf Nordwest-Neumecklenburg dank dem ungewöhnlichen Verwaltungsgeschick des jüngst verstorbenen Bezirksamtmanns Boluminski, sogar ausgezeichnete Straßen in großer Ausdehnung erbaut worden, und in den letzten Jahren haben in den deutschen Salomonen, auf Neu-Hannover, auf den Fischer- und Gardener-Inseln, auf der Gazellehalbinsel und einzelnen Teilen des Kaiser Wilhelmslandes die Wegebauten sehr erfreuliche Fortschritte gemacht; aber außerordentlich vieles bleibt noch zu tun übrig, ganz besonders im Kaiser Wilhelmsland, wo zwar einzelne schiffbare Flüsse brauchbare Verkehrswege darstellen, aber im übrigen die Binnenverbindungen noch äußerst dürftig sind.

Wenn man in manchen Gebieten, so besonders in Nordneumecklenburg, die außerordentlichen Fortschritte der Verwaltung hinsichtlich der Kopf-Steuererhebung, der Befriedung und der wirtschaftlichen Nutzbarmachung beobachtet, die in hervorragender Weise durch die Verbesserung der Verkehrseinrichtungen begünstigt worden sind, so kann man nicht umhin zu wünschen, daß mit aller Energie allenthalben die Verkehrsmöglichkeiten bereichert und verbessert werden, da dadurch die Erschließung und der Aufschwung des ganzen Schutzgebietes ganz wesentlich beschleunigt werden würde. Ja es ist zu erwarten, daß es selbst für das deutsche Mutterland nur von Vorteil wäre, wenn es jetzt gleich ausreichende Mittel zur Vervollständigung der Verkehrseinrichtungen im Schutzgebiet zur Verfügung stellen würde, weil dann das Schutzgebiet in sehr viel kürzerer Zeit sich finanziell ganz auf eigene Füße stellen könnte, also keines Zuschusses mehr bedürfte, und weil dann bald das Mutterland aus der wesentlich erhöhten Produktion Nutzen ziehen könnte.

Die Möglichkeit der wirtschaftlichen Erschließung hängt eben in weitgehendem Maße von der Schaffung guter Verbindungen ab, und es ist in diesem Sinn bezeichnend, daß intensive Ausnutzung des Bodens und der Bodenschätze bisher nur auf etlichen der kleineren Inseln durchgeführt ist, während auf den größeren, insbesondere aber auf Neu-Guinea selbst, die ökonomische Ausnutzung der natürlichen Reichtümer bisher nur zögernd an den äußersten Rändern eingesetzt hat, das Innere aber noch vollständig brach liegen muß.[1])

Aber die Herstellung guter leistungsfähiger Verkehrseinrichtungen ist nur eine der Grundbedingungen für eine gedeihliche Entwicklung eines Schutzgebiets; dazu muß noch eine Reihe weiterer Faktoren hinzutreten, so vor allem ein gutes Verhältnis zu den Eingeborenen, eine zahlreiche Eingeborenenschaft und deren geeignete Verwendung im Dienste des wirtschaftlichen Fortschritts.

Das Verhältnis zu den Eingeborenen ist dank der vorsichtigen und menschenfreundlichen Politik des gegenwärtigen Gouverneurs Dr. Hahl, und seiner verschiedenen ausschlaggebenden Beamten auf den vorgeschobenen Posten trotz gelegentlicher kleiner Zusammenstöße und Mordtaten seit Beginn der deutschen Herrschaft im allgemeinen ein recht gutes gewesen, und wenngleich gerade in jüngster Zeit (1912 und 1913) die Zahl der Mordtaten und Überfälle wieder zugenommen hat, eine Verschwörung (unter den Anwohnern von Friedrichwilhelmshafen August 1912) entdeckt wurde und Anzeichen eines Neuauflebens von Feindseligkeiten zwischen einzelnen

---

[1]) Wenn in unserer Zeit der kühlen Überlegungen auch das Herz noch mitreden darf, so möchte ich doch auch noch darauf hinweisen, daß der Bau von Wegen und die Errichtung neuer Stationen nicht nur für die Verwaltung und die wirtschaftliche Erschließung der betreffenden Gegenden wichtig sind, sondern auch zugleich als menschenfreundliche Handlungen angesehen werden müssen, weil im Umkreis des betreffenden Aktionsgebiets alsbald die Fehden und die alten barbarischen Sitten der Menschenfresserei unter den Eingeborenen eingeschränkt und schließlich unterdrückt werden können.

Stämmen festgestellt worden sind, so besteht doch alle Aussicht, daß auch bei fortschreitender Ausbreitung der deutschen Herrschaft über die noch völlig unabhängigen Volksstämme des deutschen Schutzgebietes (so namentlich im Kaiser-Wilhelmsland und der erst neuerdings durch Errichtung der Station Manus dem deutschen Herrschaftsbereich enger angegliederten Admiralitätsgruppe) ein friedliches Zusammenleben der Weißen und der Eingeborenen ermöglicht werden wird. Nur ein schwerer und blutiger Aufstand hat den Frieden des Schutzgebiets seit seinem Bestehen erheblich gestört und Anlaß zu energischem Einschreiten seitens deutscher Kriegsschiffe und der einheimischen schwarzen Polizeitruppe geführt: der Aufstand der Dschokadschleute in Ponape 1910/11, der aus geringfügiger Veranlassung entbrannt war, aber seine tieferen Ursachen in einer starken Gärung des Volkes gehabt haben muß; doch ist dem Fernstehenden nur schwer möglich, aus den ziemlich widersprechenden Nachrichten sich ein klares Bild von den wahren Ursachen der Bewegung zu machen. Ende Februar 1911 war der Aufstand unterdrückt worden, die Anführer wurden erschossen, der Stamm der Dschokadsch-Leute zunächst nach Jap und Angaur, schließlich aber nach dem Dorfe Palau auf Babeltaob deportiert und ihr Gebiet mit Karoliniern besiedelt; auf Ponape selbst wurden Wege gebaut und die wichtige und folgenschwere Ablösung des vorher bestandenen Lehensverhältnisses durchgeführt, die den bisherigen Lehensmann zum freien Eigentümer gemacht hat; die Naturalabgaben an die Lehensherren wurden aufgehoben und die Kopfsteuer eingeführt, den ehemaligen Lehensherren nur einige Ehrenvorrechte bei Festen gelassen; eine Anzahl noch unruhiger Elemente wurde Ende 1911 in die Verbannung geschickt. So herrcht denn jetzt wieder Friede auf Ponape; möge es ein dauernder und innerlich bekräftigter und gerechter sein! Es ist ja für den Europäer so außerordentlich schwer, den Eingeborenen und seine Einrichtungen ganz und gar zu verstehen, und darum ist ein Eingreifen in ihre sozialen Verhältnisse[1]) namentlich dann, wenn nicht zuvor

[1]) Wenn im amtlichen Bericht von 1912/13 es als eine Aufgabe der Verwaltung angesprochen wird, eine soziale Umgestaltung der Stämme im Inselgebiet vorzunehmen, namentlich das Ansehen der Frau in der Familie zu heben und dergl. mehr, so ist bei der Ausführung dieser Ideen allergrößte Vorsicht notwendig und vorherige gründliche ethnologische Untersuchung der Gebräuche unentbehrlich.

eine eingehende ethnologische Untersuchung derselben stattgefunden hat, immer eine Tat, die unter Umständen trotz der besten Absichten seitens der Europäer doch dem Eingeborenen oder wenigstens einem Teil derselben Gewalt antun und damit den Keim der Unzufriedenheit in sein Herz säen könnte! Freilich muß man sich auch sagen, daß im Fall von Ponape offenbar geradezu unhaltbare, den Keim von Zwietracht in sich tragende Zustände geherrscht hatten, die eine Neuordnung der Dinge um jeden Preis erforderten.

Eine zweifellos angebrachte, ja notwendige Radikalkur war die zwangsweise Deportierung der Dschokadsch-Leute gewesen. Aber dieselbe hatte gewisse gesundheitliche Folgen, die zeigen, wie vorsichtig man bei Transplantation von Menschen und Volksstämmen vorgehen muß. Die Karolinier (Mortlock-Leute), die von Saipan aus nach Dschokadsch (Ponape) übersiedelten, schleppten dort eine in Saipan seit lange heimische Augenkrankheit ein, ebenso angeworbene Zentralkarolinier nach Nauru; die Dschokadsch-Leute ihrerseits brachten die Augenkrankheit zunächst nach Jap und dann nach Palau, wo sie sich weiter verbreitete. Wohl ist gegen die Krankheit, namentlich dank den Untersuchungen von Dr. Leber u. Dr. von Prowaczek, eine sichere Bekämpfungsweise gefunden worden, so daß sie bei ärztlicher Behandlung meist gutartig verläuft, aber der Fall an sich zeigt eben doch überzeugend, daß aus der Verpflanzung eines Volksstammes auch manche nicht gewünschte Folgen erwachsen können.

Angesichts dieser Erfahrungen an sich aber muß man einer weitausgreifenden Maßregel der Kolonialregierung von Deutsch-Neuguinea mit einiger Sorge entgegensehen: es ist das die seit Jahren ins Auge gefaßte und zum Teil schon durchgeführte Transplantation der Bevölkerung der niedrigen Inselchen Mikronesiens nach größeren hohen Inseln des Archipels. Der offizielle Bericht von 1911/12 schreibt darüber: „es war vor allem immer wieder das entsetzliche Elend und die vollkommene Hilflosigkeit dieser Insulaner nach den Taifunen, die von Zeit zu Zeit über die niedrigen Inseln hinwegbrausen und zusammen mit der nachfolgenden Flutwelle alles vernichten, die den Gedanken nahelegten, diese Leute an weniger gefährdete Plätze zu bringen. Die Inselbewohner hängen aber mit einer rührenden Liebe und bewunderungswürdigen Zähigkeit an ihrer Heimat, und mehrere Versuche, ihnen günstige Wohnsitze zuzuweisen, sind fehlgeschlagen. Trotzdem ist zu hoffen, daß es in vorsichtiger geduldiger Arbeit gelingen wird, die Verlegung der Wohnplätze durchzuführen. Im Berichtsjahr ist wiederum an einigen Plätzen mit dieser Aufgabe begonnen worden. Es sind in Ponape in der Landschaft Dschokadsch Zentralkaroliner angesiedelt worden, die sich zunächst auch ganz wohl fühlen, dann sind von anderen Inseln der Zentralkarolinen Eingeborene nach Saipan gesandt worden. Dort sitzen seit langem schon stamm- und sprachverwandte Leute, von denen die Neuankömmlinge sofort aufgenommen worden sind.

„Die Zusammenschiebung auf den großen Inseln wird nicht nur die Taifungefahr mindern, sondern vor allem auch den Lebensmut dieser in ihrer Vereinsamung und Abgeschlossenheit verkümmernden Inselbewohner wieder herstellen; es wird eine größere Blutmischung möglich sein, als auf den kleinen verkehrslosen Atollen und auch die Verwaltung wird besser in der Lage sein, sich mit dem Schicksal dieser liebenswürdigen und intelligenten Bevölkerung zu befassen. Das Land, das durch die Versiedelung frei wird, soll zusammen mit dem jetzt brachliegenden in intensive Plantagenkultur genommen und zu diesem Zweck an kapitalkräftige Unternehmer verpachtet werden".

Es ist ein sorgfältig durchdachtes Programm, das in diesen Worten zum Ausdruck gelangt, ein Programm, das durchaus von menschenfreundlichen Motiven beherrscht wird, zugleich aber auch den Vorteil der Verwaltung ins Auge faßt. So sehr ich all dies anerkenne, so muß ich doch meinerseits hinzufügen, daß es sich hier um ein Experiment handet, von dessen gutem Ausgang ich mich noch nicht habe überzeugen können. Derartige Versiedelungen sind ja in der früheren spanischen Kolonialzeit[1]) mehrfach erfolgt, ohne daß damit viel Gutes für die Eingeborenen oder ihre Volkszahl bewirkt worden wäre: es ist wohl selten gut, die Bevölkerung eines Gebiets aus ihrer angestammten Gegend wider ihren Wunsch und Willen zu verpflanzen; selbst wenn

[1]) An die gewaltsamen Versiedelungen nordamerikanischer Indianerstämme im Gebiet der Vereinigten Staaten (vergl. G. Friederici: Indianer und Anglo-Amerikaner, Braunschweig 1900) darf hier freilich nicht erinnert werden, weil dort ganz andere Umstände und Beweggründe vorlagen.

am neuen Wohnplatz manches besser ist als am früheren, so wird doch immer auch manches Ungewohnte und Mindererfreuliche dem neuen Siedler auffallen und die Erinnerung, das Heimweh, werden ihm die alte Heimat in den schönsten Farben vormalen. Vergessen werden dann die schwere Not der Orkane und manche andere Schwierigkeit sein und das Unangenehme, das der neue Wohnplatz ihm bietet, wird er mit verdoppelter Kraft spüren; er wird sich in der neuen Umgebung als Fremdling fühlen, wird auch wohl von den früheren Bewohnern der Insel als Fremdling empfunden. Das sind Umstände, die wenig geeignet sind, den Lebensmut der Uebersiedelten zu heben und eine Vermischung mit den Alt-Einheimischen zu begünstigen; ja es sind die Möglichkeiten von Feindseligkeiten oder wenigstens mangelnder Sympathie zwischen den beiden Teilen in der späteren Zukunft nicht von der Hand zu weisen; dazu kommt ferner, daß die Versiedelten, eben weil sie von ganz kleinen Inseln kommen, ursprünglich den nicht hoch genug anzuschlagenden Vorteil einer einheitlichen Vorstellung vom christlichen Glauben hatten, also nichts von dem konfessionellen Zank und Hader wußten, den sie auf größeren Inseln, wie Ponape, mit all seinen nachteiligen Folgen kennen lernen müßten, gewiß nicht zum Vorteil ihrer gesamten Auffassung vom Christentum[1]); vor allem aber ist es zweifelhaft, ob die Inzucht wirklich an der in letzter Zeit beobachteten Abnahme der Volkszahl schuld ist, wie Dr. Stephan und viele andere meinen, und nicht andere, im Einzelnen schwer definierbare Faktoren, die in Verbindung mit der Berührung der Eingeborenen mit den Europäern und deren Kultur stehen, denn ganz mit Recht frägt Friederici, warum denn vor dem Erscheinen der Europäer die Inzucht, die doch in vielen Fällen schon seit lange bestanden haben müßte, das Anwachsen

[1]) Unbedenklich erscheint dagegen die Versiedelung, wie sie Baumert in mehreren Fällen in den Westkarolinen östlich von Jap vorgenommen hat. (Amtsblatt 1912 S. 102 f. und S. 111 ff.). So wurde z. B. die 495 Seelen zählende, durch Taifune größtenteils mürbe und apathisch gewordene Bevölkerung der Ulullsi-Gruppe von 9 auf 4 Eilande dieser Gruppe konzentriert. Die glücklicher Weise viel kräftigere Bevölkerung (616 Seelen) der 6 bisher bewohnten Oleai-Inseln wurde auf die Eilande Fallalap, Natagal und Fallalis zusammengezogen, in der Ifalik-Gruppe die 241 Einwohner von 2 auf 1 Insel (Flalap).

einer dichten Bevölkerung nicht verhindert habe[1]), und Dr. Hoffmann glaubt (Amtsblatt 1913, S. 116), daß Inzucht im Sinne von Verwandtenheirat bei den Eingeborenen in Folge ihres Totemismus („Vogelwappensystems") viel weniger vorkomme als in Europa. Wahrscheinlich sind dagegen — neben dem Aufhören der Kriege mit ihren zur Erzeugung einer kräftigen Nachkommenschaft hindrängenden Einflüssen — vor allem Krankheiten, (insbesondere ansteckende Krankheiten verschiedener Art) in erster Linie Schuld an dem Bevölkerungsrückgang gewesen und die Transplantationen ganzer Inselbewohnerschaften tragen unter Umständen, wie oben gezeigt worden ist, zur Verbreitung von Krankheiten bei; sie können also damit den zu erwartenden Vorteil der Blutauffrischung mehr als aufheben. Und wenn freilich zuzugeben ist, daß die Verwaltung sich der Eingeborenen mehr annehmen kann, wenn sie auf einer größeren Insel zusammenwohnen, daß sie ihnen insbesondere den so notwendigen ärztlichen Beistand auf diese Weise leihen können wird, der ihnen auf ihren weit entlegenen Heimatinseln abgehen mußte, so erhebt sich doch immer die Frage, ob diese Vorteile tatsächlich oder wenigstens in den Augen der Versiedelten die etwa sich ergebenden Nachteile der Entwurzelung und Neueinpflanzung aufwiegen werden?

Gewiß wird man der Kolonialregierung Recht geben müssen, wenn sie annimmt, daß eine kapitalkräftige Gesellschaft, welche die durch Versiedelung frei werdenden Inseln pachten und in rationelle Kultur nehmen würde, aus dem Grund und Boden ganz wesentlich mehr herauswirtschaften könnte, als es die jetzigen Eingeborenen tun. Aber werden dann nicht die Arbeiter dieser Gesellschaft, die doch wohl wieder Mikronesier sein werden und zwar als angeworbene junge Männer geradezu die Blüte ihrer jeweiligen Heimatsbevölkerung darstellen, eben den Gefahren von Taifunen und mangelnder ärztlicher Hilfe überliefert werden müssen, denen man die ursprüngliche Bevölkerung entreißen will? Es ist schwer, bei solcher Sachlage einen ent-

[1]) In seinem sehr bemerkenswerten „Beitrag zur Kenntnis der Tuamotu-Inseln" (Mitt. d. Ver. f. Erdkunde zu Leipzig 1910, S. 64 ff.) hat Friederici diese und einschlägige Fragen an einzelnen Beispielen behandelt und kommt (S. 66) zu dem Schluß, daß das Zusammendrängen der Inselbevölkerung in Reservationen nur zu ihrer Verminderung beitragen werde.

scheidenden Vorteil aus der Transplantation herauszurechnen, selbst wenn man zugibt, daß diese Arbeiterbevölkerung nur je einen Teil des Jahres auf der betreffenden Insel weilen müßte. Alles in allem halte ich das Projekt, wie schon erwähnt, für ein Experiment von zweifelhaftem Erfolge und sollte meinen, daß es für die Gesamtbevölkerung Mikronesiens sicherere Früchte trüge, wenn man sie auf ihren angestammten Inseln beließe, solange sie nicht selbst den dringenden Wunsch einer Uebersiedelung zeigen — freilich unter der Voraussetzung, daß ihnen mehr als bisher ärztliche Hilfe zur Verfügung gestellt würde.

Daß der Mangel einer solchen in vielen Fällen fatale Folgen für die Bevölkerung des Schutzgebietes hat, ist zu auffällig, als daß man es übersehen könnte. Habe ich doch 1908 in Südneumecklenburg eine ansehnliche Landstrecke getroffen, deren gesamte Bevölkerung bis auf ganz wenige Leute, die sich noch durch Flucht retteten, durch eine ansteckende Krankheit (wohl Dysenterie) in kürzester Zeit zum Aussterben gebracht worden war, und in dem benachbarten Küstendorf von King herrschte zur Zeit meiner Anwesenheit Dysenterie in solchem Maße, daß eine ganze Anzahl von Hütten bereits völlig ausgestorben war und das im Angesicht der damaligen Hauptstadt Herbertshöhe, wo man von dem Wüten der Epidemie wohl unterrichtet war, aber nicht helfen konnte, weil eben kein Arzt disponibel war, der über den St. Georgskanal hätte herübergeschickt werden können[1]).

---

[1]) Mitteilungen aus den Deutschen Schutzgebieten. Erg. H. 3, 1910 S. 97. Ein besonders eindringliches Beispiel des Bevölkerungsrückgangs durch ansteckende Krankheiten berichtet das Amtsblatt 1914, S. 68 von der weit nach Westen vorgeschobenen kleinen Insel Tobi, wo dem Stationsleiter Winckler von Palau bei einem Besuch derselben im Dezember 1913 von dem Häuptling berichtet wurde, daß von den ungefähr 700 Einwohnern 166 Männer, 120 Frauen und 102 Kindern — also 388 Personen! — an Dysenterie gestorben seien (offenbar seit dem letzten Besuch eines Regierungsschiffs — wohl 1911? — vgl. Amtsblatt 1911, S. 79 ff.)

Sehr betrüblich ist aber auch das Ergebnis der Untersuchungen des Regierungsarztes Dr. F. Mayer über die Gesundheitsverhältnisse der Bevölkerung von Truk, da ein starkes Sterben, insbesondere durch Lungenkrankheiten, festgestellt wurde; doch wurde der Hoffnung Ausdruck verliehen, daß nach Einrichtung des ärztlichen Dienstes wieder mit einer Hebung der Gesamtzahl zu rechnen sein würde (Amtsblatt 1913, S. 271)

Nun ist freilich in der Zwischenzeit manches besser geworden, und als 1911 in der neugegründeten Station Manus (Admiralitätsgruppe) der weiße Heilgehilfe das Opfer der in der Umgebung wütenden Dysenterie geworden war, konnte von Rabaul aus alsbald ein Arzt und ein Sanitätsgehilfe zur Bekämpfung der Seuche abgeschickt werden. Trotzdem aber breitete sich 1912 die Seuche noch aus und hörte erst im Juni dieses Jahres auf, nachdem ihr wohl 1200 Eingeborene zum Opfer gefallen waren. Und wenngleich die günstigere Finanzlage des Schutzgebiets in der Hauptsache der sanitären Fürsorge neben dem landwirtschaftlichen Versuchswesen zugute kommen soll, so ist doch eine zufriedenstellende ärztliche Hilfe in allen Teilen des Schutzgebiets noch auf sehr lange Zeit hinaus nicht erreichbar, denn bei der außerordentlichen Landzersplitterung, die in Deutsch-Neu-Guinea herrscht, und den großen Verkehrsschwierigkeiten ist es natürlich unmöglich, jedem Inselchen seinen eigenen Arzt oder weißen Sanitätsgehilfen zu geben oder jedem Dorfe ärztliche Hilfe von den Stationsorten aus zuzuschicken. Da ist es denn mit größter Freude zu begrüßen, daß in neuester Zeit damit begonnen worden ist, die Eingeborenen selbst zur Bekämpfung der Krankheiten und zur Verbesserung der hygienischen Verhältnisse zu benutzen. Es geschieht dies durch Ausbildung von „Heiltultul"[1]), d. h. Eingeborenen, die in den Krankenhäusern einige Monate unter ärztlicher Leitung in die Grundbegriffe der Krankenpflege und Heilkunst eingeführt werden und nach der Entlassung in ihrer Heimat Wunden und leichtere Krankheiten behandeln, schwere Erkrankungen aber der Behörde melden sollen. Im Bezirk Käwieng (Nordneumecklenburg) sind bereits etwa 20 Krankenaufseher dieser Art über das Land verteilt; sie besitzen je eine verschließbare Kiste mit Verbandsmaterial und einigen

---

Erfreulich ist die an gleicher Stelle (S. 270) sich ergebende Tatsache, daß die Einwohnerzahl der Marshallinseln sich mit 9569 gegenüber der letzten Zählung um 406 vermehrt hat und daß die Vermehrung fast allgemein ist. Nur auf einigen Inseln der Ratak-Reihe (Majeru, Aurh und Maleolab) war ein Rückgang erfolgt, auf Majeru sogar ein sehr großer (1089 gegen 1417!); die Ursache dieser Abnahme ist leider im Amtsblatt nicht mitgeteilt.

[1]) Tultul ist sonst der Titel des jedem Häuptling (luluai oder kukurai) beigegebenen Gemeindedieners, der sich innerhalb seines Dorfes einer gewissen Autorität erfreut.

einfachen Arzneien; auch steht im Dorf ein kleines Haus zur Verfügung. Im Norden der Gazellehalbinsel hat die Regierung ferner der Dysenteriegefahr durch Schaffung besseren Trinkwassers (Brunnen) in einigen Dörfern entgegenzuarbeiten gesucht, und ebenso wurde neuerdings auf Manus versucht, durch Brunnengrabungen und Verteilung eingeborener Sanitätsgehilfen bessere Verhältnisse anzubahnen. Neben Dysenterie sind die Wurmkrankheit, Erkältungskrankheiten, offene Wunden und Framboisie weit verbreitet. Im Jahre 1912 trat auf Angaur eine Typhusepidemie auf, die, warscheinlich durch heimkehrende Arbeiter eingeschleppt, nach Jap übersprang und dort viele Eingeborene befiel.

Während im alten Schutzgebiet der weiße Arzt mancherorts noch als schreckenerregende Persönlichkeit angesehen wird, vor dem die Kranken sich flüchten, bringen ihm die Einwohner des Inselgebiets meist Vertrauen entgegen, was natürlich sehr zu ihrem eigenen Vorteil ausschlägt.

Zweifellos werden die Anstrengungen der Regierung um Vermehrung des ärztlichen Personals und Verbesserung der hygienischen Verhältnissse gute Früchte tragen, und ich hoffe, daß es diesen Maßregeln sowie vielleicht auch den Bemühungen um Verbesserung der Volksernährung gelingen wird, der Volkszahl der Eingeborenen wieder eine aufsteigende Tendenz zu geben.

Eine solche würde vor allem eine Vermehrung der Geburtsziffer voraussetzen[1]), und diese scheint mir unter obwaltenden Umständen vor allem etwa durch eine Verringerung der Anwerbung erreichbar. Wenn wir z. B. von Herrn Döllinger hören, daß an der Ostküste von Buka etwa 28 % der erwachsenen männlichen Bevölkerung zwischen 17 und 35 Jahren angeworben, also auf Jahre ihrer Heimat entzogen sind (Amtsblatt 1911, S. 121)[2]) und wenn wir weiter von anderer Seite erfahren (Amts-

[1]) Für Neupommern hat freilich Dr. K. Kopp einen großen Kinderreichtum im Verhältnis zur Zahl der Erwachsenen feststellen können; er sieht in der durch Vernachlässigung aller gesundheitlichen Rücksichten bedingten Kurzlebigkeit die Hauptursache des Bevölkerungsrückgangs (Deutsche Kolonialzeitung 1913, S. 759 nach „Archiv für Schiffs- und Tropenhygiene").

[2]) Einige recht lehrreiche Beispiele des hohen Prozentsatzes der Angeworbenen (also der auf 3 und z. T. selbst sechs Jahre Abwesenden) gegenüber der ortsanwesenden Bevölkerung, zugleich aber auch des Ver-

blatt 1913, S. 153), daß angeworben gewesene Männer vielfach steril sind, so erkennen wir offenbar in diesen Tatsachen eine wesentliche Ursache des Volksniedergangs — ohne daß man vorläufig schon eine endgiltige Änderung der Verhältnisse als möglich ansehen dürfte. Wohl hat Dr. Hoffmann recht, wenn er sagt, daß die Minderzahl der Frauen, die natürlich schon manche zeugungsfähige Männer zur Ehelosigkeit zwingt, ebenfalls wesentlich zu dem Endergebnis des Volksrückgangs beiträgt, aber zweifellos wird das Übel noch stark gesteigert, wenn zu allem hin noch Anwerbung von Frauen erfolgt, also gerade Frauen in der Blüte ihrer Jahre noch der Heimat entzogen werden. Man muß es unter solchen Umständen mit großer Freude begrüßen, daß die Regierung anfänglich für Nord- später auch für Süd-Neumecklenberg die Anwerbung unverheirateter Mädchen ganz verboten hat, die verheirateter Frauen aber nur noch gemeinsam mit ihren Männern gestattet. Aber wenn damit wenigstens in einem Teil des Gebiets eine Minderung der schädigenden Einflüsse der Anwerbung[1]) bewirkt ist, so ist doch

hältnisses zwischen männlichen und weiblichen Personen geben einige der jüngst durchgeführten Volkszählungen. So waren auf den Inseln der Gardener Gruppe (Tabar, neuerdings Tawaka benannt, Mapua, Tatau und Simberri) im August 1913 nach dem Amtsblatt 1913, S. 246 vorhanden: 222 Greise, 1407 reife, 342 unreife männliche Personen und 36 Säuglinge, zusammen 2007 Personen männlichen Geschlechts, ferner 964 Ehefrauen, 140 Witwen, 75 ledige Frauen, 267 Mädchen und 30 Säuglinge, zusammen nur 1476 Personen weiblichen Geschlechts unter einer ortsanwesenden Gesamtbevölkerung von 3483. Die Zahl der männlichen Angeworbenen betrug aber 421, die der weiblichen 44. Die Volkszählung der St. Matthiasgruppe ergab (ebenda, S. 247) bei einer ortsanwesenden Bevölkerung von 1557 Personen 168 männliche und 10 weibliche Angeworbene. Auf den Witu-Inseln war die Einwohnerzahl (Amtsblatt 1913, S. 272) 2194; 274 (d. h. 12,5 %) standen in Europäerdiensten. Aus solchen Beispielen, deren Zahl sich noch leicht vermehren ließe, ergibt sich, daß der Prozentsatz der Angeworbenen so hoch ist, daß er entschieden als ein Hindernis der Volksvermehrung angesehen werden muß.

[1]) Daß die Anwerbung mit ihren vielfachen Nachteilen und Krankheitsverschleppungen einen wesentlichen Grund der Volksverminderung bildet, kann man auch daran ersehen, daß Gebiete, von wo aus kein zeitweiliger Menschenverlust durch die Anwerbung statt hat, z. T. wesentlich günstigere Bedingungen aufweisen (z. B. Nauru.). Zur näheren Illustrierung dieser Frage dient auch die Mitteilung des Gouverneurs Dr. Hahl in der Gouvernementsrats-Sitzung vom 13 Nov. 1913, daß nach gemachten Stichproben von den Angeworbenen im Verlauf der letzten

Dr. Hoffmann durchaus zuzustimmen, wenn er sagt, daß nur eine Hebung der durchweg sehr niedrigen Kinderzahl der Familien den Rückgang der Bevölkerung aufhalten und in eine Zunahme umkehren könnte; beachtenswert ist auch sein Vorschlag, durch Gewährung von Steuerverminderung oder selbst -Befreiung kinderreiche Väter zu belohnen. Aber auch Verbesserung der Ernährung, so z. B. durch die einst von mir und neuerdings auch von Dr. Gehrmann empfohlene Maiskultur (Amtsblatt 1913, S. 99 ff.) dürfte neben Verbesserung der Wohnverhältnisse (bes. der Arbeiter) und Begünstigung der althergebrachten Kleidung und Feuerbestattungsweise (Amtsblatt 1913, S. 122 und 128), günstig wirken. Versucht muß aber meines Erachtens jedes Mittel werden, das Erfolg verspricht, denn es ist zweifellos eine der wichtigsten Aufgaben der nächsten Zukunft, die Volkszahl wieder zu heben, denn die Eingeborenen sind neben Grund und Boden der wertvollste Besitz, den ein Schutzgebiet in den Tropen bietet, denn sie sind in erster Linie dazu berufen, die schwere körperliche Arbeit im Freien zu leisten, die zur Erzeugung der Nahrungsmittel für die Gesamtbevölkerung und der Ausfuhrartikel nötig ist, und von der Zahl der arbeitsfähigen einheimischen Bevölkerung wird die schließliche Ausdehnung der wirtschaftlichen Produktion im Schutzgebiet in erster Linie abhängen, denn sobald der einheimische Stamm nicht mehr ausreicht und fremde Arbeiter (Chinesen oder Malayen, vielleicht späterhin sogar Neger) eingeführt werden müssen, so werden — abgesehen von anderen Unzuträglichkeiten — die Produktionskosten zweifellos so sehr ansteigen, daß die Rentabilität wesentlich herabgedrückt werden würde.

---

26 Jahre $^1/_4$ im Dienst geblieben ist (Amtsblatt 1913, S. 257) und als Herr Wahlen einwarf, daß es zuweilen noch mehr gewesen seien (ebenda und 1914, S. 76), gab der Gouverneur sogar zu, daß es Gebiete mit 75 % Verlusten gab. Das sind erschreckende Zahlen! Doch konnte zum Glück hervorgehoben werden, daß jetzt die Sterblichkeit der Angeworbenen auf etwa 1 $^1/_2$ bis 3 % gesunken sei und daß eine demnächst auszurüstende medizinische Expedition die gesundheitlichen Verhältnisse der Eingeborenen genauer untersuchen werde. Angesichts dieser Tatsachen muß man sich aber fragen, ob es nicht schon längst möglich gewesen wäre, die Untersuchungen anzustellen und damit die Sterberate der Angeworbenen, dieser Blüte der damaligen Bevölkerung, herabzudrücken? War es nicht eine Verschwendung, auf diesem Gebiete an Mitteln zu sparen, wo es sich doch um die Bevölkerung des Schutzgebietes handelte?

Freilich mit der Zahl der Arbeiter ist es nicht getan, sondern notwendige Vorbedingungen für einen erfreulichen Erfolg sind daneben einerseits die nötige körperliche und geistige Leistungsfähigkeit des Arbeiters, und andrerseits der Wille des Eingeborenen, die Arbeit zu leisten.

Was den ersteren Punkt betrifft, so stehen allerdings sowohl Papuas, als Melanesier und Mikronesier anderen Tropenvölkern, vor allem aber den Negern, an physischer Kraft und körperlicher Ausdauer sehr stark nach, so daß man nur mit einem bescheidenen Maß von Arbeitsleistung innerhalb eines Tages rechnen kann, aber immerhin doch mit einem für die meisten Zwecke ausreichenden Betrag. Selbst für die immerhin anstrengenden Arbeiten in den Phosphatlagern von Nauru haben sich die Karolinier als Arbeiter gut bewährt, während auf andern Phosphatinseln mit fremden Arbeitern, z. B. mit Chinesen, ungünstige Erfahrungen gemacht worden sind.

Hinsichtlich der geistigen Auffassungsgabe und Leistungsfähigkeit zeigten sich sowohl zwischen den einzelnen Völkern wie zwischen den einzelnen Individuen sehr große Unterschiede; aber man bekommt doch bei längerem Aufenthalt und engerer Berührung mit den Eingeborenen den Eindruck, als ob die große Mehrzahl geistig den Aufgaben, die an sie als Arbeiter, selbst in schwierigeren Fällen, herantreten könnten, durchaus gewachsen wären, wenngleich es freilich auch nicht an Leuten fehlt, die schwer von Begriff und daher für manche Arbeiten untauglich sind; der Prozentsatz dieser Leute wird ja wohl, wenigstens bei den dunkelfarbigen Eingeborenen, größer sein als bei gar manchen andern Tropenvölkern, aber trotzdem vermag im allgemeinen die Eingeborenenbevölkerung von Deutsch-Neu-Guinea einen trefflichen Stamm brauchbarer Arbeiter zu liefern. (Bemerkenswert ist auch, daß die Schüler der Eingeborenenschule zu Rabaul [1912 : 71] recht gutes Geschick zeigen und u. a. den Druck des Amtsblattes und anderer Druckarbeiten ausführen).

Etwas minder günstig steht die Sache, wenn man nach der Arbeitslust der Eingeborenen frägt; denn diese ist für gewöhnlich nicht groß; insbesondere pflegt der Eingeborene Plantagen-Arbeit und dergl. in seiner eigenen Heimat nicht zu übernehmen, namentlich da, wo nach seinen Stammesüberlieferungen Feldarbeit Sache der Frauen ist, wie größtenteils im Bismarck-Archipel und auf den deutschen Salomonen; eher läßt er sich bewegen, anderwärts, fern von seinem Heimatsdorf oder auch wohl seiner Heimatinsel, Arbeit auf eine Reihe von Jahren anzunehmen und dann erst, reich an Erfahrungen, dazu reichlich bekleidet und im Besitz mancher Dinge, die in den Augen der Stammesgenossen von Wert sind, nach Hause zurückzukehren. Auf dem Wege der Anwerbung, die in den letzten Jahren durch die sorgfältigen Vorkehrungen und Bestimmungen der Kolonialregierung viel von ihren früheren Nachteilen verloren hat, gewinnt noch jetzt der Pflanzer, der Kaufmann, die Phosphatgesellschaft, ja die Regierung selbst den größeren Teil der notwendigen Arbeitskräfte, und ihre Zahl steigt noch immer, was dadurch möglich ist, daß einerseits die Abneigung dagegen immer mehr nachläßt und andererseits durch Vorschiebung der Verwaltung in bisher unberührte Gebiete neue Anwerbemöglichkeiten geschaffen werden[1]). So betrug die Zahl der Angeworbenen im alten Schutzgebiet 1912: 8261, 1911: 7542, 1910: 6428, während im Inselgebiet 1912: 1007 Angeworbene verzeichnet waren (für die früheren Jahre besteht keine entsprechende Statistik für das Inselgebiet). Dazu kommen noch 786 melanesische Kontraktarbeiter mit 100 Frauen und 20 Kindern auf Samoa. Trotz der zur Zeit noch ziemlich zufriedenstellenden Ergebnisse der Anwerbung ist doch streckenweise schon entschiedener Arbeitermangel fühlbar, und wenn die an sich ja sehr erfreuliche Nachfrage nach Land von Seiten der Europäer und die damit sich ergebende weitere Nachfrage nach Arbeitskräften weiterhin in gleichem Maße steigt, wie bisher, so wird in absehbarer Zeit der Punkt erreicht werden, wo die verfügbaren Arbeitskräfte des Schutzgebietes angespannt sind und also entweder fremde Arbeiter unter großen Kosten eingeführt werden oder aber die geschäftlichen Unternehmungen stehen bleiben müssen, bis die hoffentlich bald eintretende Bevölkerungszunahme und etwa mögliche Betriebsverbesserungen allmählich wieder eine Vergrößerung derselben gestalten.

Betrachten wir aber die Anwerbung, die in vielfacher Hinsicht, namentlich als Kulturverbreitungsmittel, sehr großen

[1]) In der Sitzung des Gouvernementsrats vom 13. November 1913 hob freilich der Gouverneur hervor (Amtsblatt 1913, S. 256), daß nur noch wenige Mannschaften vorhanden seien, die noch nicht gedient hätten und daß nur eine geringfügige Menschenreserve zur Verfügung stehe.

Nutzen geschaffen hat, vom ökonomischen Standpunkt aus, so muß zugegeben werden, daß sie im Grunde genommen eine bedeutende Verteuerung der Arbeitskräfte in sich schließt, weil die kontraktmäßige Hin- und Rückfahrt[1]) von und nach dem Heimatsort der Angeworbenen die an sich — wenigstens im alten Schutzgebiet — nicht hohen Kosten für Arbeiter ganz wesentlich erhöhen. Im Inselgebiet liegen die Verhältnisse etwas verschieden, und auf den Marshall-Inseln sind die Tagelöhne an sich schon hoch im Vergleich zu den anderwärts im Schutzgebiet bezahlten Beträgen; ja hier ist sogar im August 1911 ein richtiger Streik ausgebrochen, mit dem Ziel, den Tagelohn von 2 Mk. auf 4 Mk. zu erhöhen, und die Forderungen haben teilweise bewilligt werden müssen, da der Zeitpunkt sehr geschickt gewählt war.

Als Geld dient zur Zeit im öffentlichen Verkehr nur noch das deutsche Geld, nachdem die schönen Münzen der Neu-Guinea-Compagnie seit 1909 außer Kurs gesetzt sind und auch an den öffentlichen Kassen seit dem 15. April 1914 nicht mehr angenommen oder umgetauscht werden. Das treffliche, freilich in den verschiedenen Landschaften recht verschiedene Eingeborenengeld (Muschelgeld, Hunde-, Schweine-, Opossum-Zähne, Steingeld usw.) ist für Europäer verboten (durch Verordnung vom 30. Mai 1913; jedoch ist die Verwendung von Hundezähnen als Geld in Kaiserwilhelmsland und auf der Admiralitätsinsel noch bis zum 1. April 1915 gestattet, Amtsblatt 1913, S. 255 und 267). Leider scheinen diesem für das Wirschaftsleben der Eingeborenen zweifellos sehr einschneidenden Verbot keine eingehenden ethnologischen Untersuchungen über dessen mögliche Rückwirkung auf die Eingeborenen vorausgegangen zu sein, da in der Diskussion in der Gouvernementsrats-Sitzung vom 13. Nov. 1913 nur der Standpunkt der Europäer genauer ventiliert worden ist; es dürfte aber als ein dringendes Gebot der Klugheit sowohl wie der Gerechtigkeit anzusehen sein, daß derlei Maßnahmen auch vom Standpunkt der Eingeborenen bis ins Einzelne studiert werden und dies Gebot ist besonders im alten Schutzgebiet am Platz, wo weithin die deutschen Münzen nur theoretisch im Umlauf Geltung haben, während

[1]) In Kaiser Wilhelmsland sind die Anwerbungsverhältnisse noch nicht hinreichend geklärt, als daß man schon ein allgemeines Urteil über die künftige mögliche Entwicklung daselbst hätte.

tatsächlich vielfach nur Markstücke kursieren und dem Eingeborenen bekannt sind, weil die Kaufleute und Händler denselben nicht um einen geringeren Betrag als 1 Mark zu verkaufen pflegen. Wer gesehen hat, wie lange die Eingeborenen überlegen und verhandeln, bis sie sich schließlich zum Kauf entschließen, der begreift ja wohl den Standpunkt der Kaufleute, aber wer bei geringfügigen Dienstleistungen dem Eingeborenen gleich eine Mark bezahlen soll und bemerkt, daß er kleinere Geldmünzen zurückweist, weil er sie gar nicht kennt, der erkennt sehr wohl, daß diese Gepflogenheit sehr große Nachteile nach sich ziehen kann.

Am Anfang des Jahres 1913 war sogar darüber beraten worden, ob nicht der Gebrauch des Muschelgeldes auch zwischen den Eingeborenen verboten werden sollte, desgleichen auch die Fahrt nach Nakanai (Neupommern), wo die Eingeborenen die als Ausgangsmaterial für Herstellung gewisser Muschelgeldsorten dienenden Muscheln zu fischen pflegen. Hoffentlich wird aber eine so schwerwiegende und zudem schwer durchzuführende Maßregel nicht ohne Not zum Beschluß erhoben! Sie würde einen Eingriff in die Lebensverhältnisse der Eingeborenen bedeuten, dessen Folgen zur Zeit wohl niemand in ihrem ganzen Umfang zu überblicken vermag!

Als Verständigungsmittel zwischen der durch weitgehende Sprachzersplitterung ausgezeichneten Eingeborenenbevölkerung und den Weißen dient im größten Teil des alten Schutzgebiets das sog. Pidjin-Englisch, jene originelle, durch manchmal sehr drastische Ausdrucksweise gekennzeichnete Mischsprache, in der der Sprachschatz sich zum größten Teil aus englischen, zum kleineren Teil aus spanischen, deutschen, malayischen, melanesischen, polynesischen Wörtern zusammensetzt, der Aufbau in der Hauptsache melanesisch ist. Nachdem der jahrelang fortgesetzte Versuch aufgegeben worden ist, die Sprache der nördlichen Gazellehalbinsel als Verkehrssprache im Schutzgebiete einzubürgern, macht man neuerdings in den Regierungs- und dem größeren Teil der Missionsschulen starke Anstrengungen, das Deutsche einzuführen. Möge diesem bedeutungsvollen Streben ein guter Erfolg beschieden sein! Leicht wird es freilich nicht sein, eine seit vielen Jahrzehnten herrschende Lingua franca, die zudem den Vorteil viel größerer Einfachheit besitzt, durch das schwierigere Deutsch zu verdrängen. Um die Sache zu erleichtern, sind im Amtsblatt 1914 S. 26 bereits von einem Herrn einige Vorschläge gemacht, auch eine Reihe Merkwörter aufgeführt worden. Einen etwas eigentümlichen Eindruck macht es freilich, wenn als erstes derselben das Wort „Gouvernement“ steht, also gerade ein Wort, das jeder Deutsche doch gewiß gern durch ein wirklich deutsches Wort („Regierung“ oder sonstwie) ersetzt wissen möchte!

Über die Zahl der Eingeborenen ist man im alten Schutzgebiet, abgesehen von wenigen Landesteilen, auf ganz unsichere Schätzungen angewiesen. Vom Inselgebiet ist die Eingeborenenbevölkerung der Westkarolinen, Palau und Marianen durch Zählung auf rund 15400 Köpfe festgestellt worden, die der Marshall-Inseln 1913 auf 9569. Auf Ponape wurden gezählt 3190 Ponapeleute, 585 Zentralkaroliner und 279 Melanesier (Soldaten, Arbeiter etc.) und in ähnlicher Weise ist zu verschiedenen Zeiten die Bevölkerung anderer Inseln festgestellt worden; doch fehlt noch eine einheitliche Zählung der Ostkarolinen.

Besser ist man über die nichteinheimische farbige Bevölkerung unterrichtet, die z. T. in rascher Zunahme begriffen ist. Es wurden gezählt

Chinesen . .	1912:	926	1913:	1141
Malaien bezw. Javaner	„	127	„	158
Tagalen	„	52	„	78
[Juden	„	4	„	7]
Nichteinheimische Südseeinsulaner .	„	101	„	258.

Angesichts dieser Zahlen kann ich mir nicht verhehlen, daß die rasche Zunahme der Chinesen, die meist als Handwerker, Pflanzer, Händler, Köche u. dergl., in Nauru und Angaur auch als Phosphatarbeiter wirken, mir etwas beängstigend erscheint, denn so viel Sympathie ich auch für die Chinesen in China besitze, so ist mir doch der Chinese im Ausland als gefährlicher Konkurrent auf verschiedenen Gebieten eine minder erfreuliche Erscheinung, so daß ich wünschen möchte, daß ihrem Zustrom ein Damm entgegengesetzt würde, denn die Erfahrungen, die man mit der chinesischen Einwanderung im nahen Java gemacht hat, mahnen sehr zur Vorsicht[1]).

[1]) Wenngleich die Chinesen vielfach durch ihre Vorzüge (hohe Genügsamkeit, großen Fleiß und dgl.) gefährlich für die Weiterentwicklung

Die weiße Bevölkerung des Schutzgebiets nimmt an Zahl ständig zu: 1. Januar 1911: 1169 Seelen, 1912: 1278, 1913: 1427, doch sind die Zahlen insofern etwas irreführend, als auch die Angehörigen einer Nation der gelben Rasse, die Japaner (172 im Jahr 1813 gegen 131 im Vorjahr), in der Statistik zur weißen Rasse gerechnet sind. Das männliche Geschlecht überwiegt stark (1068 gegen 359 weibliche Personen). Die Zahl der Mischlinge betrug 281. Der Nationalität nach stehen unter den Weißen (nach der Statistik vom 1. Jan. 1913) die Deutschen mit 1005 Personen (gegen 897 in 1912) weitaus voran; an zweiter Stelle kommen die Japaner mit 172 (131), an dritter Stelle Engländer und Kolonialengländer mit 112 (109). Das Überwiegen der beiden letztgenannten Kategorien über die Weißen anderer Nationalität erklärt sich leicht aus der geographischen Lage der betreffenden Länder zum Schutzgebiete. Freilich drückt sich diese Lage in der Handelsbewegung noch weit deutlicher aus, indem das westliche Inselgebiet im Handel nach dem nahen Japan hin gravitiert, im alten Schutzgebiet aber das kulturhohe Australien vermöge seiner geographischen Nachbarschaft hinsichtlich der Einfuhr und Ausfuhr nur Deutschland nachsteht, im östlichen Inselgebiet jedoch bloß hinsichtlich der Ausfuhr an zweiter Stelle (hinter Deutschland) steht.

Von der erwachsenen männlichen Bevölkerung (1012 am 1. Jan. 1913) waren 109 Regierungsbeamte, 232 Missionare und Geistliche, 62 Techniker usw. und 4 Ärzte, dagegen 172 Ansiedler usw., 172 Kaufleute usw., 150 Handwerker oder Arbeiter, 77 Seeleute, Fischer; es gehört also wenig mehr als die Hälfte produktiven Berufen an, eine Tatsache, die bei der Beurteilung der Produktion des Schutzgebiets in Betracht zu ziehen ist.

Entsprechend der Zunahme der weißen Bevölkerung hat sich auch die wirtschaftliche Betätigung erneut gehoben; namentlich ist die Nachfrage nach Pflanzungsland ziemlich rege gewesen, und nach den statistischen Ziffern hat sich dadurch

der Kolonie werden könnten, so doch z. T. auch durch ihre Fehler. So hat der Gouverneur Dr. Hahl in der Sitzung des Gouvernementsrats vom 6. Febr. 1914 darauf hingewiesen, daß das bei der niederen Klasse der Chinesen nicht abstellbare Spiellaster drohe, bei den Eingeborenen um sich zu greifen. Die in Anregung gebrachte Gestattung einer Spielbank wurde aber vorerst als unerwünscht abgelehnt, obgleich eine zeitliche und örtliche Konzentrierung der Leidenschaft als empfehlenswert hingestellt worden war.

der Flächeninhalt des Pflanzungsareals von 162500 im Jahre 1911 auf 171000 ha 1912 und 185000 ha 1913 gehoben. Bei Abgabe von Land wurde in allen Fällen dafür gesorgt, daß genug Land für eine starke und gesunde Eingeborenen-Bevölkerung übrig blieb. Auf den Marshall-Inseln ist andererseits daran gegangen worden, das umfangreiche brachliegende Land festzustellen und seiner künftigen Ausnützung allmählich in ähnlicher Weise entgegenzuführen, wie die durch Versiedelung frei werdenden niedrigen Atolle der Karolinen, d. h. durch Verpachtung an kapitalkräftige Unternehmer.

Abgesehen von den zahlenmäßig nicht erfaßbaren, aber ausgedehnten Kulturen der Eingeborenen, die vor allem für die Ausfuhr noch immer den Löwenanteil an Kopra liefern, sind am 1. Januar 1912 28165 ha (davon 25840 im alten Schutzgebiet), am 1. Januar 1913: 32264 ha (wovon 12289 ha ertragsfähig waren) in plantagenmäßiger Kultur von Nichteingeborenen gewesen; neuerdings ist durch die „Westkarolinen-Gesellschaft" die Ausbeutung der bisher nicht benützten Ländereien jenes Inselgebiets in die Hand genommen worden, und für die Ostkarolinen ist ein ähnliches Unternehmen in Aussicht genommen. Auf den Pflanzungen waren am 1. Januar 1912 182 weiße Beamte und — im alten Schutzgebiet — 13632 farbige Arbeiter beschäftigt (gegen 10984 1911, 9469 1910 und 8311 1909). Die Hauptmenge der bebauten Fläche ist der Kokospalmenkultur gewidmet (1912: 25264 ha, wovon 8759 ha im Ertrag, 1913: 29242 ha, wovon 10745 im Ertrag); rund 3,4 Mill. Kokospalmen (davon über 1000000 im Ertrag) wurden 1913 auf dieser Fläche gezählt. Daneben treten die Anbauflächen für Kakao (413, 1913: 394 ha, davon 234, 1913: 205 im Ertrag), Kaffee (10, 1913: 9 ha), Tabak (2, 1913: 3 ha), Muskatnüsse (8, 1913: 7 ha), für verschiedene Kautschukgewächse (2173, 1913: 1597 ha, davon 959, 1913: 937 ha im Ertrag), und Faserpflanzen (95, 1913: 86 ha, davon 11, 1913: 6 im Ertrag), Lemon- und Zitronellgras stark zurück, was sich natürlich auch in den Ausfuhrzahlen geltend macht: Im Jahre 1911 bezw. 1912 wurden neben mehr als 14½ bezw. 17,3 Mill. kg Kopra (im Wert von 4½ bew. 6 Mill. M.) nur 64659 bezw. 74400 kg Kakao (72763 bezw. 74659 M.), 4948 bezw. 1509 kg Tabak[1])

[1]) Freilich ist diesem Posten keinerlei Bedeutung zuzuerkennen, da ihm eine Einfuhr von Tabak und Tabakfabrikaten im Wert von 1911: 149000 bezw. 1912: 392000 M. gegenüber stehen!

(rund 7000 bezw. 3600 M.), 7700 bezw. 21300 kg Sisalhanf (rund 3800 bezw. 10400 M.) und andere kleinere Beträge ausgeführt. Neben diesen kleinen Beträgen spielt als Agrikulturprodukt nur der Kautschuk (1911: 11377 kg = 91240 M., 1912: 21253 kg = 155744 M.) eine größere Rolle; aber die gegenwärtige Depression des Kautschukmarktes läßt eine Steigerung dieser Produktion im großen Stil wenig wahrscheinlich erscheinen. Unter solchen Umständen ist von der Kokospalmenkultur geradezu als von einer Monokultur des Schutzgebietes zu sprechen, und da dies Setzen auf eine Karte unter allen Umständen eine gewisse Gefahr für die künftige Entwickelung des Schutzgebietes bedeutet, so ist es mit besonderer Freude zu begrüßen, daß mit Oktober 1911 ein landwirtschaftlicher Sachverständiger angestellt wurde, der in vielfacher Hinsicht, besonders auch in seiner Eigenschaft als Leiter des Versuchsgartens zu Rabaul, viel Gutes wirken und eine größere Mannigfaltigkeit pflanzlicher Produktion anbahnen können dürfte und durch seine bisherigen Berichte bereits viel Wichtiges und Wertvolles ins richtige Licht gestellt hat.

Obgleich nicht von der Hand zu weisen ist, daß die Kokospalmkultur zur Zeit und für die nähere Zukunft eine sichere Rentabilität aufweisen, ja für viele Teile des Inselgebiets wohl die einzig mögliche Produktion größeren Stils sein dürfte, so halte ich doch deren allzu starke Betonung auch im alten Schutzgebiet schon aus dem Grund für nicht ganz erfreulich, weil gemäß den Wachstumsbedingungen dieser Palme damit das Gros der weißen Bevölkerung an das heiße Tiefland gebannt wird. Nach den bisherigen Erfahrungen kann man aber annehmen, daß damit — abgesehen etwa von malariafreien Koralleninseln — eine Generationen überdauernde Ansiedlung weißer Familien im Schutzgebiet unmöglich wäre, weil die klimatischen Verhältnisse in den heißen, der Malaria und anderen Tropenkrankheiten zugänglichen Tieflandgebieten für die weißen Siedler, ganz besonders aber für weiße Frauen und Kinder, ungünstige Bedingungen bieten, die eine Erholung in kälteren Zonen von Zeit zu Zeit notwendig machen. Nach den jahrhundertelangen Erfahrungen, welche die Spanier in ihren amerikanischen Tropenkolonien gemacht haben, darf man aber annehmen, daß weiße Siedler viele Generationen hindurch ohne bedeutendere Schwächung ihrer körperlichen und geistigen Leistungsfähigkeit die tropischen Hochländer bewohnen können, wo Malaria nur selten oder gar nicht auftritt. Der Besitz von Hochländern erscheint unter diesem Gesichtspunkt als ein besonderer Vorzug tropischer Kolonien, sei es, daß sie nur zur Errichtung von Akklimatisations- und Erholungsstationen verwendet werden, oder aber, daß dort dauernde Siedelungen von Landbebauern oder Viehzüchtern angelegt werden. Unter diesem Gesichtspunkt halte ich Hochländer, wie sie in bescheidener Ausdehnung im Bismarck-Archipel (namentlich Neumecklenburg) und auf den Salomonen, in offenbar weit beträchtlicherer, aber noch nicht genau bekannter Ausbreitung im Kaiser Wilhelmsland vorkommen, für sehr bedeutungsvoll; wohl sind sie bisher — abgesehen von einigen Erholungsstationen, wie Sattelberg und Toma — kaum benutzt worden, aber in ihnen sehe ich die einzigen Siedelungsgebiete, wo eine europäische Bevölkerung eine dauernde Heimat finden könnte, wo also dereinst einmal der feste Kern einer weißen, deutschen Bevölkerung sich ansetzen könnte — im Gegensatz zu den Küstengebieten, die naturgemäß dauernd nur einer in gewissem Sinn fluktuierenden weißen Bevölkerung dienen können, da der Einzelne wohl nur in seltenen Fällen mehr als 1 oder, wenn es hoch kommt, einige Jahrzehnte dort aushalten kann, ohne seine Leistungsfähigkeit ganz oder teilweise einzubüßen.

Leider ist die Marktlage für die in kühlen Tropenländern möglichen Produkte zur Zeit wenig günstig, so daß dieselben zu dauernder Ansiedlung wenig verlocken, und doch sollte, wie mir scheint, der Versuch einmal gewagt werden, in den Hochländern des alten Schutzgebiets etwa Kaffeebau, ferner Mais- und Bohnenbau etc. und — wo die heimische Blutegelplage oder die eingeschleppte Zeckenplage es gestatten — auch wohl Viehzucht zu treiben, in höheren Lagen auch Anbau von europäischen Gemüsen und Obstbäumen etc., weil damit die Möglichkeit dauernder Europäersiedelungen gegeben wäre.

Und wenn ich meine eigenen langjährigen Beobachtungen in den Tropen heranziehe und die geringe Energie und Leistungsfähigkeit der Weißen im Tiefland mit der so viel größeren Spannkraft der Weißen im tropischen Hochland vergleiche, so muß ich mir sagen, daß es unökonomisch ist, weiße Beamte, die nicht unbedingt ihrer Beschäftigung nach im Tiefland wohnen müssen, dorten festzusetzen, weil sie im Hochland sehr viel mehr zu leisten und viel länger Dienst zu tun vermöchten. Ich würde es daher für durchaus zweckentsprechend erachten, wenn der ganze Verwaltungsapparat der Regierung — und zwar nicht nur Neuguineas, sondern auch unserer afrikanischen Tropenkolonien — irgendwo ins Hochland oder wenigstens in kühlere Erhebungen hinaufverlegt würde, natürlich erst nach Erstellung entsprechender Verkehrseinrichtungen, die ein rasches Erreichen der Küste gestatten würden und nur dann, wenn ein Anschluß an eine Europäerkolonie gegeben ist, die nicht aus Beamten besteht.

Neben der Agrikultur, die bisher als der einzige sichere Produktionszweig von großer Zukunft in Deutsch-Neu-Guinea anzusehn ist, treten die meisten anderen Produktionen stark zurück, so die Viehzucht, die auch — abgesehen von der Schweinezucht der Eingeborenen und etwa der Rinderzucht von Rota und Saipan — noch ganz in den Anfängen steckt[1]) und keine besonders günstigen Aussichten zu bieten scheint, dann die Waldwertnutzung, die freilich noch stark entwickelbar sein dürfte, Jagd[2]) und Fischerei.[3]) Sie alle aber tragen wenigstens ein Bisschen zur Ausfuhr bei. Ganz unentwickelt und in seinen Aussichten noch absolut nicht zu überschauen ist aber im alten Schutzgebiet der Bergbau, der freilich da und dort schon Hoffnungen wach gerufen hat (Gold und neuerdings im Eitapebezirk Erdöl)[4]), zeitenweise auch ganz geringfügige Mengen von

[1]) Viehstand in Deutsch-Neu-Guinea nach der jüngst durchgeführten Zählung 2700 Schweine, 2700 Stück Rindvieh, 420 Pferde, 890 Schafe, 550 Ziegen.

[2]) Ausfuhr besonders Paradiesvogelbälge: 1911: 8779 Stück (278000 Mk.), 1912: 9840 Stück (449000 Mk.). Da seit neuester Zeit die Paradiesvogeljagd auf 1½ Jahre verboten ist, so entfällt solange dieser Ausfuhrposten und damit zugleich eine nicht unbeträchtliche Einnahme der Regierung. Da aber nach den Berichten der jüngst zurückgekehrten Mitglieder der Kaiserin Augustastrom-Expedition eine Gefahr für die Vernichtung der Paradiesvögel zurzeit nicht existiert, so dürfte die Jagd auf diese prachtvollen Vögel wohl bald wieder zugelassen werden.

[3]) Ausfuhr besonders von Schildpatt (1911: 18800 Mk., 1912: 24000 Mk.), bezw. Perlmutterschalen u. a. Muscheln (1911: 295000 Mk., 1912: 158000 Mk.).

[4]) Zur Untersuchung der Erdölvorkommen im Kaiser Wilhelmsland hat der deutsche Reichstag im Frühjahr 1914 eine ansehnliche Summe bewilligt und eine Verfügung des Reichskanzlers vom 26. Februar 1914 hat dem Landesfiskus des Schutzgebietes Sonderberechtigung zum ausschließlichen Schürfen und Bergbau auf Bitumen im festen, flüssigen und gasförmigen Zustande erteilt.

Waschgold liefert[1]). Im Gegensatz dazu fördert aber im Inselgebiet der Bergbau im Durchschnitt der letzten Jahre die bedeutendsten Werte der gesamten Ausfuhr in Form von Phosphaten: so wurden im Jahre 1910 über 178 Millionen kg Phosphate im Wert von 9 1/2 Millionen Mk., 1911 rund 133 Millionen kg im Wert von über 6 1/2 Millionen Mk., 1912 über 193 Millionen kg im Wert von fast 5 Millionen Mk. ausgeführt. Wohl ist damit im Jahre 1911 ein wesentlicher Rückgang der Ausfuhr gegenüber dem Vorjahr eingetreten, aber dieser Ausfall, der sich aus der klimatischen Ungunst des Jahres (Schwierigkeiten der Trocknung und Verladung des Phosphats) erklärt, ist ohne Bedeutung für das Schutzgebiet insofern, als es sich ja hier nicht um produktive Leistungen des Bodens handelt, die sich wie beim Ackerbau alljährlich erneuern, sondern um Ausbeutung eines festen Kapitals an Bodenschätzen, das sich nicht mehr vermehrt, sondern, je nach der Intensität des Betriebs, rascher oder langsamer abgebaut werden wird, bis eben die Lager erschöpft sind. Zum Glück sind sie aber, wie neuerdings C. Elschner[2]) hervorgehoben hat, sehr beträchtlich, so daß noch auf lange Zeit hinaus eine große Einnahmequelle in ihrer Ausbeutung eröffnet ist. Wohl wird der Phosphatgehalt von Feis nur auf 300—600 000 Tonnen, von der Palau-Insel Angaur nur auf 1 1/2 bis 2 1/2 Millionen Tonnen geschätzt, aber Elschner zeigt, daß auf Nauru über 1800 ha mit einer durchschnittlich 5—6 m mächtigen Phosphatlage überdeckt ist, so daß die alte Schätzung von 42 Millionen Tonnen als viel zu niedrig angesehen werden muß, und Nauru allein so viel Phosphat zu enthalten scheint, als die Mehrzahl der übrigen Phosphatinseln der Südsee zusammengenommen. So wird denn der Phosphatabbau die Ausfuhr- und Einnahmeziffern Deutsch-Neu-Guineas noch auf viele Jahre hinaus günstig beeinflussen, wenngleich seine relative Bedeutung als wichtiger Exportartikel wohl im Lauf der Entwicklung der Plantagen allmählich zurückgehen wird zugunsten der Agrikulturprodukte. Tatsächlich ist der Wert der Phosphatausfuhr schon 1912 von dem der Kopraausfuhr überflügelt worden und zwar trotz ansehnlicher Steigerung der Ausfuhrmengen; die Lösung des Rätsels, die zugleich ein

[1]) Ausfuhr an Gold 1912: 65 gr = 1400 Mk.

[2]) Corallogene Phosphatinseln Australoceaniens und ihre Produkte, Lübeck 1913.

Schlaglicht auch auf die früheren Wertziffern der Ausfuhr wirft, ist im amtlichen Jahresbericht 1912/13, S. 190 gegeben, wo mitgeteilt ist, daß für den Grubenbetrieb in Nauru jeweilig der Verkaufspreis anstatt des allgemein zugrunde zu legenden Wertes im Augenblick der Verschiffung angenommen wurde.

Ohne auf weitere Einzelheiten der Produktions- und Handelstatistik eingehen zu wollen, möchte ich zum Schluß hervorheben, daß im Großen und Ganzen die Entwicklung des Schutzgebietes erfreuliche Fortschritte von Jahr zu Jahr zeigt, wenngleich manche Schwankungen, auf einzelnen Gebieten auch Rückschläge nicht ganz ausblieben.

Ein- und Ausfuhr Deutsch-Neu-Guineas 1901—1912.

	Einfuhr:	Ausfuhr:
1901	2 879 000 Mk.	2 562 000 Mk.
1902	3 276 000 „	2 085 000 „
1903	4 265 000 „	2 499 000 „
1904	3 480 000 „	2 247 000 „
1905	5 471 000 „	2 369 000 „
1906	5 492 000 „	2 615 000 „
1907	5 720 000 „	3 470 000 „
1908	5 090 000 „	6 053 000 „
1909	6 461 000 „	8 328 000 „
1910	5 929 000 „	14 665 000 „
1911	8 015 000 „	12 026 000 „
1912	9 207 000 „	12 087 000 „

So dürfen wir denn mit Vertrauen in die Zukunft blicken und der zuversichtlichen Hoffnung Ausdruck geben, daß die schwierigen Fragen, die auf den verschiedensten Gebieten aufgetaucht sind und noch auftauchen werden, schließlich auch eine befriedigende Lösung finden werden. Freilich läßt sich bei einem Rückblick auf das Geleistete nicht verhehlen, daß der Fortschritt hätte viel rascher sein können, wenn das Mutterland schon früher und mit größeren Mitteln eingegriffen hätte. Wohl sind wir jetzt in der topographischen Erforschung so weit, daß 1913 die Schaffung einer 17 Blattkarte von Kaiserwilhelmsland und dem Bismarckarchipel im Maßstab 1 : 300 000 in Angriff genommen werden konnte, aber weite Flächen werden auch jetzt noch leer bleiben müssen, und es wird sich deutlich herausstellen, daß Deutsch-Neu-Guinea unter allen deutschen Kolonien am wenigsten bekannt ist. Desgleichen zeigt auch ein Vergleich der Landverkehrswege und der wirtschaftlichen Entwicklung, daß es gegenüber den übrigen Kolonien entschieden zurückgeblieben ist, und dasselbe gilt von der politischen Befriedung. Wenn wir dann weitergehen und nach dem Wohlergehen der Eingeborenenbevölkerung seit der deutschen Besitzergreifung fragen, so müssen wir zwar zugeben, daß die deutsche Herrschaft in den der Verwaltung angeschlossenen Gebieten sehr viel Gutes gewirkt hat, aber trotz alles guten Willens einen starken Volksrückgang nicht verhindern konnte, der die Entwicklungsmöglichkeiten des Schutzgebiets sehr geschwächt hat; durch frühzeitige energische ärztliche und ethnologische Hilfe hätte er vielleicht hintangehalten werden können. Manches ist bisher versäumt worden; aber noch ist es nicht zu spät, alles noch in ein gutes Fahrwasser zu lenken. Möge das Mutterland mit reichen Mitteln dem Schutzgebiete beispringen, damit es sich nunmehr rasch und kräftig zu entwickeln vermöge! Möge, wozu nun vielversprechende Anfänge gemacht sind, ärztliche Hilfe in weitgehendem Maß dem Eingeborenen werden und möge vor allem auch die ethnologische Erforschung der Eingeborenen, ihrer Lebens- und Rechtsanschauungen nun allenthalben in intensivster Weise erfolgen, damit man ihnen in vollem Maße gerecht werden könne! Wie wäre es, wenn man der Regierung des Schutzgebiets dauernd einen erfahrenen taktvollen Ethnologen, der volles Verständnis für die Eingeborenen besäße, als Berater in allen Eingeborenen-Angelegenheiten beigäbe? Wer weiß, ob nicht mancher Aufstand in unseren Kolonien, der viel Gut und Blut gekostet hat, hätte vermieden werden können, wenn die Kolonialregierungen sich des Beistandes eines energischen ethnologischen Sachverständigen hätten erfreuen können! Und in Deutsch-Neu-Guinea, wo die Eingeborenen weit weniger studiert sind, als in unseren afrikanischen Kolonien, wäre auch jetzt noch ein ethnologischer Sachvertändiger ebenso nützlich, wie ein landwirtschaftlicher oder technischer. Die Eingeborenen sind für jedes Kolonialvolk ein anvertrautes Gut, über dessen Verwendung die späteren Generationen und die Geschichte Rechenschaft zu fordern berechtigt sind, denn, abgesehen davon, daß die Menschlichkeit eine liebevolle Fürsorge und Rücksicht für unsere andersgearteten und auf anderem Kulturboden erwachsenen Mitmenschen zur dringenden Pflicht macht, ist auch zu bedenken, daß in tropischen Kolonien die Eingeborenenschaft die sicherste Grundlage für eine kräftige wirtschaftliche Entwicklung darstellt und daß jede Schwächung derselben nach Zahl oder innerer Kraft sich bitter in der Zukunft rächen wird.

Die Entwicklung der Kartographie des Elsasses.

Von ihren ersten Anfängen bis zur Cassinischen Karte.

Von Karl Schott.

Mit zwei Karten.

Als die Renaissance auch die Geographie durch das Wiederaufleben der großen Geographen des Altertums, vor allem des Ptolemäus, zu neuem Leben erweckte, und als die großen Entdeckungen des fünfzehnten und sechzehnten Jahrhunderts der geographischen Betätigung neues Gebiet zuwiesen, mußte auch die Kartographie einen ungeahnten Aufschwung nehmen. Besonders die Entdeckungsreisen sollten von der größten Bedeutung für die Geschichte des Weltbildes werden. Der Sinn für Erforschung der neuentdeckten Länder und deren Bewohner, aber auch der Wettlauf nach neuen Kolonien riefen einen regen überseeischen Verkehr hervor. Und so sind es auch zunächst die Seekarten, die sogenannten Portulane, denen man, als eines der notwendigsten Hülfsmittel der Schiffahrt, das Hauptaugenmerk zuwandte und an deren Vervollkommnung vor allem gearbeitet wurde, während die eingehende Darstellung des Landesinnern noch lange im argen blieb und erst mit der Schaffung von Spezialkarten zur Entwicklung gelangte. Doch nicht Kartographen vom Fach sollte es beschieden sein, die Topographie auf ihre jetzige Vollkommenheit zu bringen, sondern dieses Verdienst gebührt allein den Militär-Ingenieuren. Ist doch die genaue Kenntnis des Terrains eine notwendige Vorbedingung zur erfolgreichen Offensive bezw. Defensive und führte diese Erkenntnis schon sehr früh zur Gründung von besonderen Korps innerhalb des Heeresverbandes. Noch heute gilt ja die Generalstabskarte als eine der besten und eingehendsten Karten und erfreute sich bis vor kurzem in Touristenkreisen allgemeiner Beliebtheit. Erst in den letzten hundert Jahren wurde die Karte auch zu anderen Zwecken als lediglich militärischer und administrativer Art bestimmt.

Was nun zunächst die Kartographie eines kleinen Gebiets wie das Elsaß anbetrifft, so ist diese vor allem dazu geeignet, uns den mühevollen Entwicklungsgang des Kartenzeichnens weit eher als den etwa der Projektionsmethoden zu zeigen, da bei einem so geringen Flächeninhalt die Frage nach der Projektion hinter diejenige nach dem Karteninhalt zu stehen kommt, ja wie wir sehen werden, nur zu oft überhaupt gar nicht beachtet wurde. Denn die Karten entbehren gewöhnlich des Gradnetzes und weisen höchstens einen Maßstab für Entfernungen auf; auch erfolgte nur sehr selten eine astronomische Ortsbestimmung. Man begnügt sich während zwei Jahrhunderten mit Abschreiben, was damals um so leichter war, als das erhaltene Privilegium keinen Schutz gegen Nachbildung bot. Irgend eine kleine Änderung, oft die Verarbeitung mehrerer Quellen, berechtigte bereits den Namen des Autors zu streichen. Nur die Signaturen erfahren eine stete, wenn auch langsame Verbesserung; es wurden so ziemlich die gebräuchlichsten Zeichen des modernen Situationsentwurfes geschaffen, ihre systematische Durchführung jedoch sollte der Neuzeit vorbehalten bleiben.

Die nur allzusehr bewegte geschichtliche Vergangenheit des Elsasses trägt noch weiter dazu bei, die Kartographie dieses Gebietes um so interessanter zu gestalten, als durch die zweihundertjährige Zugehörigkeit unserer Heimat zu Frankreich, wir die Fortschritte der damals vorbildlichen französischen Kartographie am eigenen Lande erfahren sollten. Schon nach einer flüchtigen Sichtung des zahlreichen Materials müssen wir unumwunden die hervorragenden Leistungen der französischen Kartographen des achtzehnten Jahrhunderts zugeben, die durch ausgesetzte Preise für vorzügliche Leistungen zu einem wahren Wettbewerb angespornt wurden, durch den Prachtstücke wie die Katasterpläne entstanden, die sich hinsichtlich der Ausführung als auch des Inhalts würdig an die Seite moderner Karten stellen können.

Was nun den Stoff selbst anbelangt, so sind folgende Richtpunkte eingehalten worden:

1. Maßgebend für den Begriff „Elsaß“ ist die heutige Grenze.
2. Folgende Einteilung wurde zugrunde gelegt:
   a) Übersichtskarten: d. h. Karten, bei denen es zu einer Darstellung des ganzen Elsasses kommt.
   b) Spezialkarten: Sie behandeln irgend einen Bezirk, stellen kleine Kriegsschauplätze, hauptsächlich Grenzstreitigkeiten und dergleichen dar.

c) Pläne: Sie behandeln Städte, besonders Festungen, Rheinübergänge usw.
d) Ansichten aus der Vogelschau.
e) Die wenigen Modelle.
f) Die Itinerarien.

Unberücksichtigt bleiben alle diejenigen Karten, bei denen das Elsaß nur eine untergeordnete Stellung einnimmt, wo es nur als Teilgebiet behandelt wird.

Es sei hier gleich bemerkt, daß das folgende Verzeichnis der Karten keineswegs den Anspruch auf Vollständigkeit erheben will und kann und zwar aus folgenden Gründen:

Es erschien für die Arbeit nicht fördernd, all die zahllosen und oft recht minderwertigen Plagiate und Varianten zu erwähnen — die Arbeit soll ja auch kein Katalog sein — auch gar manches Wichtige mag entgangen sein, das bis jetzt noch unter dem Staub der Jahrhunderte in einem Winkel irgend einer Bibliothek, eines Archivs oder Sammlung öffentlicher oder privater Natur vergraben liegt. Auch mangelte es an Zeit, um alle Archive bereisen zu können, und ferner war man zu sehr auf den Zufall angewiesen. Gar oft fanden sich Karten, wo man keine vermutete, und da, wo man welche ganz bestimmt erwartete, blieben sie aus.

Die Bedeutung der alten Karte als Hülfsmittel der Geschichtsforschung scheint nicht genügend gewertet zu werden, denn nur so ist es erklärlich, daß fast nirgends Karten-Kataloge vorhanden sind. Erst den unermüdlichen Bemühungen des Herrn E. Gerock gelang es, einen solchen aufzustellen, den er mir auch bereitwilligst zur Einsicht überließ. Ihm, sowie meinem verehrten Lehrer, Herrn Professor K. Sapper, der mir zunächst das dankbare Thema zuwies und schließlich durch zahlreiche Fingerzeige und Anregungen die Arbeit förderte, möchte ich nicht versäumen, an dieser Stelle meinen dauernden aufrichtigen Dank, sowie die Versicherung treuen Angedenkens auszusprechen.

A. Übersichtskarten.

Schon Ptolemäus besaß einige Kunde unseres Landes und brachte sie auf seiner *Tercia Europe Tabula* zur kartographischen Darstellung. An den Rhein, der durchweg eine NS Richtung innehält, grenzen von Norden nach Süden folgende drei nach keltischen Völkerschaften benannte Gebiete: Ausgabe: Schott, Straßburg 1513. Siehe weiter unten.

1. „Vangiones" mit den Städten Berbeto magus und Argentoratum.
2. „Tribocci" mit Breucomagus (Brumath) und Elcebus (= Ellebus = Ehl).
3. „Raurices" mit Argentovaria und Augusta Rauricum (Augst b. Basel.)

Wenn auch die drei Völker nicht nebeneinander im Elsaß wohnten und ihr Sitz nicht auf das linke Rheinufer beschränkt war, so ist doch ihre Orientierung zueinander richtig; nur die Namen Argentoratum und Breucomagus sind verwechselt, liegt doch Brumath nördlich von Straßburg. Mit Ausnahme von Eltebus liegen die Städte so ziemlich in ihrer wahren Lage zum Rhein, d. h. etwas von ihm entfernt; Aug. Rauricum liegt richtig am Strome selbst.

Ausgabe: Konrad Miller: „Die Weltkarte des Castorius." Ravensburg 1888.

Inhaltsreicher ist dann die sogenannte *Tabula Peutingeriana*, auch Weltkarte des Castorius genannt, die aber nicht eine Karte im eigentlichen Sinne des Wortes, sondern nur ein Itinerarium ist, da weder Rücksicht auf wahre Entfernung noch Ortslage genommen wird. Das ganze ist, wie unsere modernen Eisenbahnkarten, eben nur eine schematische Darstellung des spätrömischen Straßennetzes; die Entfernungsangaben machen den wirklichen Wert der Karte aus. Die Vogesen erscheinen in einer bildlichen Darstellung als „silva Vosagus", und nur die Städte Augusta Rauracorum und Argentorate sind besonders hervorgehoben, jene durch ein Haus, diese durch eine Stadtmauer mit zwei Türmen. Die übrigen Stationen sind durch Knickung der Straßenlinie bezeichnet. Folgende drei Straßen entfallen auf das Elsaß:

1. Von Aug. Rauracorum nach Moguntiacum (Mainz) mit den elsässischen Stationen: *Arialbinnum* (Burgfelden), *Cambete* (Kembs), *Argentovaria* (Horburg-Grussenheim), *Hellelum* (Ehl bei Benfeld), *Argentoratum, Brocomagus* und *Saletio* (Selz);
2. Von *Argentorate* über *Tabernae* (Zabern) und *Pons Saravi* (Saarburg) nach Treveris (Trier);
3. Von Aug. Rauracorum über *Arialbinnum, Cambete* und *Larga* (Largitzen im Sundgau) nach Vesontio (Besançon), wobei uns auffällt, daß die Straße in Aug. Rauracorum neu ansetzt, um die beiden nächsten Stationen nochmals zu nennen, statt in Cambete abgezweigt zu werden.

Hinter jedem Ortsnamen ist in Ziffern die Entfernung angegeben.[1])

Diese beiden Werke sind die einzigen, die von der Kartographie des Altertums uns erhalten blieben und bis zur Renaissance verloren waren. Inzwischen kamen nur einige zum Elsaß in Beziehung stehende Namen auf den mittelalterlichen Weltbildern zum Eintrag, so zunächst der Rhein. Er erscheint bereits im fünften Jahrhundert in der Kosmographie des Julius Honorius und hat mit der Rhone eine gemeinsame Quelle. Wir begegnen ihm abermals auf einer Karte in einer Straßburger Handschrift des neunten Jahrhunderts und nunmehr auf allen späteren Weltbildern, dann mit den Städten Bazla, Maiansa und Eschira (Speyer), sowie mit dem Landschaftsnamen „Burgunia" am Ober-Rhein in der *Tabula itineraria* des Mauren Al Idrîsî (auch Edrîsî).

Vergl. Konrad Miller: „Die ältesten Weltkarten. Stuttgart 1896.

[1]) Die Entfernungen sind hier in römischen Wegstunden von 2222 m ausgedrückt, im Gegensatz zum Bild von Tirol z. B., wo die Entfernungen im Milia passuum = 1481 m angegeben sind. Die Richtigkeit dieser Behauptung ergibt sich aus folgender Tabelle:

Vergl. Festschrift des Geographentags zu Innsbruck 1912. Die Entwicklung des Kartenbildes von Tirol bis um die Mitte des XVI. Jahrh. von Dr. A. Feuerstein p. 114.

Str. Nr.	Stationen	Entfernungen auf Tab. Peut.	in km	in Wirklichkeit	Fehler in %
1.	Aug. Rauracorum Arialbinnum	VI	13,332	16	— 16,7
	„ Cambete	VII	15,554	14	+ 10
	„ Argentuaria	XII	26,664	53	— 50!
	„ Hellelum	XII	26,664	28	— 5
	„ Argentoratum	XII	26,664	30	— 12,4
	„ Brocomagus	VII	15,554	17	— 9,3
	„ Saletio	XVIII	39,996	36	+ 10
2.	Argentoratum Tabernae	Keine Angabe	—	—	—
	„ Pons Savari	XII	26,664	26	+ 2,2
3.	Cambete Larga	XII	26,664	32	— 20

Besonders auffällig ist der Fehler bei Cambete—Argentovaria, der wohl dadurch entstanden sein mag, daß die Stationen Stabula und Mons Brisiacus unbeachtet blieben, vielleicht beim Abschreiben auch vergessen wurden.

Siehe Mone-Anzeiger f. Kunde der teutschen Vorzeit. Karlsruhe 1836. V. Jahrgang 1. Quartalheft Nr. 1. wo Abbildg. — Siehe Lelenel: Atlas. — Siehe Miller: Die ältesten Weltkarten.

Die um 1280 abgefaßte *Herefordkarte* zeigt zum ersten Mal als Nebenfluß des Rheins die „Ilra" (Ill) an der „Strasburh" liegt, während die um einige Jahre spätere und nach Miller von ihr abgeschriebene *Ebstorfkarte* zum ersten Mal in Gallien den Namen „Alsatia" mit Argentina (quae et Strasburh) aufweist, das diesmal aber an dem „Priscus fl." (der Breusch), etwas oberhalb ihrer Einmündung in den Rhein gelegen ist. Die Vogesen erscheinen hier als „silva Vaseus", was wohl auf das silva Vosagus der Tabula Peutingeriana hinzuweisen scheint, aus dem es durch Verlesen entstanden sein könnte. Alle späteren Darstellungen, wie die Pariser Handschrift der *Mappa mundi, dicta mappa de mari et terra* von 1320 des Venetianers Marino Sanuto, die Catalanische Weltkarte von 1375, der Portulan des Andreas Benincasa von 1476, alle im Louvre, und ihre Abschriften, enthalten neben den Namen „Alsatia" „Argentoratum" und „Mons Alsatiae" nichts Neues, was für die Kartographie des Elsasses in Betracht käme.

Vergl. Prof. Dr. S. Ruge: Ein Jubiläum d. deutschen Kartographie im „Globus." Bd. 60, 1891, p. 4.

Auch die erste gedruckte Karte von Deutschland des Nikolaus von Cusa vom Jahre 1491 bringt keinen neuen Beitrag zum Kartenbild des Elsasses; der Rhein erinnert lebhaft an das Strombild des Ptolemäus.

Streng genommen können wir von einer Kartographie ja noch nicht reden, diese beginnt erst mit derjenigen Karte, die auf Grund besonderer Aufnahmen des darzustellenden Gebiets entworfen wird, also erst mit dem Jahr 1513, in welchem bei Joh. Schott zu Straßburg die prachtvolle Ausgabe der *Ptolemaeischen Geographie,* besorgt von Waldseemüller[1]) und dessen Freund Ringmann,[2]) auf Kosten der Rechtsgelehrten Aeßler und Uebelin erscheint. Neben einer neuen lateinischen Übersetzung des griechischen Textes, sowie einer in Holzschnitt ausgeführten Neuauflage der 27 ptolemäischen Karten, wurde ein *Supplementum* mit zwanzig neuen Karten beigegeben, worunter eine des Rheintals von Basel bis Bingen, die tabula nova provinciae Rheni

---

[1]) Martin Waldseemüller (auch Waltzemüller), Hylacomylus, wurde zu Freiburg geboren und studierte daselbst um 1450. Professor am Gymnasium zu St. Dié, gründete er daselbst vor 1507 eine Bibliothek und rief die sogenannte lothringische Geographenschule ins Leben. Er beschäftigte sich vornehmlich mit Kartenzeichnen.

[2]) Matthaeus Ringmann (Philesius) stammte aus dem Elsaß und war eng befreundet mit Waldseemüller.

superioris als erste Übersichtskarte des Elsasses zu betrachten ist. Diese Karten stammen von Waldseemüllers Hand und sind schon vor 1507 entworfen worden, da die Ptolemäus-Ausgabe schon in diesem Jahre auf Kosten des Herzogs René II von Lothringen erscheinen sollte. Waldseemüller selbst unterzog die Karten noch vor seinem Tode einer Revision und zeichnete sie in kleinerem Maßstabe, in welchem sie dann in der Friesschen Ausgabe erschienen. Obwohl roh in Ausführung, zeigen die Karten doch daß der Zeichner einen gewissen Grad von Verständnis für Topographie hatte. Daß ihm das Elsaß aus eigener Anschauung bekannt war, geht aus der Tabula nova klar hervor. Der Hügelzug des Kochersberges z. B. ist gut herausgearbeitet, die Vogesen erscheinen vom Zorntal nach Süden zu als ein mächtiger, breiter Rücken mit einzeln aufgesetzten Kuppen, die besonders nach Süden zu an Höhe zunehmen. Wenn auch der Lauf der Flüsse zu allgemein gehalten ist, so sind doch Einzelheiten gut beobachtet und wiedergegeben worden, so z. B. das Knie der Moder (matra fl.) bei Hagenau (Hagona), die Annäherung der Ill (Alsa fl.) an das Gebirge südlich von Colmar (Colmaria); auch der Lauf der Andlau entspricht ziemlich der Wirklichkeit. Nur der obere Sundgau war ihm nicht bekannt, wie der Lauf der Larg und der Ill beweisen. Übrigens steht der Name „larga fl". an der Doller, in welche er die Thur fälschlich einmünden läßt. Er verzeichnet 60 Orte, von denen die bedeutenderen durch kräftigere Schrift hervorgehoben sind. Neben dem Kloster St. Odilien (S. Otilia) als Kreis gelangen auch Hard, Wald und Hagenauer Forst durch eine etwas merkwürdige Baumsignatur zur kartographischen Darstellung. Siehe Anlage Nr. 1

Waldseemüllers Werk, das man als den ersten großen Atlas ansehen kann, erlebte dann zahlreiche Neuauflagen, von denen hier folgende aufgeführt seien:

1520 bei Joh. Schott mit verkürztem Text aber denselben Karten,

1522 bei Grieninger zu Straßburg durch Lorenz Fries (Phrisius) mit den reduzierten Karten, welche Ausgabe 1535 und 1541 zu Lyon durch Villanova neu aufgelegt wurde,

1525 bei Grieninger durch Willibald Pirkheimer,

1540 bei Hendric Petri zu Basel durch Sebastian Münster.

Vergl. V. Hantzsch, S. Münster: Leben, Werk, wissensch. Bedeutung, in Abhandlungen d. K. sächs. Ges. d. Wissens. Phil. hist. Klasse. Bd. XVIII. 1898/88. Nr. 3.

Diese Ausgabe wieder, die durch Karten von Münster's Hand erweitert war, erfährt bis zum Jahre 1552 noch fünf weitere Auflagen. Seb. Münster bedient sich nun der tabula nova provinciae Rheni sup. als Unterlage zu seiner kleinen und unbedeutenden Karte des „Rhynstramss von Basel bis ghan Mentz (95:170 mm) in seinem Werke „Mappa Europae", das 1536 zu Frankfurt a. M. erscheint. Die Ergänzungen der Kopie beruhen auf eigenen Aufnahmen. Überhaupt war der Autor stets bemüht, das vorhandene Material zu ergänzen, wozu ihm vor allen Dingen die besondere Unterstützung von seiten landeskundiger Personen sehr zu statten kam. Er selbst gab eine Belehrung für die freiwilligen Mitarbeiter an der geplanten Landeskunde, der späteren Kosmographie[1]) sowie eine Anweisung zur Herstellung des Aufnahmeinstruments. Dasselbe besteht aus einer halbkreisförmigen Pappscheibe, deren Rand in 72 gleiche Teile eingeteilt ist. In der Mitte des Durchmessers befindet sich ein Kompaß sowie ein drehbarer Zeiger befestigt. Das Instrument wird nun vermittelst des Kompasses so aufgestellt, daß sein Durchmesser genau von Osten nach Westen verläuft, worauf man mit dem drehbaren Zeiger die einzelnen Orte visiert und deren Himmelsrichtungen zum Beobachtungsort auf der Pappscheibe abliest. Die Entfernungen werden abgeschritten und in Meilen umgerechnet. Nun nimmt man einen Bogen Papier, zeichnet ein Koordinatensystem, dessen Scheitel den Beobachtungsort darstellt. Durch den Scheitel werden die ermittelten Kurslinien gezogen und mittelst eines Zirkels die einzelnen zugehörigen Distanzen auf ihnen abgetragen, wobei man für eine Meile die Breite von „schier zwei Querfinger" rechnet.

Ebenfalls ergänzt und auf Waldseemüller beruhend, soweit sie das linksrheinische Gebiet umfassen, sind die in der *„Cosmographie"* vorkommenden Karten des Rheinlaufs, wovon die „erste Tafel" im Maßstab 1:340000 die Eidgenossenschaft, das Elsaß und den Breisgau, die „andere Tafel" im Maßstab 1:440000 das Gebiet zwischen Straßburg und Coblenz umfaßt.

[1]) Münsters Cosmographie erschien als die Frucht einer 18jährigen Arbeit im Jahre 1544. Sie bildet den ersten namhaften Versuch einer wissenschaftlichen und doch vollständigen Darstellung des erdkundlichen Wissens seiner Zeit. Sie erschien zunächst in deutscher Sprache, um dem Laien zugänglich zu sein, und erlebte bis 1650 46 Ausgaben in sechs verschiedenen Sprachen.

Für einige Gegenden soll ihm hier der große Humanist Beatus Rhenanus aus Schlettstadt behülflich gewesen sein.

Münster's Arbeit diente dann wieder als Vorlage zu Stumpf's *Schweizer Chronik* (Zürich 1548) und zu Stella's merkwürdiger *„gemeiner Landtaffel der deutschen Lande“* von 1560, welche letztere wieder als Unterlage zu Ortelius' Blatt Germania, Nr. 17 in seinem *Theatrum orbis terrarum* von 1570 dient. Ortelius kopiert kritiklos die Vorlage; trotz der Menge des ihm zugänglichen Materials entsteht ein ungenaues Kärtchen des Elsasses, das aber immerhin noch besser ist als die Darstellung auf Blatt Nr. 13 *Gallia* derselben Ausgabe.

Wohl nach dem Vorbilde anderer Länder, vor allem Bayern's (durch Philipp Apian 1568 mappiert), wollte auch die vorderösterreichischen Regierung eine eingehende Karte ihrer Besitzungen erlangen. Die Stadt Straßburg wurde also am 24. V. 1571 beauftragt, einen erfahrenen Maler (!) ausfindig zu machen, welcher eine Karte der vorderösterreichischen Lande „mit aller gelegenheit der stätt, schlösser, flecken, gehölz, gepürg und wasser“ anfertige. Aber in Straßburg sah man ein, daß ein Maler dies nicht könne und so berief man ein „sondern mathematicum et geographum“ namens Konrad Dasypodius, den Erbauer der Straßburger Münsteruhr. Da man aber nach dem Bericht der Ensisheimer Regierung vom 7. III. 1573 dessen Preisforderung von 1000 Kronen, 4 Fuder Wein und 16 Fuder Holz zu hoch fand, so schloß man mit dem bekannten Zeichner und Stadtbaumeister Specklin für 200 Thaler ab.

Vergl. F. v. Apell Geschichte der Befestigung von Straßburg. Strbg. 1902, wo. Literaturangaben.

Dieser, in seiner Jugend Formschneider und Seidensticker, dann bekannter Festungsbaumeister, ist mit der Aufnahme der Karte 1574—75 beschäftigt, vollendet den Stich in Kupfer 1576 und überreicht am 27. II. „der Stadt Straßburg und allen Ständen zu Ehren“ dem Rat „Bürgerpflicht halb“ das erste Exemplar seiner Charte des Elsasses.

Der Karte, die sehr eingehend, aber keineswegs immer richtig ist in Orientierung und Entfernung, sieht man sofort an, daß sie das Werk eines Zeichners, nicht aber eines Geographen vom Fach ist. Die Aufnahme wird wohl kaum anders als durch Festlegung von Kurs und Distanz erfolgt sein, Begriffe, die Specklin als Festungsbaumeister vertraut gewesen sein mußten. Der größere Maßstab und die eingehende Detaillierung — sie enthält alle damals vorhandenen Ortschaften,

Schlösser usw. — geben ihr einen bleibenden historischen Wert. Dieser, sowie ihre Bedeutung für die Kartographie des Elsasses als auch ihre Seltenheit heutzutage, haben den Anlaß gegeben, die Karten in Originalgröße hier nachzubilden. Leider sind die Kupferplatten in der Schreckensnacht vom 24./25. August 1870 beim Brande der Stadtbibliothek mit anderen unersetzlichen Werken zugrunde gegangen.

Siehe Anlage Nr. 2

Zwar erübrigt die Beigabe der Karte jede weitere Kritik, jedoch möge hier immerhin auf einige besonders auffällige Punkte aufmerksam gemacht werden.

Eine Projektion liegt der Karte nicht zugrunde, das Blatt zeigt nur ein quadratisches Netzwerk, von dem 25 Teile auf die Länge, und 8 auf die Breite entfallen. Die Abszisse des Netzwerkes fällt naturgemäß mit der Längsachse des Elsasses zusammen und weist eine östliche Abweichung vom Meridian im Betrage von 14° auf.

Die Entfernung der einzelnen Orte ist ungenau und ergibt für die Karte ebensoviele Maßstäbe als Messungen. Dies erhellt aus folgender Tabelle:

Strecke	Entfernung auf Sp.'s Karte in mm	Entfernung wirkliche Luftlinie km	Maßstab
Straßburg—Basel . . .	588	113,55	1 : 194 813
„ —Colmar . .	330	54,9	1 : 166 366
„ —Lauterburg	298	53,8	1 : 181 544
„ —Zabern . . .	162	33,7	1 : 208 025
„ —Niederbronn	222	42,—	1 : 189 185
„ —Markirch .	280	56,5	1 : 201 786
„ —Münster	386	75,7	1 : 196 114
Münster—Zabern . . .	422	80,2	1 : 190 048
Lauterburg—Niederbronn	196	39,—	1 : 198 979
Salm—Krafft	250	40,6	1 : 172 400
Weißer-See—Breisach-Brücke	220	38,25	1 : 173 869

woraus sich ein mittlerer Maßstab von rund 1 : 188 000 ergibt.

Aber noch ein zweiter bedeutenderer Fehler ergibt sich beim Vergleich der O-W und der N-S Dimensionen. Vereinigen wir nämlich die wenigen Messungen der Breitenausdehnung zu einem mittleren Maßstab, so erhalten wir den Wert von rund 1:184000, während die Maße der Längenausdehnung einen solchen von 1:191000 ergeben; das Elsaß ist also im Verhältnis zu seiner Breite zu lang ausgefallen, ein Fehler, der wohl auf das erschwerte Vermessungsverfahren bei Eindringen in die Vogesen zurückzuführen ist. Daß darunter der Karteninhalt leidet, liegt auf der Hand. Die Täler in NS Richtung werden im Gegensatz zu den querverlaufenden zu lang eingetragen. Überhaupt ist der Lauf der Flüsse nur ganz allgemein angedeutet, und charakteristische Windungen kommen ganz in Wegfall. Dies gilt z. B. von der Breusch. Von der Quelle, die als „Fons Brusch" bezeichnet ist, nimmt der Lauf sogleich die NON Richtung ein, statt zunächst die kurze Strecke nach W zu fließen, um dann in scharfem Bruch umzubiegen, dann ein Stück die Richtung nach N einzuhalten, und schließlich ihren großen Bogen zu beschreiben. Auch das sehr scharfe Knie bei der Einmündung der Mossig wird durch einen recht flachen Bogen ersetzt, wonach der Lauf in gerader Linie auf Straßburg zu fortgesetzt wird. Dasselbe gilt auch von ihrem Nebenfluß, der Magel. Während die drei Quellbäche ganz richtig eingezeichnet sind, erscheint ihr ganzer Lauf als ein sanfter Bogen, der allmählich in den wirklichen nördlich gerichteten Unterlauf übergeht, das scharfe Knie bei Grendelbruch und dasjenige unterhalb Girbaden bleiben ganz unberücksichtigt. Gut dagegen gibt Specklin die Magelbifurkation [1]), die dann aber später von den Kopisten sehr oft nicht verstanden wird und zu mannigfaltigen Änderungen des hydrographischen Netzes auf der Karte führt. Auch der Lauf der Mossig, des linken Breuschzuflusses, ist mit seinen starken Krümmungen einigermaßen gut gegeben, während wieder die großen Mäander der Ill oberhalb Straßburg als sehr abgeflacht erscheinen.

Die Folge dieser Fehler im hydrographischen Netz ist nun eine falsche Lage der Orte zum Flußsystem. Dachstein

---

[1]) Die Bifurkation ist künstlich und bezweckt Speisung der Orte Rosenweiler und Rosheim (mündl. Mitteilung des Herrn Gerock). Dieser sogenannte Rosheimer Bach verläßt die Magel bei der „Fischhütte" etwa 3 km unterhalb Grendelbruch bei 350 m. ü. M. und wird dann mit einem Gefälle von 0,6% über die 300 m hohe rechte Talseite des Mageltales geführt, um dann auf der anderen Seite mit 3% Gefälle Rosenweiler zuzufließen.

z. B. kommt unmittelbar an die Breusch zu liegen, Avolsheim liegt links vom Fluß, beinahe an der Mossig, statt rechts von der Breusch; Wolxheim wird statt von der Breusch von der Mossig durchflossen usw. Vielleicht hat Specklin den kleinen unbedeutenden Dachsteiner Bach als den Hauptarm der Breusch aufgefaßt, wodurch diese Fehler erklärt würden, immerhin läßt dies auf eine große Flüchtigkeit in der Aufnahme schließen. Im allgemeinen ist die Orientierung der Orte zueinander in der Ebene ziemlich genau, im Gebirge aber wird sie zuweilen grundfalsch, so z. B. am Odilienberg: St. Nabor liegt beinahe zwischen Ottrott (Sp: Oterot) und Oberehnheim (O. Ehenheim). Die Spesburg liegt statt auf demselben Höhenrücken mit Schloß Andlau jenseits des Andlau-Bachs auf der gegenüberliegenden Talseite. Schloß Kagenfels liegt in mehr als doppelter Entfernung vom Odilienberg, aber ganz richtig eingeschlossen von Vorbach- und Ehntal, während die Dreisteinschlösser (Sp: 3 Steinen) SW vom Kagenfels direkt dabei auf demselben Bergkamm liegen, statt östlich davon und jenseits des Vorbachtales. Aber Ottrotter Schlösser, die verschiedenen Klosteranlagen und Schloß Landsberg liegen wieder ganz richtig zueinander. Merkwürdigerweise fehlt das Hagelschloß, sowie Birkenfels, wofür nur der Name „Birk" auf einer Bergkuppe erscheint. Man wird wohl nicht fehl gehen, wenn man annimmt, daß Specklin diese Gegend nicht bereist hat, sondern sich vom Odilienberg herab erklären ließ.

Ähnliches gilt von den mit Namen genannten Bergkuppen. Das Mintzfeld (als ein See mit den Namen „Miltzfeld" eingezeichnet) liegt zum Odilienberg südlich und zum Hochfeld (Sp: Hofelt) nordöstlich statt nördlich. Großer Donon (Gr. Thonn) und kleiner Donon (kl. thon) sind vollkommen von einander getrennt. Der Glöckelsberg erscheint als einzelne Kuppe, von dem dahinterliegenden Hügelzug nach Oberehnheim ist nichts verzeichnet, während doch die Hausberger Hügel als „Haldenberg"[1]) und der Kochersberg ganz richtig als zusammenhängende Gruppe erscheinen.

Die Seen sind stets zu groß und fast immer in elliptischer Form mit lappigen Ufern gezeichnet, die langgestreckte schmale Gestalt der Niederbronner Gegend kommt nicht zum Ausdruck.

---

[1]) Name der von den Straßburger Bischöfen erbauten Burg, die durch die Straßburger im Kampfe gegen Walther von Geroldseck 1261 vollständig zerstört wurde.

Der Weiße und Schwarze See, die doch nur durch eine Felswand getrennt sind, liegen weit auseinander und in falscher Orientierung zu einander.

Im Gebirge fehlt die Waldsignatur gänzlich, dagegen dient der Hartwald und der Hagenauer Forst als geeigneter Platz zur Unterbringung der Grafschaftswappen, zu denen sich dann noch die einzelnen Herrschaftswappen als Vorläufer des späteren überreichen Kartenschmuckes gesellen.

Von den Rheinübergängen kennt Specklin: Basel, Breisach und Straßburg; an Vororten von Straßburg finden wir Ruprechtsau, Schilkh (Schiltigheim) mit Schloß Hegle [1]), Bisch (Bischheim) und Henh (Hönheim). Dabei fällt uns auf, daß der Verfasser die Ortsnamen zum Teil niederschreibt, wie er sie von der Ortsbevölkerung ausgesprochen hört, so Augenum für Auenheim, Ropenum für Roppenheim, Blessen für Bläsheim, Marlen für Marlenheim, Undersberg auch heute noch für Ungersberg, Mitelwihr für Mittelweier, Beblen für Bebelnheim, Hunewihr für Hunaweier usw.

Mit der nun stets fortschreitenden Entwicklung des Buchhandels werden jetzt Karten einzeln oder zu Atlanten vereinigt ein begehrter Artikel, und um der Nachfrage nach Karten am einfachsten und schnellsten nachzukommen, mußte Specklin's Werk als die einzig eingehende und immerhin hervorragende Arbeit einfach als Vorlage dienen. Dieses mehr oder minder direkte Abschreiben sollte sich, wie bereits eingangs erwähnt, auf nahezu zwei Jahrhunderte hinaus ausdehnen. So sehen wir z. B. den bei Specklin zum ersten Mal auftretenden Miltzfeldsee sich durchweg auf allen Karten wiederholen und sein Abfluß nach der Magel erfolgt besonders bei Nic. Person in Form eines hohen Wasserfalls. Dagegen erschien den Herren Kopisten die Bifurkation der Magel wohl unerklärlich, sie lassen daher den Bach bald durch das sogenannte Rosheimer Meer in das Ehnried abfließen, während dem amputierten Unterlauf der Magel bei Mollkirch eine neue Quelle zugewiesen wird; bald behält auch die Magel ihren richtigen Lauf bei, und nur der Rosheimer Bach bekommt eine Quelle unterhalb des Magelknies. Auch inzwischen abgegangene Ortschaften und zerstörte Schlösser leben durch das andauernde Abschreiben bis in das

---

[1]) Schloß Hegle lag östlich von Schiltigheim in dem 1392 neugegründeten Ort Adelshoffen und wurde 1690 niedergerissen.

achtzehnte Jahrhundert fort, so z. B. das Dorf Hundsfelden am rechten Rheinufer etwas oberhalb Straßburg, das schon einige Jahre nach der Erstellung von Specklin's Karte von dem Markgraben von Hanau zerstört worden war.

Auf Grund dieser, sowie zahlreicher ähnlicher später zu erwähnender Kriterien ergibt sich ungefähr folgende Filiation der Karten:

Der erste, der sich Specklin's Karte zunutze machte, ist Mercator. Seine Alsatia, Landgraviatus cum Suntgoia et Brisgoia (785:380 mm) (K) erscheint als ein fliegendes Blatt mit holländischer Legende auf der Rückseite und ist erst nach seinem Tode durch seine Nachfolger verbreitet worden. Dagegen ist die zweite Bearbeitung der Vorlage in zwei Karten Alsatia superior und Alsatia inferior (K) aufgelöst in seinem „*Atlas sive cosmographicae meditationes* ... Duisburg 1595 (L) eingeheftet worden. Schon diese ersten Kopien bedeuten einen gewaltigen Rückschritt im Kartenbild des Elsasses, indem Mercator besonders in der Behandlung des Gebirges Willkür walten ließ und ganz Wesentliches einfach nicht beachtete. So liegen all die Burgen und Abteien des Odilienberges in der Ebene, der Berg oder die Gruppe ist überhaupt nicht angedeutet. Wieder andere Burgen wie Rappoltstein, Hohkönigsburg (Hohenkingsperg), Lichtenberg usw. liegen auf einer ganz einsamen Bergkuppe, Wasenburg, Winstein, Schöneck, Kagenfels nur mit der einfachen Ortssignatur gegeben, in der Ebene. Girbaden ist einmal auf einem Berg (Alsatia sup.), sonst in der Ebene gelegen. Gerade dieser letztere Fall beweist, daß von einem beabsichtigten Generalisieren nicht die Rede sein kann und daß lediglich die Willkür für die Darstellung entscheidend war.

Die Schreibfehler der Vorlage werden übernommen: Rotang für Rothau, Rell für Kehl und durch Verlesen neue hinzugetan: Astweiler für Altweiler.

Mercators Karten geben nun wieder die Vorbilder ab zu zahllosen Blättern, die von den Niederlanden, aus Amsterdam, und später auch von Nürnberg in den Handel kommen. Nach seinem Tode nämlich waren die noch vorhandenen Exemplare mit den sämtlichen Kupferplatten von Jodocus Hond in Amsterdam 1604 erworben worden, der nun 1607 einen „*Atlas minor Gerardi Mercatoris*“ (L) in 8° herausgab, nachdem schon Bussemecher in Köln 1592 ein „*Fasciculus geographicus*“ von 40 Karten und etwas später im Verein mit Quade einen Atlas auf Mercators Grundlage veröffentlicht hatte. In keiner dieser Ausgaben fehlen die Karten der Landgrafschaft Elsaß in Mercator'scher Bearbeitung.[1])

Kurz vor dem Eindringen der Franzosen in das Elsaß, im Jahre 1636, erscheint eine französische Kopie Specklin's mit dem Titel: „Carte générale de la Haute et Basse Alsace" (G). Der Kopist Le Roy hielt sich genau an die Vorlage, deren Maße er auch übernahm, nur die Legende ist französisch und die Abkürzungen werden erklärt: O (Ober) = dessus, N (Nieder) = au-dessous, dann auch Furst = Forêt!

1637 schon erscheint die zweite französische Kopie Specklin's, von Tassin „Carte de l'Elsace" (P), die, was das linksrheinische Gebiet anbelangt, genau abgeschrieben ist. Tassin versucht auch durch Übersetzen von Ortsnamen die Karte seinen Landsleuten mundgerechter und verständlicher zu machen. Diese Übertragungen sind jedoch bisweilen recht ungeschickt und auch grundfalsch. So erscheint das N (Nieder) und O (Ober) Husbergen der Vorlage als N (nouveau) und V (vieux) Husbergen, Brumpter (Brumather) Wald als Forêt de Brumpter, Fleckenstein als Fleckstin usw.

1644 gibt dann Matth. Merian seine *Topographia Alsatiae* heraus, die 1663 durch seine Söhne Matthäus und Caspar eine vermehrte Auflage erfährt. In diesem Werk, dessen Text wohl der einzige unter allen Merian'schen Topographien ist, den er selbst verfaßt hat, und das wahrhaft künstlerische Kupferstiche enthält, findet sich eine Karte „Alsatia Landgraviatus cum Sundgovia et Brisgovia"; zu der Mercators gleichnamiges Blatt als einzige Vorlage gedient hat. Der Maßstab ist ungefähr 1:500000, doch erfolgte trotz der Verkleinerung keine Reduktion des Inhaltes. Vgl.: H. Eckhardt: M. Merian, Basel 1897.

Um 1660 begegnen wir abermals einer Karte holländischen Ursprungs: Lotharingiae utriusque Alsatiae.. Delineatio per Theodorum Dankerts im Maßstab 1:600000, die, was das Elsaß anbelangt, von Specklin abgeschrieben ist, von der Vorlage aber

[1]) Unbedeutend sind die zeitgenössischen Blätter: Alsatia Landgraviatus cum Sundgoïa et Brisgoïa o. N. o. J. von Mercator genau abgeschrieben und Utriusquae Alsatiae superioris ac inferioris nova tabula o. J. Amstelodami Joannis Janssonii die Wappen nach Specklin. J. Jansson ist der Schwiegersohn von Hond, von dessen Hand die Karte wohl auch stammt.

insofern abweicht, als die Städte als Pläne wiedergegeben sind. Auch die Magelbifurkation erfährt erstmalig eine Modifikation, indem dem Rosheimer Bach süd-östlich der Einmündung der Magel in die Breusch eine eigene Quelle zugewiesen wird. Der Rhein erscheint noch als einfacher Strom, nur bei Freistett sind 4 Inseln eingezeichnet, die ersten Anfänge der späteren Stromdarstellung. Auch verliest sich der Verfasser bisweilen und macht z. B. aus einem Haslach ein Hasbach. Dankerts verstand es nicht, bei der durch den verkleinerten Maßstab notwendigen Einschränkung der Namen eine richtige Auswahl zwischen Wesentlichem und Unwesentlichem zu treffen. Überhaupt fallen die holländischen Darstellungen unseres Landes mehr durch ihr Kolorit als durch sonstige Vorzüge auf.

Nach der definitiven Einverleibung des Elsasses mit Frankreich beginnt ganz natürlich die Vorherrschaft der französischen Kartographie. Nach Tassin ist es Nic. Sanson (Vater)[1]), der unter Zugrundelegen Specklin's eine Karte des Elsasses entwirft, anscheinend zur Zeit, da er Inspektor der Festungen daselbst ist. Sein L'Alsace divisée en ses principales parties (630:415 mm) im Maßstab 1:250.000 erschien posthum bei dem als Kartenmaler in Paris bekannten Charles Hubert Jaillot[2]), der von der Familie Sanson zahlreiche Blätter erwarb und diese mit viel Kunstsinn stach. Die Karte ist von Specklin genau abgeschrieben, nur steht der Name „Magel" am Rosheimer Bach statt an dem Nebenfluß der Breusch. Die Ortsnamen bleiben deutsch, nur wenige französische Namen werden neben den deutschen aufgeführt (Zabern—Saverne).

Dieselbe Karte wurde, bis auf einen kaum nennenswerten Unterschied im Ziertitel, dann noch im selben Jahre in Nürnberg von Joh. Hohmann aufgelegt, sowie als Vorlage benutzt für die 1675 erscheinende: Alsatia divisa in suas Princi-

---

[1]) Nicolas Sanson (Vater) wurde 1600 zu Abbeville geboren, begann mit 21 Jahren seine kartographischen Arbeiten, die er mit Beharrlichkeit während 40 Jahren bis zu seinem Tode zu Paris 1667 fortsetzte. Ludwig XIII. ernannte ihn zum Staatsrat, Ludwig XIV. zum Géographe du Roy.

[2]) Charles Hubert Jaillot war 1640 in der Franche-Comté geboren, war zunächst Bildhauer, gewann aber nach seiner Verheiratung mit der Tochter Berry's, eines Kartenmalers, Freude an der Geographie. Er wurde 1675 zum Géographe ordinaire du Roy ernannt und starb zu Paris 1712.

pales Partes von einem gewissen Joh. Georg Walther in Frankfurt.[1]) Die Maße sind genau übernommen worden.

Vier Jahre darauf, also 1679, erscheint zu Paris eine Arbeit P. du Val's „*Les acquisitions de la France par la paix* . . .“ usw. . . ., in der sich eine kleine (90:110 mm) Karte: Le Landgraviat de la haute et basse Alsace et la protection des dix villes Impériales, befindet und die von Sanson abgeschrieben ist.

1688 beginnen mit Riegel's Vollständiger Charte des ganzen Rheinstroms eine Reihe von Karten, die trotz ihres hydrographischen Titels alles andere als Stromkarten sind. Schon die Disposition der Inseln, die den einfachsten Stromgesetzen widerspricht, läßt jede Vermutung auf irgendwelche Aufnahme als hinfällig erscheinen und nur diejenigen Karten größeren Maßstabes, zu deren Erstellung auch Spezialkarten und Umgebungskarten der größeren Städte herangezogen wurden, können einen gewissen Anspruch auf Genauigkeit im Strombett erheben.

Nicht besser als Riegel's Karte ist der Geographische Grundriß des gantzen Rheinstroms in Hoffmann's *Martialischem Schauplatz des lustreichen und zugleich blutigen Rheinstroms* vom Jahre 1689 in 8° mit Bildern und Karten, Nürnberg (L).

Ihnen schließt sich an Le Rouge's Cours du Rhin de Bâle à Hert près Philipsbourg (G) (L), contenant l'Alsace et partie du Brisgau, suivant les dernières observations des Mrs. de l'Académie des Sciences in 5 Bildern von 735:520 mm.

1700 erscheint dann bei Danet in Paris die von seinem Schwiegervater N. de Fer[2]) gezeichnete Karte: Haute et Basse Alsace .... avec les divers routes et passages des Montagnes pour entrer en Souabe, im Maßstab 1:333.333 (650:505 mm). Man erwartet eine Straßenkarte, täuscht sich jedoch sehr; Straßen zeigt nur die rechtsrheinische Seite, und da nur recht oberflächlich und allgemein angedeutet. Diese Karte ist unter Zugrundelegung einer zeitgenössischen fran-

[1]) Derselbe Verfasser entwirft auch 1675 ein Totius fluminis Rheni novissima descriptio, zu der gleichfalls Sanson's Arbeit für das Elsaß benutzt wird.

[2]) Nicolas de Fer (1646—1720) Kupferstecher und Geograph. Er besuchte die hauptsächlichsten Gegenden von Europa, erlangte den Titel „Géographe du Roy“ und stach mehr als 600 Karten.

zösischen Bearbeitung Specklin's und besonders unter Zuhilfenahme Person's (siehe später) dessen Rheinbild N. de Fer genau übernahm, entworfen und zeitgemäß verbessert worden, indem schon das 1699 aufgeworfene Neu-Breisach eingetragen ist. Ob de Fer wirklich nach Specklin gearbeitet hat, wie der Titel angibt, erscheint auf Grund eines Vergleichs der Ortsnamen mehr als zweifelhaft, denn während Specklin die ortstümliche Aussprache Ropenum, Kuntzenum, Augenum usw. anwendet, kennt de Fer schon die hochdeutschen Namen z. B. Ropenheim, Kuntzenheim, Augenheim usw., dagegen erscheint das O. Ehenheim und N. Ehenheim Specklin's als Haut-Nay und Bas-Nay, was wohl als eine zweite Übersetzung des damals schon französischen Obernai aufzufassen ist. Von Person übernimmt dann auch N. de Fer den „Kopf", heute Bobenthaler Knopf bei Weißenburg, der als wirklicher menschlicher Kopf eingezeichnet ist. Diese Karte läßt ebenso, wie alle übrigen Arbeiten de Fer's, sehr an Genauigkeit zu wünschen übrig, aber die reichen Ornamente, mit denen er seine Blätter ausstattete, bewirkten einen reißenden Umsatz. Es ist dies charakteristisch für das damals kartenkaufende Publikum und läßt uns die Gleichgültigkeit der Kartenzeichner in Bezug auf genaue Darstellung um so verständlicher erscheinen.

Um dieselbe Zeit erscheint Vis(s)cher's Totius Alsatiae novissima tabula. Die Karte ist dem Inhalt nach zwischen 1681 und 1699 entworfen worden, da Straßburg bereits mit Citadelle erscheint, Neu Breisach aber noch nicht verzeichnet ist. Sie ist ziemlich eingehend, hat fünf Ortssignaturen und zeigt schon Straßen im Elsaß. Die Magel behält ihren richtigen Lauf, der Rosheimer Bach dagegen bekommt eine neue Quelle. Die steilen Seitenwände des Krontales sind gut gegeben. Neben Person's Arbeit ist eine dritte französische Vorlage benutzt worden, wie aus einigen wenigen französischen Ortsnamen hervorgeht. (Waselon für Waselonne = Wasselnheim).

Von Straßen zeigt das Blatt folgende:

1. Straßburg—Marklesen—Biesen—Blodelsen—Basel.
2. „ —Schlettstadt—Colmar—Ob-Entzen—Mülhausen.
3. „ —Hagenau—Weißenburg.
4. „ —Irmstett, hier einmündend in die Straße Rosheim—Marlen.

5. Mülhausen—Thann.
6. Ob-Entzen—Biesen.
7. Biesen—Colmar.
8. Schlettstadt—Rosheim—Dompeter—Marlen—Zabern—Pfalzburg.

Eigentümlich berührt uns hier die große Ortssignatur für Dompeter, ein Dorf, das in den Kriegsläuften des siebzehnten Jahrhunderts eingegangen war, und von dem um diese Zeit nur die kleine Kirche und einige Gehöfte vorhanden waren.

Vgl. A. Straub: Die abgegangenen Ortschaften des Elsaß. Straßb. 1887.

Etwas später fällt dann Valk's Superioris Rheni circuli complectens praeter Lotharingiae Duc. et Alsatiam . . . 605:495, ein unbedeutendes Blatt, das schon Neu-Breisach zeigt, Straßburg aber ohne die Citadelle aufführt. Dieser und ähnliche andere Fälle beweisen, wie wenig man sich auf den Karteninhalt berufen darf, um die Abfassungszeit zu bestimmen.[1])

Das siebzehnte Jahrhundert schließt mit Sanson's zweiter Karte: L'Alsace divisée en ses principales parties scavoir . . . (445:650 mm). Dieses Blatt, im Maßstab von etwa 1:360000 und von Jaillot gestochen, entstand wie das erste während Sanson's Aufenthalt im Elsaß; es enthält alle seit der Okkupation aufgeworfenen Festungen mit Ausnahme der Straßburger Citadelle und Neu-Breisachs.[2])

Das Jahr 1703 nun bedeutet für die Kartographie des Elsasses durch das Erscheinen von Georg Friedrich Meyer's Alsatiae superioris et inferioris accurat. geograph. descriptio (530:1580 mm) (L) bei Joh. Luc. Hoffmann zu Basel, einen Fortschritt insofern, als diese Karte in Maßstab und Detaillierung der Specklin'schen gleich, diese durch die erstmalig strengere Systematisierung der Signaturen für Wohnstätte, sowie durch zeitgemäße Verbesserung noch übertrifft. Unter Beibehaltung der Länge der Specklin'schen Vorlage verbessert er zunächst deren Fehler durch Verbreiterung des Elsasses. Daneben

[1]) Vom gleichen Autor stammt eine Pars summa seu Australis superioris Rheni circuli ohne Bedeutung. Diese Blätter sind gleich den übrigen holländischen Karten sehr bunt.

[2]) Dem siebzehnten Jahrhundert gehören noch an folgende unbedeutende Karten an: Ganz neue Vorstellung des Rheinstroms von Basel bis Coblenz. 4. Bl. Folio. Homann. Rhenus fluviorum Europae celeberrimus. Visscher. Landgraviatus Alsatiae Superioris et inferioris. J. Dankerts. Karte von Lothringen, Elsaß, Franche-Compté. o. N.

benutzt er Person für den Rhein und die Festungen, übernimmt auch von ihm den bereits erwähnten „Kopf" mit seiner merkwürdigen Darstellungsart. Im übrigen hält er sich an Specklin's Arbeit, so daß inzwischen eingegangene Ortschaften, wie Altbrun bei Dachstein, Schloss Hegle, Haldenburg usw., noch vorhanden sind. Von dem eingegangenen Dorf Schmalental im oberen Zinseltale dagegen ist entgegen Straub's Behauptung nur ein einzelnes heute noch vorhandenes Gehöft eingezeichnet, ebenso wie das untergegangene Dorf Dompeter bei Avolsheim nur als einzelnes Haus für die noch stehende Kirche erscheint. Einzelheiten wie z. B. der Ebertheimer Hof bei Thann, der enge Eingang in das Krontal mit seinen steilen Wänden lassen die Vermutung aufkommen, daß Meyer das Land entweder teilweise bereist habe, oder daß er doch Spezialkarten zur Verarbeitung heranzog. Die große Ähnlichkeit, die zwischen Meyer's Arbeit und Visscher's oben erwähnter Karte in Bezug auf eine Anzahl Namen wie Waselon, Briswisheim, Schorle usw. und in Bezug auf Straßenführung besteht, läßt auf eine gemeinsame französische, heute verloren gegangene, Quelle schließen. Von einem gegenseitigen Abschreiben kann nicht die Rede sein, da Visscher's Arbeit älter, bedeutend kleiner und inhaltsärmer ist als Meyer's Karte.

Siehe A. Straub: Die abgegangenen Ortschaften des Elsaß. Stuttg. 1887.

1704[1]) tritt Guillaume de l'Isle[2]) mit seinen drei Blättern des Cours du Rhin et les pays adjacens (P) hervor, die dann sowohl von den Homann'schen Erben in mehrfacher Auflage[3]) als auch durch den Amsterdamer Verlag von Jean Covens et Corneille Mortier auf den Markt gebracht werden. Als Vorlage dienten Sanson's Blätter wie z. B. die Namenverwechslung des Magelbaches mit dem Rosheimer-Bach u. a. m. beweisen. Die Straßenführung ist genauer und von den Pässen in den Vogesen hier als „Vogels-Berg" bezeichnete ist der „Passage du Bonhomme" mit Namen versehen.

---

[1]) Inzwischen erschien 1703 das kartographische unbedeutende Théâtre de la Guerre pour les mouvements présens des armées en Allemagne et en Alsace von Barth.

[2]) Guillaume de l'Isle auch Delisle (1675—1726) ist der ältere Bruder des Joseph Nicolas de l'Isle (1688—1768), dem zu Unrecht die von ihm angewandte Projektion zugeschrieben wird. Diese Modifikation der Kegelprojektion ist bereits von Mercator auf seinen Atlaskarten von Deutschland und Frankreich angewandt worden.

[3]) Cursus Rheni a Basilea usqua ad Bonnam.

Bald darauf erscheint dann in Amsterdam bei Reinier et Josué Offens das ebenfalls von Gu. de l'Isle entworfene und gute Théâtre de la guerre ou Carte nouvelle de le Cours du Rhin (P) in drei Blättern, wovon uns die zwei folgenden angehen:

1. depuis Strasbourg jusqu'à Bonne et les pays adjacens,
2. au-dessus de Strasbourg.

Die Karten sind gut, deutlich und zeigen schon ziemlich die Technik der Cassinischen Karte.

1706 glaubt sich ein „amateur de la géographie" dazu berufen, die Meyer'sche Karte unter Beibehaltung ihres Maßstabes aber in „Forme portatile", d. h. in Blättern 15:15 cm zerlegt und gebunden herauszugeben. Der Verfasser beabsichtigte also eine Art Reiseführer zu schaffen, was in diesem Falle besonders bemerkenswert ist, als die damaligen dem reisenden Publikum zur Verfügung stehenden Itinerarien kaum mehr als ein Straßenschema bedeuteten; höchstens wurde das unmittelbar an die Straße grenzende Gelände notdürftig angedeutet. Im übrigen bildet die recht schlecht gezeichnete Karte eine Sehenswürdigkeit, was die Verdrehung von Ortsnamen anbelangt.

1707 gibt H. Jaillot eine neue Karte heraus: L'Alsace divisée en ses principales parties: 1. La Basse Alsace, 2. La Haute Alsace (L). Das Blatt ist von Sanson abgeschrieben, der Rheinlauf nach Meyer verbessert und die Festungen zeitgemäß ausgeführt. Im übrigen erinnert die Karte an Specklin: Hundsfeld, Hegle, Haldenberg usw. sind noch vorhanden, Dreistein, Schmalental usw. haben immer dieselbe falsche Lage, nur die Magelbifurkation ist aufgelöst, und zwar so, daß der Rosheimer Bach dem immer noch vorhandenen Mintzfeldsee entfließt und die Magel bei Mollkirch eine neue Quelle erhält.

Ein Jahr darauf erscheint zu Paris Gaspard Baillieu's Partie du Cours du Rhin (K) im Maßstab von etwa 1:200.000 aus den drei Blättern bestehend: „Partie de la Haute Alsace . . ., 2. Partie . . . où se trouvent les villes de Haguenau et Fort-Louis und 3. Partie . . . où se trouvent les villes de Strasbourg avec son territoire. Die Karte ist entweder von Specklin direkt oder doch von einer genauen Kopie wie solche Sanson-Jaillot herausgaben, abgeschrieben und zum Teil durch eigene neue Aufnahmen an Ort und Stelle ergänzt. Der Rhein erscheint übertrieben breit, das Gebirge in Hochplateaumanier ist bis zu den Vorhügeln nach Schiltigheim bei Straßburg geführt. Baillieu führt zum ersten Mal Schlachtdaten auf der Karte des Elsasses ein.

vergl.: Sandler, M. Seutter u. seine Karten in den Mitteil. des Vereins für Erdkunde. Leizig 1892/4.

Nach einer Pause von dreizehn Jahren tritt nun Matthaeus Seutter 1720 mit seiner Karte: Alsatia landgraviatus c. utroque marchionatu Badensi, Sundgovia etc. (L) in die Reihe der Kartographen des Elsasses ein. Allerdings ragen die Karten der Seutter'schen Offizin, der nennenswerten Konkurrentin der Homann'schen mehr durch die Quantität als durch die Qualität hervor. Zu ihrer Erstellung wurde Vischer's Arbeit um 1699 genau abgeschrieben, zwischen Ill und Rhein aber hohe Bergkuppen eingeführt. Mit diesem Blatt stimmen in Maßstab und Inhalt vollkommen überein J. B. Homann's Landgraviatus Alsatiae tam superioris quam inferioris (L), dann Sandrart's Totius Alsatiae noviss tabula (L), sowie Schenck's Sup. atque interioris Alsatia. (L) Ihre gemeinschaftliche Quelle ist Visscher, nicht ausgeschlossen ist ein gegenseitiges Abschreiben, doch gleichen alle Blätter so sehr der gemeinsamen Vorlage und haben alle dieselben Fehler, daß wohl schwer zu bestimmen ist, ob und inwieweit die einzelnen Autoren von einander abgeschrieben haben. Von Seutter's Schwiegersohn und Schüler Tobias Conrad Lotter, der eine Karte Superioris atque inferioris Alsatiae tabula stach, die vollkommen mit den oben genannten Blättern übereinstimmt, werden wir als sicher annehmen dürfen, daß er Seutter's Karte als Vorlage benutzte.

Inzwischen erschien 1727 Laguille's *Histoire de la province d'Alsace* (L), in welchem Werk eine Carte de la Haute et Basse Alsace dressée sur les Mémoires les plus récens à Strasbourg chez J. R. Doulseker (890:340 mm) eingebunden ist. Das schlechte unkolorierte Kupfer ist von N. de Fer kopiert, zu den übernommenen Fehlern Specklin's wie falsche Ortslage zum hydrographischen Netz usw. kommen neue, vor allem aber wird die Breite des Elsasses noch mehr verringert. Das Illried bei Schlettstadt artet nunmehr zu einem in zahllose Wasserläufe aufgelösten Fluß-System aus, sodaß auf späteren Kopien die Ill hier mindestens ebenso mächtig erscheint als der Rhein. Während die Karte das nunmehr vor nahezu 150 Jahren abgegangene Dorf Hundsfeld bei Straßburg noch zeigt, erscheint neu der Vorort Königshofen und die «Chartreuse» (Karthause). Die wenigen Übersetzungen der Ortsnamen sind durchweg gut; so erscheinen Ober-, Mittel- und Unter-Husbergen als Haut-, Moyen- und Bas-Husbergen.

1730 gibt Seutter sein im ungefähren Maßstab von 1:120000 gehaltenes Blatt Alsatia superior et inferior, III tabulis delineata per Jacques Michal heraus. Hier liegt Specklin zugrunde, was hervorgeht aus der richtigen Magel-bifurkation, denselben Flußlauffehlern, falschen Ortslagen und Schreibfehlern. Durch Einführungen neuer Signaturen wird die Karte eingehender noch als Meyer's Blatt; Erzgruben, Sauerbrunnen, «Gesundbäder» Poststellen und dgl. mehr kommen zur kartographischen Darstellung, dagegen fehlen die Straßen, und das Gebirge erscheint in kindlich naiver Weise als einzelne steile und hohe Kegel mit Lichteinfall von Norden. Einige dieser riesigen Bergkuppen sind auch auf dieser Karte zwischen Ill und Rhein aufgeführt. Gut ist hingegen die bis Schiltigheim vorrückende Geländestufe gegeben. Die bunt kolorierte Karte ist als Plattkarte behandelt worden.[1])

M. J. F. S[charffenstein's] *„Historische Generalbeschreibung von Ober- und Niederelsass“* in 8° enthält eine mit Hilfe der «Carte de quelques Fortresses» (siehe weiter unten) das Joh. Conrad Fuchs von 1707 hergestellte Neue Accurate Land-Carte von Denenjenigen Ländern, die vom Ober-Rheinischen Chreys der Cron Frankreichs überlassen worden in 15 Blättern von 15:15,5 cm.

Unter den jetzt an Zahl immer rascher zunehmenden Karten seien hier noch besonders hervorgehoben:[2])

1740. Eine Neubearbeitung von de l'Isle's Karten als Cursus Rheni a Basilea usque ad Bonnam in drei Blättern

---

[1]) Von Seutter's Hand sind noch zu nennen folgende weniger bedeutende Blätter: Cursus Rheni infra Argentoratum usque ad Wormatiam, Cursus Rheni supra Argentoratum et Regiones adjacentes. Sie gehören zu seinem Circulus Rhenanus superior.

[2]) Weniger bedeutend sind:

1734. Theatrum Belli ad Rhenum sup. bei Homann.

1743. La haute et basse Alsace par Le Rouge, kopiert von Meyer.

1748. Lorraine et Alsace par le Sr Robert in Dom. J. Vaissette: Géographie hist. ecclésiast. et civile. Paris 1755.

1749. Elsass, Lothringen, Barr im Atlas selectus (100 Karten) von Joh. G. Schreibern.

bei den Homann'schen Erben, sowie gegen 1750 eine Alsatia tam superior quam inferior, direkt nach Specklin. Ihnen folgt 1754 Robert de Vaugondy's[1]) L'Alsace divisée en Haute et Basse Alsace et le Sundgau im Maßstab von etwa 1:270000 als eine Kopie eines Sanson'schen Blattes.

Eine ebenfalls gute Karte ist die Arbeit Le Rouge's L'Alsace als Nr. 38 im ersten Band des *Atlas nouveau portatif à l'Usage des Militaires* in 4°, der im Jahre 1756 erschien.[2]) Sehr fein in der Ausführung sind dann auch die beiden Karten: Alsatia antiqua in Band I, pag. 123 und Alsatiae francicae in Band I, pag. 610 in Schoepflin's verdienstvollem Werke: *Alsatia illustrata.*

1765 erscheint die erwähnenswerte Karte Haute et Basse Alsace (295/345) von N. de Fer im Maßstab 1:625000, deren Kupferplatten nach einigen zeitgemäßen Retouchen zur Herstellung des Blattes «Gouvernement et généralités d'Alsace avec les grandes routes» im Jahr 1771 dient.[3])

Den Schluß des Jahrhunderts bilden hauptsächlich eine Reihe von Rheinlaufkarten,[4]) die aber, wie schon erwähnt, trotz

---

[1]) 1688—1766, kurz auch nur Sieur Robert genannt, ist der Enkel Nicolas Sanson's.

[2]) Ein Jahr darauf erschienen die 6 Blätter des «Neuen Kriegstheaters». Sammlung merkwürdiger Begebenheiten des jetzigen Krieges in Deutschland in Kupfer gestochen. o. N.»

[3]) Eine gleichbetitelte Karte war bereits 1766 auf N. d. Fer's Grundlage in einem *Atlas général* méthodique et élémentaire par le Sr. Desnos. Paris 1768 erschienen. (P)

1768 findet sich eine Carte de la Champagne, de la Lorraine et de l'Alsace von Vallet gestochen in der *Cosmographie Universelle* des Mrs. Philippe.

[4]) Carte du Cours du Rhin. 1775 von Tonnet aufgenommen, von Hüningen bis Nambsheim (L).

Carte topographique du Cours du Rhin depuis Bâle jusqu'à Mayence. 6 Bl. in De Beaurain: Histoire des 4 dernières campagnes du Maréchal de Turenne. Paris 1782 in fol. (BA).

Cartes du Cours du Rhin de Germersheim à Bâle. 1778—85. 20 Blätter (Bl. 16 fehlt). (L).

Spezialkarte des Rheinlaufs von Straßburg nach Speyer. 2 Blätter, 1792 von Dewarat.

Dem achtzehnten Jahrhundert angehörig, aber ohne bestimmtes Datum sind folgende:

Cartes du cours du Rhin. (Blatt 7—12, Fort Mortier bis Erstein, in L) o. N.

Cartes du Rhin et des environs de Strasbourg. (L) o. N.

ihres hydrographischen Titels keinen Anspruch auf Genauigkeit im Flußsystem erheben dürfen, einen Vorwurf, den wir auch der sonst mustergültigen und den Abschluß unserer behandelten Entwicklungsperiode bildenden Carte géometrique de France auch kurz Cassinische Karte genannt, nicht ersparen können. Dieses monumentale Kartenwerk, das 1793 erschien, bildet den Abschluß des großartigen Vermessungswerkes, das unter Ludwig XIII angefangen und durch die Kgl. Akademie der Wissenschaften auf streng mathematischer Basis durchgeführt worden war. An der Spitze des Unternehmens stand der Astronom César François Cassini de Thury und nach dessen Tod (1784) sein Sohn Jacques Dominique. Ganz Frankreich war in 184 Blättern in Kupferstich dargestellt, wovon fünf auf das Elsaß entfallen und nach folgenden Städten benannt sind:

Landau, Straßburg, Colmar, Mülhausen, Hüningen. Die Karte, deren Maßstab 1:86400 beträgt, beruht zwar nicht für alle Gegenden auf eigenen Aufnahmen — es wurden für selten betretene Täler der Vogesen wie z. B. hinter dem Odilienberg auch Kataster-Karten herangezogen — sie ist aber nichtsdestoweniger ein epochemachendes Werk, von dessen Erscheinen ab unsere moderne Kartographie datiert; sie beginnt die Neuzeit; Specklins Arbeit hat nur noch einen bibliographischen Wert.

Der Cassinischen Karte aber sollte nur eine kurze Lebensdauer beschieden sein. Auf der endlich gegebenen mathematischen Grundlage schritt man nun auch zur Reform der Darstellung, besonders zur Verbesserung der Terrainwiedergabe.[1])

Cartes du cours du Rhin et des Isles Retranchées devant Neubourg. o. N. (L).

Cours du Rhin depuis Fort Louis jusqu'à Spire.

Carte du cours du Rhin von Hüningen bis Lauterburg (L). 18 Blätter.

Landkarte zum Schauplatz des Krieges der Römisch Kaiserl. Maj. und dero hohen Alliirten am Rhein. o. N. (P).

Grenze und neue Vorstellung des Rheinstroms von Basel bis Coblenz nebst neu beschriebener Feldzüge vom Jahr 1792—93. von Pedetté. 4 Blätter (L).

[1]) Am Ende dieses Jahrhunderts sind noch erwähnenswert:

1781. Carte de l'Alsace von Weiss.

1786. Gouvernement de Lorraine et celui d'Alsace, von dem bekannten Hydrographen Bonne.

1789. Duché de Lorraine, d'Alsace etc. Jaeger exc.

B. Spezialkarten.

Die Spezialkarten sind der Hauptsache nach handschriftliche Karten, die sehr oft zur Lösung von Jahrzehnte dauernden Grenzstreitigkeiten, Flußregulierungen, Flußübergängen, Befestigungsfragen und zur Illustrierung einzelner Gefechte und denkwürdigen Schlachten von mehr oder minder geschickten Zeichnern entworfen wurden. Bei ihnen läßt sich eine viel raschere Entwicklung der Signatur feststellen, was als eine Folge von sinngemäßer Anwendung der Farbe zu betrachten ist, die sowohl als ausschließliches wie auch nur als teilweises Ausdrucksmittel fast immer zur Anwendung kommt.

Die ersten und anscheinend ältesten im Vervielfältigungsverfahren und zwar im Holzschnitt hergestellten Karten finden sich in Seb. Münsters *„Kosmographey“* im dritten Buch und zwar eine Darstellung des Rheintals von Basel bis Straßburg (13,5 : 9 cm) sowie eine solche des Lebertales, wobei besondere Rücksicht auf die Bergwerke gelegt wurde. Diese Karten sind äußerst roh und primitiv in der Ausführung und könnten ebensogut als Darstellungen aus der Vogelschau angesehen werden, wenn ihnen nicht die Grundgesetze der Perspektive fehlen würden. Münster gibt selbst seine Karten als abgeschrieben an, ohne aber die Quelle zu nennen; auch konnte ich für das Blatt des Lebertales keinerlei Vorlage feststellen.

Ihm folgt Abraham Ortelius mit zwei Kärtchen in seinem bereits genannten *Theatrum orbis terrarum.* Das eine „Basiliensis Territorii Descriptio nova“ ist von Münster abgeschrieben, während das zweite Argentorati agri descriptio nach seinen eigenen Angaben von Specklins Karte kopiert ist. 1576 begegnen wir einer Alsatia inferior, gleichfalls aus Specklin entnommen. Das Kärtchen im Maßstab von ungefähr 1 : 240000 umfaßt die Gegend Erstein—Rheinzabern, Dagsburg—Bitsch und ist ziemlich roh in der Ausführung.

1579 beginnt dann Specklins Tätigkeit in Spezialkarten mit einer Karte des Ödenwalds (S.A.) zu beiden Seiten der Mossig zwischen Wangenburg und Romansweiler zum Zweck

Ohne bestimmtes Datum sind:
Carte de l'Alsace divisée en haute et basse, par J. B. Nollin.
La Carte de l'Alsace, de la Lorraine, Roussel sculpsit.
Neueste und vollständige Karte von gantz Elsass, zu finden in Wien bey Artaria et Compagnie. Gest. v. F. Müller.

einer Grenzregulierung; es bleibt nur bei dem Entwurf.[1]) Von Specklins Hand stammt ferner eine Aufnahme der Gegend von Herrenstein-Neuweiler-Dossenheim-Hattmatt (S.A.), auch zur Schlichtung eines Grenzstreites hergestellt. Die strittigen Grenzmarken mit den Wappen der Herrschaften versehen sind wohl nach Erledigung der Regulierung der Karte aufgeklebt worden.

1600 verlegt J. Janssonius zu Amsterdam das sehr klare und übersichtliche Kupfer „Alsatia inferior" (410:337 mm) im ungefähren Maßstab von 1:320000, dem Petrus Kerius mit seinem übersichtlichen Alsatia inferior (K.K.) im Maßstab von 1:550000 folgt.

Dem 16. Jahrhundert gehören noch an: Eine für die damalige Zeit hervorragend schöne Darstellung der Hart (S.A.) zwischen Molsheim, Dorlisheim und Düttlenheim von Kandel in künstlerischem Kolorit und die zum Zweck eines Grenzstreites zwischen Molsheim und Altdorf entworfen wurde. Während das Gebiet, in dem der strittige Grenzstein steht, als Karte behandelt ist, erscheint das zurückliegende Gebirge, in Vogelperspektive gesehen, so daß man, wie überhaupt bei all diesen Darstellungen, über die Frage, ob Vogelschau oder Karte, verschiedener Meinung sein kann. Weniger gut ist Kandels Gegend von Molsheim (S.A.), die vielleicht auch nur ein Vorentwurf zur obigen Karte sein mag.

Wohl in den Anfang des 16. Jahrhunderts zu verlegen ist eine Abbildung der Hohkönigsburg mit weiterer Umgebung, die seinerzeit bei dem Streit um die Form des Burgfrieds der restaurierten Hohkönigsburg von dem Architekten Bodo Ebhardt aufgefunden wurde. Auch diese Darstellung kann als Vogelschau angesehen werden. Vgl. Burgwart X. Jahrg. 1908 bis 1909, p. 51

1601[2]) wird zur Schlichtung eines Grenzstreites zwischen Oberehnheim und Landsberg ein Lageplan dieser Gegend mit dem Kloster Truttenhausen als Mittelpunkt entworfen. Die wie bei all diesen Karten übliche Jagdszene fehlt auch hier nicht (S.A.). In demselben Jahre wird eine Augenscheinskarte von Münchhausen am Rhein aus einem ähnlichen Grunde aufgenommen. Leider gibt der Verfasser der Geschichte Vgl. Dr. A. Postina: Geschichte des Dorfes Münchhausen a.Rh., Straßburg 1909.

[1]) Eine zweite Karte des Odenwalds im selben Jahr fraglich ob von Specklin (S.A.).

[2]) Kurz vorher erschien das unbedeutende: Territorium Argentinum von Schenck und Valk.

des Dorfes Münchhausen nicht an, wo sich das Original befindet. Diese Kärtchen sind insofern von Bedeutung, als sich aus ihnen ein richtiges Strombild des Rheins in früheren Zeiten gewinnen ließe.

1608 erscheint dann *Europae Totius Terrarum.* per Matthiam Quadum chalcographum bei J. Bussemecher zu Köln mit zwei Karten: Alsatia inferior und Alsatia superior. Diese Kupfer, die mit denjenigen des *Fasciculus geographicus* vom gleichen Autor identisch sind, waren bereits in einer ersten Auflage vom Jahre 1594 als Blatt 16 und 17 sowie in der zweiten von 1596 als Blatt 20 und 21 veröffentlicht worden, während sie in der letzten Ausgabe von 1608 als Blatt 29 und 30 figurieren.

In dem 1633 erscheinenden Atlas von Hondius befindet sich ein: Territorij Basiliensis nova descriptio von Petrus Kaerius nebst Text auf der Rückseite, von Münster abgeschrieben.

Bald darauf folgt dann Merian's bereits erwähntes Werk mit zwei Spezialkarten Alsatia superior und Alsatia inferior nach den gleichnamigen Mercator'schen Blättern.

1659 entwarf Samson eine Karte des Bistums Straßburg als „Tribocci Evesché de Strasbourg" im Maßstab von 1:27000 (490:380 mm). Das Blatt ist wie alle Sansonschen Entwürfe übersichtlich und klar, allerdings mit zahlreichen orthographischen Fehlern, die hier auf Verlesen zurückzuführen sind. In der Tat ist die Karte von Specklin abgeschrieben.

1675 veröffentlicht Bernegger seine Schrift: *„Descriptio Particulae Territorii Argentinensis (L)"*, der eine Darstellung des Ensisheimer Treffens vom 24. September 1674 sowie ein Abriss umb Strassburg gelegener Landschaft beigegeben ist. Letzteres Blatt ist an Ort und Stelle aufgenommen, wie Details klar beweisen, so der Schießrain (heute Contades), S. Urban usw., dann auch das Dorf Adelshofen, das um diese Zeit mit Schiltigheim verschmilzt, sogar das Münster wurde genau wiedergegeben.

Nunmehr beginnt auch die Frage der Rheinregulierung nach der heftigen Überschwemmung des Winters 1677—78 die Kartographie in Anspruch zu nehmen. Am 14. Januar 1678 wird dem Rat der Stadt Straßburg eine Karte des Rheinlaufs oberhalb der Rheinbrücke zwecks Vornahme von Dammarbeiten unterbreitet. Derartige Blätter sind noch zahlreich vorhanden, doch ist es z. T. unmöglich, den dargestellten Ort zu bestimmen, da entweder die Akten fehlen, oder, was meistens der Fall ist, das Blatt jeder Überschrift entbehrt.

Ähnlichen Dammarbeiten werden wir in Verbindung mit Befestigungsfragen des Rheinpasses noch öfters begegnen.

In der bereits weiter oben genannten Arbeit P. du Val's *Acquisitions de la France* . . . (1679) befinden sich neben der erwähnten Übersichtskarte auch die beiden Spezialkärtchen (110:90 mm) La Haute Alsace und La Basse Alsace, die von Sanson abgeschrieben sind.

Unter den holländischen Karten ragt besonders hervor das 1680 erschienene Blatt „Argentorati Territorium, vulgo Straßburger Gebiet (K) des C. Allard, eine Karte, die zunächst bei Covens und Mortier zu Amsterdam, schließlich aber im Selbstverlag des Autors erschien und sich durch die Feinheit der Ausführung auszeichnet.

Zu gleicher Zeit gibt Visscher seine von Mercator abgeschriebene „Landgraviatus Alsatiae inferioris novissima tabula heraus (550:450) im Maßstab von ungefähr 1:333 333, welchem Blatt dann sein Superioris Alsatiae folgt. Beide Blätter zusammen geben dann die Hauptunterlage ab für seine oben erwähnte Übersichtskarte.

Noch vor 1681 entstand, angeblich an Ort und Stelle aufgenommen, eine Carte très particulière des environs de Strasbourg (K) von einem gewissen Henri Sengher, secrétaire de Mr le Marquis de Vaubrun en Alsace. Die schlecht ausgeführte Karte (370:300) umfaßt die Gegend Barr—Offenburg—Lichtenau—Zabern und will Turenne's Lager und Schlachten veranschaulichen.

Hervorragend sind dann die Karten und Pläne in Person's *Quotidiani Martis Labores (L)* das in Mainz 1692 herausgegeben wurde und folgende drei Spezialkarten enthält:

1. Rheinlauf von Ottmarsheim bis Schönau
2. „ „ Cappell bis Freystett.
3. „ „ Wanzenau bis Lauterburg

Eine vierte ist insofern interessant, als wir hier den bei Weißenburg als Menschenkopf gezeichneten Berg, den Bobenthaler Knopf, zum ersten Mal vorfinden. Das Werk erfreute sich großer Beliebtheit sowohl bei Laien als bei Kartographen, die nach ihm den Rheinlauf korrigieren. Auch räumt Person mit der von Specklin übernommenen ortsüblichen Aussprache der Namen auf und setzt dafür die hochdeutschen ein. Seine Stadtpläne werden viel und gern kopiert, so von Merian und anderen.

Ohne bestimmtes Datum aber noch ins 17. Jahrhundert gehören folgende Spezialkarten:

Ein Territorium Argentoratense (K, 470:360) nach Specklin von Schenk und Valk in sechs verschiedenen Varianten. Dann der Dorlisheimer Viehweg (SA)[1]) eine handschriftliche Karte o.N., der Bann Wasselnheim (SA) von J. N. Franz, vier Karten des Ödenwalds (SA) von Hans Peter Müller, das Barrer Gebiet (SA) von unbekannter Hand, ebenso wie der Bann von Burgheim (SA) bei Barr.

1701 erfolgt ein Abriß über die Breitschloß-Waldungen (BA) zur Schlichtung des langjährigen Grenzstreites zwischen Hanau-Lichtenberg und Ingweiler-Neuweiler.

1702 erscheint *Le théatre de la guerre dessus et aux environs du Rhin où se trouve l'Alsace* ... usw. par N. de Fer (L), welches Werk in Spezialkarten und Pläne zerfällt. Die Spezialkarten behandeln jeweils ein Stück des Rheinlaufs mit den umliegenden Gegenden, während die am Rhein liegenden Festungen in gesonderten Plänen beigegeben sind. Für uns kommt zunächst in Betracht: La Haute Alsace und Partie du Haut Rhein (!) où se trouvent la H^{te} et B^{sse} Alsace usw. ... dressée sur les mémoires de D. Speckel par N. de Fer, was jedoch nicht ganz richtig ist, insofern als N. de Fer Sanson kopierte und den Rhein nach Person verbesserte. Auch verliest sich bisweilen der Autor oder versteht gar ein Wort nicht und macht aus einem „Landgraben" südlich von Straßburg bei Grafenstaden durch Hinzufügung der Ortssignatur ein Dorf.

Die Karte ist besonders für den Historiker von Wichtigkeit, da sie durch eine doppelt gezogene und rotangelegte Linie die Marschroute des „Monseigneur" im Rheinfeldzuge von 1690 mit seinen durch einen Stern bezeichneten Lagern zur kartographischen Darstellung bringt.

---

[1]) Diese Karte verdient nähere Beachtung: Die Bezeichnung „Viehweg", die in diesen Gegenden oft vorkommt, findet ähnlich wie „Meidensträßel, Hochstraße, Altweg" usw. stets bei noch vorhandenen Römerstraßen bezw. Keltenwegen Anwendung. Viehwege finden wir bei Düttlenheim, bei Benfeld, bei Roßfeld, bei Bolsenheim u. a. O., nur sind sie oft durch Gras überwachsen oder verlieren sich in Wäldern; um so erfreulicher ist daher das Vorhandensein alter Katasterpläne, die deren Festlegung möglichst erleichtern helfen.

Die Karte La Haute Alsace (K) aus dem uns bekannten Pariser Verlag Jaillot vom Jahre 1706 behandelt das Elsaß von Erstein südwärts und ist von Meyer genau abgeschrieben, bietet aber sonst kein besonderes Interesse.

Die 1707 erscheinende Karte einiger an dem Ufer dess Rheins liegender Festungen, wobey die Kaiserl. Bühler, Hagenauer und Weißenburger Linien ... etc. (L) gezeichnet von Johann Conrad Fuchs und verlegt durch Jeremia Wolff in Augsburg (2 Bl. zusammen 50:191) wurde schon erwähnt und ihre Bedeutung für die Kartographie des Elsasses festgestellt.

Die drei Blätter Baillieu's vom Jahre 1708, die zusammen die genannte Übersichtskarte ergeben, seien hier nur kurz vermerkt.

1709 begegnen wir einer handschriftlichen Karte des Bannes von Zellenweiler von unbekanntem Autor (SA) sowie 1711 einem Lageplan von Mühlen an der Andlau (BA) der zum Zwecke einer Brückenanlage über den Bach entworfen wurde.

1717 erschienen drei Rheinlaufkarten von N. de Fer entworfen und von einem gewissen P. Starkman gestochen. Die erste Cours du Rhin depuis Bâle jusqu'à Brisach werden bei Bernard, die beiden anderen Cours du Rhin depuis Brisach jusqu'à Strasbourg und Cours du Rhin depuis Strasbourg jusqu'à Spire beim Schwiegersohn Danet verlegt. Die Blätter sind vergrößerte Kopien von Sanson.

1727 finden wir in Laguille's bereits genanntem Werk eine Karte des Odilienbergs, wohl die erste Spezialkarte des im Elsaß so berühmten und vielbesuchten Pilgerortes.

Mit dem Jahre 1737 beginnen auch der Barrer Wald (Barr, Andlau usw.) und der *Ödenwald,* infolge Grenzregulierungen, eine bedeutende Rolle in unserer Kartographie zu spielen. Besonders scheint das der Stadt Straßburg gehörige Gebiet dieser Waldungen des öfteren vermessen und kartiert worden zu sein, wie das zahlreiche im Straßburger Stadtarchiv aufbewahrte Material beweist. Es handelt sich hierbei nur um handschriftliche Karten, die zur Erledigung von Verwaltungs- und Abgrenzungsfragen entworfen, aber nie gestochen wurden. Besondere Beachtung verdienen hier die Arbeiten des Straßburgers Striedbeck, der schon ganz nach dem Schema der Kataster-Pläne der französischen

Intendanz arbeitet. Von ihm stammen drei Pläne des Kanton Freywald (städtischer Oedenwald), eine Karte des Oedenwalds mit der Einteilung in vier Kantone, 1783 eine Karte des als Silberberg bekannten Teils des Barrer Walds, sowie eine Karte des Kanton Breitenstein im Oedenwald.

Auch im Kupferstich leistete Striedbeck hervorragendes, neben den zu erwähnenden Stadtplänen stach er auch ein Ager Niderbronnensis (K) (220 : 185). Allerdings weniger bedeutend.

Neben Striedbeck befaßt sich dann auch der nicht minder tüchtige J. B. Schmid im Jahre 1777 mit drei Blättern des Barrer Waldes, dann mit einer Aufnahme der Breithen Egerthen bei Oberhausbergen. Alle im Straßburger Stadtarchiv.[1]) Es sind alles durchweg gute und beachtenswerte Arbeiten und können sowohl in Grenz-, Bodenkultur- und Besiedelungsfragen Aufschluß erteilen, um so mehr als sie mit großer Sorgfalt durchgeführt und genaue Maße angegeben sind.

Ebenso hervorragend ist eine aus dieser Zeit stammende Darstellung des Breuschkanals und Umgebung (SA Nr. IV 32) in vier Blättern o. N., die zwar nur skizzenhaft ausgeführt aber auf genauere Vermessung beruht.

Unter den im Bezirksarchiv Straßburg noch vorhandenen und zum Teil den Akten beigehefteten Karten seien folgende besonders hervorgehoben:

Eine Darstellung der drei Hammersweiher aus dem Jahre 1755. Diese Weiher entstanden 1578 durch Sperrung des Niederbachtals[2]), um die nötige Wasserkraft zum Betrieb einer Schmiede zu erhalten. Während bisher das Bächlein

---

[1]) Daselbst befindet sich auch von unbekannten Autoren des achtzehnten Jahrhunderts folgende Blätter:

	Nr. des Katalogs.
Elmersforst, Kanton Graffenwald und Gloßberg	IV. 7
Plan des Oedenwalds	IV. 40
Plan des Hohwalds	IV. 43
Barrer Wald der Stadt Straßburg . . .	IV. 21
Barrer Wald.	IV. 23
Barrer Wald, Kohlschlag	IV. 25
Barrer Wald, Stück des Gemeindewalds . . .	IV. 28
Herrschaft Illkirch mit besonderer Rücksicht auf die Zugehörigkeit der Waldungen	IV. 1
Bann Illkirch-Grafenstaden	IV. 2,3

[2]) Das Niederbachtal ist ein linkes Seitental der oberen Zinsel.

die Gemarkungsgrenze gebildet hatte, entbrennt nun der Streit wegen der Weiher, die je ein Stück der beiden Ufer bedecken.

Auf dieser Karte interessiert uns eine Flußableitung, wie wir schon einen ähnlichen Fall an der Magel beobachtet haben. Zur rascheren Speisung des großen unteren Weihers, der etwas oberhalb der Einmündung des Niederbachs in die Zinsel lag, sollte letztere schon 1578 teilweise abgeleitet werden. Hierzu hob man einen Graben die linke Talseite des Zinseltales aufwärts stets der Isohypse folgend aus, bis zu deren Schnitt mit dem Flußbette selbst. Der Bach durchbrach aber den Erddamm und kehrte in sein altes Bett zurück. Der Damm war 1755 noch vorhanden.

1763/4 werden auf Veranlassung des Kardinals von Rohan die dem Bistum Straßburg gehörigen Waldungen aufgenommen, und es entstehen folgende Pläne:

1. Eichenwald, genannt „Hochwald" im Bann von Steinbronn,
2. „ „ „ „ Steinburg,
3. „ „ „ „ Dettweiler,
4. die sogenannte „Faisanderie" bei Steinburg.

1764 wird eine Karte der Gegend um Schweighausen entworfen, die ein strittige Gemarkungsgrenze in ihrer neuen Lage zeigt. Der Prozeß wurde von einer Familie Kornmann zu Schweighausen gegen Hagenau geführt und gewonnen. (BA)

1772. Die Waldangelegenheiten Zweibrücken—Lützelstein erheischen genaue Aufnahmen, die durch einen gewissen Gouget erfolgen. Es entsteht ein ganzer Atlas in Folio mit 20 handschriftlichen, durchaus genauen und schönen Karten: so der Plan der auf dem Lützelsteiner Stadtbann gelegenen herrschaftlichen Waldungen, zwei Pläne des Dieffenbacher Bann's, dann solche von Hangweiler, Adamsweiler, Hambach und Weislingen, Schönberg, Eschenberg, Grauftal, Lohr usw.

Schließlich hatten auch die Gemeinden Weiler, Epfig, Dambach einen Grenzstreitprozeß mit dem Bischof von Straßburg und der Familie Choiseul-Meuse, zu dessen Erledigung ein Plan der Wälder des Ungersberges und des Hochwalds auf Pergament ausgeführt wurde.

Vergleicht man die Karten der weltlichen und geistlichen Herrschaften miteinander, so wird man zugeben müssen, daß diejenigen der weltlichen Herrschaften im großen und ganzen besser und genauer sind als die der geistlichen.

Inzwischen waren an gedruckten Karten noch erschienen: 1761 Topographia Dagisburgica und Odiliani montis monumenta im ersten Band (Seite 529 und Seite 533) von Schöpflin's *Alsatia illustrata*. Dann 1780 eine Holzschnittkarte von Jean Fred. Oberlin, des im Steintal wohlbekannten Seelsorgers, unter dem Titel Le Comté du Ban de la Roche, welche das obere Breuschtal behandelt und viel später im lithographischen Verfahren neu aufgelegt wurde. Sie ist unter anderm beachtenswert, als wir Aufschluß erhalten über den wahren Namen des bereits erwähnten „Miltzfeldes", der eigentlich und ursprünglich Mintzfeld ist und bei Oberlin als „Champ du Messin" eingetragen erscheint. Nennt sich doch auch heute noch ein nach Osten abschließender Bach „Messingoutte" und die Struthofhöhe, Mesincôte (Oberlin p. 41 Mrsincôte, Druckfehler).[1]

Das Kupferstichkabinett zu Straßburg bewahrt auch eine handschriftliche Karte aus der Zeit von 1770, die wohl die beste unter allen und wahrscheinlich zu den noch zu erwähnenden Katasterplänen der französischen Intendanz zu rechnen ist. Diese Carte des Environs de la ville de Strasbourg im Maßstab von 1:14.440 (1260:760 mm) zeigt unter ausschließlicher Verwendung von Farbe, jedes einzelne Haus, jeden Weg, jeder Wasserlauf, die Bodenkultur, kurz, sie mutet uns an, wie eine moderne Generalstabskarte. Der Rheinpaß ist sehr eingehend behandelt, wie er überhaupt stets besonderer Aufmerksamkeit teilhaftig ward und beständig an seiner Verteidigung und Befestigung gearbeitet wurde.

C. Pläne.

Sie behandeln der Hauptsache nach die Festungen und die befestigten Übergänge, entstehen auch nur, wenn es sich um Neubefestigungen handelt, oder wenn irgend eine besonders starke Festung wie Straßburg, bisweilen auch eine denkwürdige Belagerung zum Gegenstand einer Abhandlung gemacht wird. Sie sind daher eigentlich von Bedeutung nur für den Militär-Ingenieur, und nur wenn die weitere Umgebung hinzukommt, erwacht auch unser Interesse für die Art des Situationsentwurfes. Aber gerade dann wird es schwer, eine Grenze zwischen

---

[1]) Mündliche Mitteilung des Herrn Gerock.

Spezialkarte und Plan zu ziehen, um so mehr als die Bezeichnung selbst leicht irreführen kann. Als Übergangsglied könnte man die Rheinpaßkarten und die durch die französische Intendanz in der Mitte des achtzehnten Jahrhunderts begonnenen Katasterpläne (B. A.) auffassen. Diese letzteren — das Prachtstück in der Kartographie des Elsasses — sind handschriftliche in Aquarell angelegte Pläne der einzelnen Gemarkungen und beruhen auf streng durchgeführter Vermessung. Ihre genaue Bearbeitung, die konsequente Durchführung der Farbsignaturen, sowie die Angabe des Flächeninhalts lassen sie zu einer genauen Bodenkultur- und Besiedlungskarte werden, und verdienen weitere Verarbeitung. Die an den Rhein grenzenden Gemarkungen würden eine gute elsässische Uferkarte abgeben.[1])

Die Hauptverfasser sind Petin, Vater und Sohn, Gouget, Chassaigne u. A., aber trotz mehrerer Verfasser sind die Signaturen ziemlich einheitlich durchgeführt und entsprechen, was Farbe und bisweilen Form anbelangt, vollkommen unseren modernen Anwendungen. Der große Maßstab ließ eine eingehende Detaillierung zu, wodurch eine für die damalige Zeit größtmögliche Genauigkeit verbürgt ist. Wann das große Unternehmen begonnen wurde, ist nicht bekannt. Die ältesten Pläne tragen die Jahreszahlen 1759 und 1763.

Was nun die Stadtpläne selbst anbelangt, so sind zunächst zwei Epochen zu unterscheiden, die durch die französische Okkupation scharf von einander getrennt sind. Während vorher ein allgemeines Interesse nur für die Stadt mit ihren Gebäuden vorherrscht, beginnt mit der Anlage der Festungen ein Umschwung; mehr und mehr tritt das Stadtinnere zugunsten der Festungswerke zurück, ja recht oft kommen letztere allein nur zur Darstellung, und von den künstlerischen Städtebildern eines Münster, eines Merian bleiben am Fuße der Blätter recht kümmerliche und unähnliche Ansichten übrig.

Dieser Umschwung tritt für Straßburg mit dem Bau der Zitadelle 1681 ein, von welchem Zeitpunkt an in Straßburg keine wesentliche Veränderung mehr eintritt. Überhaupt sind

---

[1]) Im Gegensatz zu der lothringischen Landesaufnahme, bei der die Gemarkung in einer Übersichtskarte, die einzelnen Gewanne in Spezialkarten behandelt und zu je einem Gemarkungsatlas vereinigt wurden, liegen hier vom Elsaß nur die Gemarkungskarten als einzelne lose Blätter vor.

die unbedeutenden Änderungen des Ortsbildes nur aus den wenigen handschriftlichen Plänen zu ersehen, während das Material zur Befestigungsfrage täglich anschwoll.[1]) Um das Innere der Stadt kümmerte man sich wenig, die Straßenführung ist noch auf Plänen vom Jahre 1870 sehr allgemein gehalten, und die eingetragene Straßenbreite steht in keinem Verhältnis zur wahren Breite.[2])

Sehen wir ab von den frühesten erfundenen Stadtabbildung, wie sie in Böcking's *Notitia dignitatum imperii* . . . des vierten Jahrhunderts und in der Äthicus-Handschrift der Pariser Nationalbibliothek[3]) vorhanden sind und mit Straßburg nur den Namen gemeinsam haben, so begegnen wir dem ersten Plan von Straßburg[4]) im Jahre 1548 aus der Hand Conradus Morant's eigentlich mehr eine Vogelschau; das Original befindet sich im Germanischen Museum zu Nürnberg. Die Ansichten aus der Vogelschau werden später zu erwähnen sein.

1564 beginnt dann Specklin's umfassende Tätigkeit. Es sei hier gleich vorausgeschickt, daß leider ein großer Teil der sehr wertvollen Arbeiten spurlos aus dem Stadtbauamt verschwunden sind, und nur Herrn v. Apell, der sie noch für seine Befestigungsgeschichte einsehen konnte, ist es zu danken, wenn heute Pausen dieser abgegangenen Dokumente vorliegen. Sie befinden sich jetzt alle im Stadtarchiv und sind eingehend in Apell's Arbeit aufgezählt und behandelt.

Zunächst zeichnete Specklin eine Ansicht der Befestigung von Straßburg, von SO aus der Vogelschau gesehen. Vor der Vollendung dieses Planes jedoch wendet er sich an den Rat der Stadt Straßburg,um sich zu vergewissern, ob dieser auch die Veröffentlichung gestattet, worauf ihm am 24. IV. mitgeteilt wird: es sei nicht ratsam, den Plan vollenden zu lassen,

---

[1]) Gesammelt und verarbeitet wurde dasselbe von Generalmajor F. v. Apell und in dessen Geschichte der Befestigung von Straßburg i. E., Straßburg 1902, veröffentlicht.

[2]) Über die Fehlerhaftigkeit des Stadtinnern siehe: Die Zerstörung der Straßburger Stadtbibliothek im Jahre 1870, von E. v. Borries im Jahrbuch für Geschichte, Sprache und Literatur Elsaß-Lothringens, herausgegeben vom Vogesen-Club. XVI. Jahrgang. 1900, p. 328.

[3]) Erwähnt in de Santarem: Essai par l'histoire de la cosmographie pendant le moyen-âge, Paris 1852. B. III, p. LXIII. Eine Photographie befindet sich jetzt in der Landesbibliothek.

[4]) Ein Lichtdruck in Seyboth: Das alte Straßburg, 1890.

da dadurch der Stadt Straßburg Schaden entstehen könne. Die unfertige Zeichnung liefert dann Specklin gegen eine Entschädigung an den Rat ab. Es ist dies ein typisches Beispiel, wie das Verteidigungsinteresse eine genaue Aufnahme vereitelt, aus Angst dem Feinde könnte durch Kenntnis der Festungen, Straßen, Pässe usw. ein Vorteil erstehen.

1567 wird zwecks Neubefestigung ein Plan entworfen, dem dann zehn Jahre später die höchst merkwürdige „große Visierung“, vom Münster aus aufgenommen, folgt. Dieser Plan, der im Maßstab 1:3000 (700:300 mm) (heute unbekannt wo) gehalten war, mußte man stets drehen, damit die Mauern aufrecht vor dem Beschauer stehen. Neben zahlreichen Teilplänen fertigt dann Specklin auch Modelle an, er führt also auch schon die dritte Dimension ein, freilich nur an Festungsbauten, aber wir dürfen nicht vergessen, daß sich damals die gesamte Vermessungskunst und die Technik des Situationsentwurfs geradezu am Festungsbau ausbildete, dieser also nicht ohne Einfluß auf die Fortschritte der Kartographie blieb.

Um 1590 beginnt nun mit einer Planskizze des Rheinpasses dieser mit dem Brückenkopf Kehl eine Jahrzehnte dauernde Rolle in den Befestigungsfragen der Stadt zu spielen. Vergl. auch hier v. Apell.

Bald ist es das Blockhaus auf der Rheinbrücke, etwa in der Gegend der heutigen kleinen Rheinbrücke, bald Kehl selbst, bald Dammanlagen, dann auch der sogenannte Inundationsgraben südlich der Stadt, die abwechselnd das Schmerzenskind der Stadt Straßburg bilden; Plan auf Plan häufen sich, die aber nur selten zur Ausführung gelangen. Straßburgs Machtstellung hing eben von einem gesicherten Rheinübergang ab.[1]) Auch hier ist v. Apell's Arbeit grundlegend.[2])

---

[1]) Ursprünglich waren zwei Fähren vorhanden, eine bei Hundsfelden (Specklin's Karte) und eine bei Ruprechtsau. Die Fähren gehörten den Herren von Lichtenberg, wurden aber 1374 von Straßburg erworben und durch eine Brücke ersetzt, die 1393 durch König Wenzel auf ewige Zeiten bestätigt wurde.

[2]) Nur kurz erwähnt seien hier die im Stadtarchiv Straßburg liegenden Pläne:

1595. Grundriß des Blockhauses auf der Rheinbrücke. Von J. E. Meyer. (Katalog III 5.)

1595. Grundriß des Zollhauses auf der kleinen Rheinbrücke. Von J. E. Meyer. (Katalog III 6.)

3 Übersichtspläne des Rheinpasses von 1620 Nr. III 7, 8, 9.

1616 zeichnet Von der Heyden einen Plan der Stadt Straßburg, dessen Stich aber am 19. VI. verboten wird, obwohl das Blatt nur von geringer Bedeutung war.

Wichtiger ist Joh. E. Meyers Plan der Festung Straßburg mit näherer Umgebung und guter Detaillierung. Der Plan ist heute spurlos verschwunden, nur eine Kopie Apell's ist im SA. als N 575 (neue I 14a) noch erhalten.

1619 beginnt dann, durch den dreißigjährigen Krieg veranlaßt, die Umschanzung des Brückenkopfs Kehl, zu welchem Zweck zunächst ein Plan des Dorfes Kehl (SA. IVc 7) aufgenommen wird. Aber erst als das Kriegstheater bedenklich näher rückt, beginnt man wirklich mit der Ausführung der Schanzen, zu welchen in aller Eile Mörschhäuser 1633 zwei Pläne des Dorfes Kehl zeichnete (SA. IVc 8 und 9)[1], welchen der Dorfplan von 1619 zugrunde gelegt wurde.[2])

Im Dezember 1634 unterbreitet dann Mörschhäuser dem Rate außer Entwürfen zur Stadtbefestigung auch Pläne zur Sicherung des Rheinpasses, die nach seiner Ansicht von größerer Wichtigkeit wäre. Bis zur Okkupation der Stadt wird nun beständig am Rheinpaß gearbeitet, bis am 17. VII. 1678 nach dem Sturm der Franzosen der letzte Grundriß der Befestigung von Kehl[3]) und damit der Abschluß der Rheinpaßfrage erfolgte. Nach der Kapitulation Straßburgs ließ dann Ludwig XIV. den neuen rechtsrheinischen Brückenkopf bauen.

Außerhalb Straßburgs haben wir inzwischen zu verzeichnen: 1642 einen Plan der Stadt Mülhausen, angeblich der älteste, von Henri Petri Jacob. Ferner Merian's vorzügliche Arbeiten in seinem bereits begonnenen Werk; da ist zunächst das Blatt *Rheinaw, Delineatio der schwedischen Schanzen* .... wie solche genommen 1637, dann ein Grundriß der Festung Dachstein, ein Plan der Festung Breisach mit Rheinübergang und mehreren Ansichten am Rande des Blattes, ein Grundriß der Festung Benfeld und schließlich einen Plan der Festung Hagenau mit der Mansfeldtschen Schanze (erbaut 1621).

Vgl. H. Jacob: Der Stadt Mülhausen Geschichten. Herausgeg. von Graf Matthias. Mülhausen 1838 (L).

[1]) Schoch's vorhergehende Entwürfe (SA. IV c 1—6) waren auf Veranlassung des Markgrafen von Baden und dem Rat der Stadt Straßburg angefertigt, aber nicht ausgeführt worden.

[2]) Nach Vollendung der Arbeiten wird abermals ein Plan (SA. IV c) aufgenommen, dem dann 1635 weiter Pläne folgen; es handelte sich vor allem um Vergrößerung des Brückenkopfs.

[3]) SA. IVc 54, wahrscheinlich von Christoph Heer.

Im Januar 1678[1]) entsteht ein Entwurf zur Anlage von Rheindämmen bei Straßburg[2]) und wohl auch zu diesem Zwecke eine Spezialkarte des Rheins und der Kinzig bei Kehl. Derartige Regulierungspläne und Entwürfe zu Dammanlagen sind auch im Bezirksarchiv vorhanden, da sie aber weder Ortsbezeichnung noch Aktennummer tragen, ist es unmöglich geworden, ihre Lage zu bestimmen.

In der bekannten *Chronik* von Königshofen-Schilter befindet sich der sehr zuverlässige und genau von J. A. Seupel gestochene Grundriß der Stadt Straßburg, wie solche anno 1680 im Wesen gestanden. Er ist dann kopiert und für Laguille's *Histoire de la province d'Alsace* 1727 sowie für Schöpflin's *Alsatia illustrata* verwendet worden.

Mit dem ausgedehnten Festungsbau der Franzosen längs des Rheins nehmen die Abbildungen rasch zu. Nicht bloß die Verlage hierzulande, sondern auch Holländer, ja sogar Italiener bringen Grundrisse der für uneinnehmbar geltenden Plätze in Hunderten von Exemplaren auf den Markt, alles Plagiate in mehr oder minder guter Ausführung. Besonders Straßburg mit dem Rheinpaß, ja dieser sogar allein von der Zitadelle bis Kehl auf einer Medaille[3]) von 1682 kommen zur Darstellung.

Schon 1682[4]) erscheint: Strasbourg, Grundriss....

---

[1]) Inzwischen entstanden:
Plan des Geländes zw. Stadtbefestigung und Zollschanze (1653) SA. IV a_1.
Entwurf für ein Bastion bei Rheinziegelofen „ IV a_2.
Grundriß der Kehler Schanze (nach 22. VIII. 1667) „ IV c_{23}.
Der Rheinpass, 2 Pläne, vielleicht von Heer. (zw. 1670 u. 73) „ III_{10} u. $_{11}$.
Übersichtsplan des ganzen Rheinpasses o. N. (1672) „ III_{12}
Grundriß der Kehler Schanze. nach. (1673 IX.) vielleicht von Heer. „ IV c_{31}.
Übersichtspläne des Geländes zw. Stadtbefestigung und Zollschanze SA. IV a_5 u. $_6$.
dann auch III_{14}, III_{15}.
Handzeichnungen der Befestigung zw. Stadt und Kehler Schanze (Ende 1673) „ III_{18}.
5 Entwürfe zum Neubau der Zollschanze. III_{13} (II 1673) IV a $_{8, 9, 10, 11}$ (1674).
Grundriß der ausgeführten Schanze. (I 1675) IV b_{48}.
Übersichtsplan des Geländes zw. Stadtbefestigung und Zollschanze von Heer (22. V. 1674) „ IV a_6.

[2]) SA. Nr. IV b_{78}.

[3]) Wohl auf Befehl Ludwigs XIV. zum Andenken an die Okkupation geprägt.

[4]) 1680 Hagenauer Stadtplan von Covens und Mortier (240:270).

samt dero von Frankreich alda erbauten Cittadelle von Joh. Hoffmann (K), worauf aber nur die Festungswerke eingezeichnet sind (560:400 mm), dem 1683 ein ähnlicher Grundriss eines gewissen Joh. Jak. Vogel folgt (K, 151:242 mm). — 1688 erscheint dann zu Venedig auch ein mittelmäßiger italienischer Plan (K, 265:430 mm).

Beachtenswert ist dann der Festungs- und Stadtplan Straßburgs im Maßstab von etwa 1:25000 in dem uns bekannten Werke Person's *Quotidiani Martis Labores* (L), der dann durch die Verbreitung der allgemein geschätzten Arbeit durchweg als Vorlage zu den späteren Abschriften herhalten mußte. Person richtete sein Hauptaugenmerk auf die Rheinübergänge, und so zeichnet er auch einen Plan von Hüningen im Maßstab 1:10000 und einen solchen vom Fort Louis[1]) 1:8400, läßt aber Breisach unbeachtet.

1693 verlegt auch P. Mortier zu Amsterdam einen Plan de Strasbourg (K) (220:325), der dann auch von Allard als Straatsburg (K) veröffentlicht wird[2]). Mortiers Blatt war anscheinend für ein größeres Werk bestimmt, da es den Eintrag trägt: *Pour la Carte du Rhin.* Im gleichen Jahr geben dann beide genannte Verlage auch Pläne von Breisach[3]) heraus (beide K).

Kurz vor 1697 entstand ein Plan de Strasbourg (K) mit Rheinpaß, worauf die durch die Bestimmungen des Ryswiker Friedens geschleifte Rheinschanze noch vorhanden ist, die aber dann als punktiert auf einem gleich danach erscheinenden Plan de Strasbourg (K) erscheint. Als solche wird sie dann noch lange kopiert, ja wird zum Teil auch noch später als noch vorhanden eingezeichnet.

1700 gibt H. v. Cron einen Stadt- und Festungsplan von Hüningen (K, 190:230 mm) heraus, und Hendrik de Leth kopiert zu Amsterdam den Festungsplan Straßburgs von 1697 als Plan van Straatsburg (K), dem er auf einem zweiten Blatt oben kleine Pläne von Alt-Breisach, Fort-Louis und Philippsburg beifügt.

---

[1]) Ein Plan von Fort-Louis schon 1690 in Hoffmann's Martialisch. Schauplatz des lustreichen und zugleich blutigen Rheinstroms.

[2]) Ein zweites Blatt Allard's trägt den Titel: Plan de Strasbourg (K, 205:440) ähnlich wie Mortier's Blatt.

[3]) Der Plan de Brisac von Allard ist eine Kopie des Seutterschen Planes von Breisach.

Etwas später erscheint dann Matth. Seutter's Chorographia Argentorato (K, 563 : 480) ein sehr buntes Kupfer, das ebenfalls viel kopiert wird. Ihm folgt N. de Fer mit seinem *Théatre de la guerre* ... (L) vom Jahre 1702, das Pläne von Hüningen, Breisach, Schlettstadt, Straßburg und Fort-Louis enthält.

Baillieu's Plan de la Ville de Strasbourg (K) zeichnet sich insofern von den Durchschnittskarten dieser Zeit aus, als noch eine kleine Spezialkarte der Umgebung beigegeben ist und so die Orientierung erleichtern will. Das Blatt entstand, dem Inhalt nach, später als 1697.

1707 [1]) fesselt Petrus Schenck unsere Aufmerksamkeit durch seine künstlerischen Stiche (185 : 145 mm) in seinem *Theatrum Bellicum* ... (L), das Pläne von Fort Louis, Hagenau (2mal) Straßburg, Breisach und Hüningen enthält.

Auch ein Plan de Strasbourg mit verkehrter Ansicht (K) leistet sich ein Chevalier de la Motte-Cairon aus Toul (1716). Anscheinend wurde beim Stich nicht darauf geachtet, rechts und links zu vertauschen.

Gutes bietet dann wieder Bodenehr in seinem 1720 erscheinenden Werke: *Force d'Europe,* in welchem folgende Pläne vorhanden sind: Fort Louis vor 1697 (pl. 64), Hagenau (pl. 77), Straßburg mit Rheinpaß (pl. 108), Schlettstadt (pl. 162), Breisach zweimal 1648 (pl. 31) und 1697 (pl. 32), Hüningen (pl. 77). Neu ist der Plan von Pfalsbourg (pl. 141).

Um dieselbe Zeit sticht und verlegt dann M. Seutter seinen zweiten Plan mit Ansicht von Norden: Strassburg, eine uralte sehr berühmte Stadt. (K, 567 : 340).

Auch Joh. Adam Seupel verfertigt 1726 abermals einen zeitgemäßen Plan de la ville de Strasbourg avec la Citadelle et autres forts (womit Kehl gemeint ist (135 : 365, K), der in *Laguille's Histoire de la province d'Alsace.* 2. Partie p. 264 Verwendung findet und schließlich von Seyboth in seinem „Alten Strassburg" wiedergegeben wird.

1734 [2]) erscheint auch bei den Homann'schen Erben ein

---

[1]) Inzwischen waren erschienen: Breisach, Plan von Allard 1703 und (K) und 1707.

„Karte einiger an dem Ufer dess Rheins ligender Festungen ..." von Joh. Conrad Fuchs verlegt zu Augsburg. (K. 50 : 141 cm).

[2]) 1729. Ein Plan der Rheinstrasse nach Fort Kehl. (SA. III, 19).

Plan: Stadt und Vestung Strassburg sammt dem Fort Kehl usw. (K) mit einer Ansicht von Norden. Der Plan zeigt Flächenkolorit, die Straßen sind punktiert angedeutet, dagegen bleiben Wald und Vororte unberücksichtigt. Eingehender ist der 1735 verlegte Plan de Strasbourg, sa Citadelle et le Fort de Kehl von du Chaffat. Die Schanze nördl. von Kehl, Rheinschanze und Straßen sind punktiert, jedoch ist der Plan durch die Vororte „Riplizau“ (Ruprechtsau) und „Schilcken“ (Schiltigheim) sowie durch Waldsignaturen vervollständigt worden. Endlich[1]) erregt der Kampf um die Lauter am 5. VII. 1744 das Interesse für die Weißenburger Linien, es entstehen zwei Pläne[2]) sowie ein großer Plan der Verschanzungen in Handzeichnung mit farbiger Andeutung des Geländes, von französischer Herkunft. (P).

Von nun an wird Neues nicht mehr geschaffen[3]), Veränderungen an den Festungen finden schon lange nicht mehr statt; das Jahr 1870 findet bekanntlich Vauban's Mauern in unverändertem Zustand vor. An all den Plänen wechselt nur der Name des Zeichners und des Verlags, und 1791 tritt die Einteilung der inneren Stadt in zwölf Kantone als neuer Faktor hinzu. Diese Einteilung, die auf Weis'schen Blättern in verschiedenen Varianten (K) ausgeführt sind, erleidet schon bald

[1]) 1743. Ein Plan von Breisach.

1735. Ein Plan von Straßburg-Kehl in Massuet: Histoire de la guerre présente en Italie, sur le Rhin etc. Amsterdam.

[2]) Wissembourg: Plan de l'Attaque du 5. VII. 1744. (P).

Wissembourg: Plan de l'Attaque des Ligues de la Lauter le 5 juillet 1744 von Weiss.

[3]) Kurz erwähnt seien:

1045. Grundriss der Gegend und Vestung Alt- und Neu-Breisach. Nürnberg bei Felsecker seel. Erben. (K)

1748. Die Befestigung von Kehl. SA. IVc 66.

1761. Plan des Banlieues de Mulhouse et d'Illzach.

1792. Die Stadt und Festung Strassburg mit Kehl. Wien. K.

1793. Plan von Strassburg. Von Güssefeld, Leipzig. K.

1794. Militär-Karte von der Festung Strassburg, Kehl und den umliegenden Gegenden. (L). Von Felsing.

1794. Strassburg, nebst den umliegenden Gegenden. Von Sotzmann nach Cassini. Berlin. K.

1796. Kehl, Belagerung der Stadt.

1797. Hüningen, Belagerung des Brückenkopfes.

1797. Mulhouse in Description topographique du vieux Mulhouse von Ehrsam in Bull. du Musée hist. de Mulhouse. I (1876) p. 59.

darauf durch einen neuen Erlaß der Nationalversammlung eine Verminderung um zwei Kantone.

D. Ansichten aus der Vogelschau.

Man gönnt ihnen zwar ungern einen Platz neben eigentlichen Karten und Plänen, da man eben die geometrische Grundlage vermißt. Und doch dürfen wir sie hier nicht unberücksichtigt lassen, da sie zunächst dem Laien zugänglicher und verständlicher waren als Karten, da sie überhaupt bei kleineren Gebieten die Hauptdarstellungsweise bilden und bei ihnen die Bodenkultur viel früher zum Ausdruck gelangt als auf den Karten. Brauchte man doch nicht zunächst symbolische Zeichen zu schaffen, da eben bei der auf die Vogelperspektive gegründeten Zeichenmanier die Gegenstände so dargestellt werden, wie sie von einem erhöhten Beobachtungsort aus gesehen erscheinen. Die Jagd-, Gemarkungs- und Grenzstreitkarten des 15. und 16. Jahrhunderts wurden tatsächlich von einem Berg oder Turm aus aufgenommen. Ich erinnere nur an Specklin's „Grundvisierung“ vom Münster herab, dann auch an die modernen Darstellungen, die die Hebung des Fremdenverkehrs bezwecken und die nur aus der Überzeugung hervorgingen, daß der größere Teil der modernen Reisenden keine Karten lesen, sich also auch keine Vorstellung der Gegend machen können.

Man wird aber auch bei den alten Ansichten aus der Vogelschau auf Darstellungen stoßen, bei denen die Perspektive unberücksichtigt bleibt, wie etwa bei Seb. Münsters Karte des Lebertales und von denen man dann nicht recht weiß, ob Karte mit unbeholfener Signatur oder Vogelschau von ungeschicktem Zeichner. Hier wird es also schwer fallen, eine scharfe Grenze zu ziehen.

Bei der folgenden Aufzählung werden diejenigen Darstellungen unberücksichtigt bleiben, bei denen es dem Zeichner mehr darauf ankam, bloße Abbildung zu geben, wie wir deren im 16. Jahrhundert eine zahllose Reihe guter *Städtebilder* haben, die von den wirklichen Stadtplänen ebenso verschieden sind, wie die Ansicht aus der Vogelschau von der modernen Karte. Ansichten, bei denen demnach ein mehr architektonisches und künstlerisches Interesse zutage tritt, bei denen also das geographische Moment, d. h. die Lage in der umliegenden Gegend, zu benachbarten Orten, Gebirge usw. ganz verloren geht, gehören nicht in den Rahmen dieser Arbeit.

Solche Ansichten nun mit der weiteren Umgebung treffen wir in Seb. Münster's „Kosmographey". Dieselben sind für die damalige Zeit als treffliche, wenn auch nicht gerade feine Darstellungen zu nennen, was letzteres eben mit der Art des Vervielfältigungsverfahrens (Holzschnitt) zusammenhängt. Er gibt Ansichten von Weißenburg mit dem dahinterliegenden Waldgebirge, von Schlettstadt, Colmar, Ruffach mit Schloß Isenburg und schließlich Straßburg. Welches seine Quellen waren, konnte ich noch nicht feststellen, er selbst gibt an, er habe die Räte um Beiträge und Abbildungen gebeten. Arbeiten nach der Natur sind es demnach nicht.

Zeitgenössisch mit diesen Münster'schen Holzschnitten ist die uns schon bekannte Vogelschau des Leber- und Weilertales von Bodo Ebhardt zu Innsbruck aufgefunden, die vor allem die Burgen westlich von Schlettstadt verzeichnet, daneben Bergwerksstollen, die einzelnen Dörfer, das Zollhaus unterhalb Ortenberg und ähnliches mehr aufführt. Etwas später fällt eine Vogelschau der Gegend Schirmeck—Grendelbruch (BA), die zu dem jahrelangen Grenzstreit in Sachen des Mintzfeldes entworfen wurde. Es ist ein koloriertes Blatt von nicht ungeschickter Farbengebung, die strittige Grenze ist mit dicken schwarzen Strichen angegeben und führt über das weißgelassene Minzfeld hinweg, wo sich der merkwürdige Eintrag befindet: „Das Weiße ist Schnee, wie der Doktor (Advokat) weiß." Kandels Arbeiten in der Hartgegend, sowie das Grenzstreitblatt Oberehnheim contra Landsberg sind schon an anderer Stelle erwähnt worden. Auch Specklin's Arbeiten müssen wir hier noch einmal gedenken. Unterdessen war in Paris 1559 die Arbeit Morant's (siehe weiter oben) kopiert und mit einer recht eigentümlichen Legende[1]) versehen bei Jollain verlegt worden (K, 330:435 mm).

Vgl. E. Wagner: Das alte Mülhausen. Mülh. 1906.

Aus dieser Zeit stammt auch der älteste Plan von Mülhausen. Unvermittelt auf diese immerhin etwas unbeholfenen Darstellungen folgen nun Merian's auch heute noch mit vollem Recht bewunderte Ansichten in Kupferstich. Sie stellen mit ihrer Genauigkeit und Detaillierung ein wertvolles

[1]) Ville capitalle de l'Alsace située sur le Rhin, elle fût appelée Argentine par Jul. César, parce qu'en jcelle se paioient les Tributs....

Quellenmaterial dar, um so mehr als die Bilder direkte Aufnahmen nach der Natur sind, allerdings auch nicht immer von Merian selbst. Was diese künstlerisch schönen Stiche weit über die früheren Holzschnitte emporhebt, ist die individuelle Auffassung des Künstlers Merian, der besonders Wert auf größtmöglichste Ähnlichkeit zwischen Original und Kopie legt. Wohl die schönste unter allen ist die Ansicht von Colmar mit weiterer Umgebung. Der Beschauer steht am Abhang der Vogesen, etwa in der Gegend des Letzenburg-Hügels bei Türkheim und überblickt die ganze Rheinebene südlich von Colmar bis zum Schwarzwald und den merkwürdig sägeartigen Alpen. Man erkennt — übrigens sind die Namen zur Orientierung eingetragen — Breisach, Basel, Mülhausen, Altkirch, Hohlandsberg, auch die Richtstätte fehlt nicht.

Hieran schließen sich – in dem Werke alphabetisch geordnet — Danbach (Dambach, Kreis Schlettstadt), Kaysersberg von der Siegolsheimer Höhe gesehen, mit den Ortschaften Ammerschweier und Kienzheim, bei welchen aber die Namen verwechselt wurden. Dann Mülhausen, Rappoltsweiler mit den Schlössern und dem Eingang in das Strengbach-Tal, Reichenweier, Weißenburg und andere weniger bedeutende.[1]) Auch eine Ansicht von Zabern mit der Zaberner Steige ist vorhanden, aber diese Ansicht ist zweifellos nicht nach der Natur, sondern nach einer älteren ungeschickten Vorlage verfertigt worden. Die Ansicht von Straßburg mit dem Rheinpaß im Hintergrunde, bei der die Werke des Jahres 1640 zur Darstellung gelangen, ist nach v. Apell fehlerhaft. Ob diese Fehler in den Fortifikationen beabsichtigt sind, um die Stadt stärker erscheinen zu lassen oder ob Merian nach einer verloren gegangenen Vorlage gestochen hat, bleibe dahingestellt. Auch versucht sich Merian in Rekonstruktionen der ersten[2]) und zweiten[3]) Umwallung der Stadt, freilich ungenau und bisweilen ganz falsch, was bei dem damaligen Stande der früheren Stadtgeschichte nicht anders zu erwarten war.

Von Merian stammt dann auch eine „Darstellung der

[1]) Sultzbach, Zellenberg, Festungsmauern von Schlettstadt.

[2]) Erste Gelegenheit der Stadt Straßburg und wie sie Anfangs in Ihrem Begriff gestanden. (K.)

[3]) Ander Erweiterung der Stadt Strassburg, worinnen die ersten christlichen Kirchen erbaut worden. (K.)

Belagerung der Vestung Benfeld 10./20. September 1632 durch Gustav Horn im *Theatrum Europaeum* des Joh. Phil. Äbelin.

Gleichzeitig entstehen dann von unbekannten Autoren zahllose Varianten einer Ansicht von Straßburg (K) um 1650 aus steiler Vogelschau mit Reichs- und Stadtwappen, hübsch grell koloriert, aber ohne irgendwelche Bedeutung.

Üblich wurde es dann auch die Pläne jeweils mit Ansichten am Fuße des Blattes zu versehen, da sie aber nur eine untergeordnete Rolle spielen, so wurden sie bereits im Kapitel Pläne angeführt.

Schließlich enthält auch Daniel Bruckner's *Versuch einer Beschreibung historischer und natürlicher Merkwürdigkeiten der Landschaft Basel* eine Vogelschau von Hüningen (S. 591).

Auch Sanson, Schenk, Dankerts geben Abbildungen (alle K), ferner sind Striedbecks gute Ansicht auf Meister-Urkunden, auf Titelblättern von Pharmakopoen, von Gesangbüchern usw. nachgebildet, ja sogar Abbildungen mit in Versen gefaßten Legenden in deutscher, lateinischer und holländischer Sprache kommen vor. Daß es bei diesem beständigen Abschreiben den Ansichten nicht besser erging als den Karten, liegt auf der Hand. Unter den wenigen handschriftlichen Plänen sei besonders Blondel's Plan hervorgehoben, der das Stadtinnere genau aufnahm und jedes einzelne Haus mit seiner Nummer versah.

E. Modelle.

Für sich stehen die Modelle, durch welche, wie schon gesagt, auch die dritte Dimension Eingang in die Kartographie findet und deren erstes die „große Visierung“ vom Jahre 1577 von Specklin verfertigt, die Stadtbefestigung von Straßburg mit vorzunehmenden Verstärkungen darstellte. Leider ging das Holzmodell 1870 beim Bibliotheksbrand zugrunde, und nur eine verkleinerte Kopie ist heute noch im Museum des Vereins zur Erhaltung der historischen Denkmäler des Elsasses vorhanden. Gleichfalls verloren sind die Modelle der Befestigung von Colmar von 1579 sowie die drei Modelle von Ensisheim 1580, alle von Specklin. Während diese aber nur die Befestigungen behandelten, stellt der große Plan im Rohan-Schloß zu Straßburg die ganze Stadt mit dem Rheinpaß dar, ein Kunstwerk, das zum Festungsstudium für die im achtzehnten Jahrhundert

Man vergleiche hierzu Apell.

zu Metz errichtete Kriegsschule (Ecole d'application d'artillerie et du génie) angefertigt wurde und allgemein Bewunderung erregt. Mauern, Wälle und Türme der Festung, Brücken, Häuser, Kirchen, Baumalleen, ja sogar die einzelnen Militärbaracken in Zitadelle und Fort Kehl sind naturgetreu wiedergegeben, und es ist als ein Glück anzusehen, daß bei der bewegten Vergangenheit des Planes dieser doch endlich heil in unserer Stadt landete.

F. Itinerarien.

Sie bilden nur eine kleine Gruppe von Karten, bei denen die Straße eine wichtige Rolle spielt. Diese *Reisekarten*, die sich dem erhöhten Verkehr anpassen wollen, werden, obwohl sie in die frühesten Zeiten der Kartographie zurückreichen, wie die Peutingersche Tafel erst Ende des siebzehnten Jahrhunderts nutzbar, von Bedeutung aber erst ein Jahrhundert später. Zwar führen schon Fischer und Meyer auf der Übersichtskarte des Elsasses ein ausgedehntes Routennetz ein, dem später auch Poststellensignaturen (z. B. Seutter) beigefügt werden, aber diese Karten sind nicht als Itinerarien anzusehen, dazu ist die Bedeutung der Straße, gegenüber den übrigen Objekten des Situationsentwurfs nicht genügend hervorgehoben. Und gerade dies ist das Hauptmerkmal der Itinerarien in der damaligen Zeit.

Durch die Zugehörigkeit des Elsasses zu Frankreich, während der ganzen Entwicklungsperiode, wird es auch durchweg nur als Teilgebiet des in Paris sternförmig zusammenlaufenden Straßensystems behandelt[1]), ähnlich, wie es bis zum Jahre 1870 mit dem Bezirk der Ostbahnen organisch verbunden war.

---

[1]) Hierher gehören:

Sanson: Carte particulière des Postes de France im Atlas nouveau Nr. 59.

Seutter: Les routes exactes des Postes du Royaume de France.

Das Blatt Gallia Postarum des Nr. 14 im Atlas geographicus minor 1759.

M. Piganiol de la Force: Nouveau Voyage de France mit den Routen Paris—Saarburg—Straßburg, Paris—Belfort—Hüningen. 2 vol. Paris 1755 (L).

Michel: L'Indicateur fidèle ou Guide des Voyageurs. Paris 1764/5. (P). Das Werk ist Cassini de Thury gewidmet und enthält folgende, das Elsaß angehende Routen: Paris—Straßburg über Metz—Heming, Paris—Straßburg über Nancy—Heming. Die Route Belfort—Sennheim—Rufach—Colmar—Strasbourg, die Route Mainz—Straßburg. In diesem Werk ist ferner ein Plan von Paris interessant, als durch Zeichen die Geologie

Nur eine, das Elsaß speziell behandelnde Routenkarte wurde mir bekannt: Die „Carte des Grandes Routes et principales Communications de la province d'Alsace" und die dem Werke: *Itinéraire contenant etc.... avec leur longueur en lieues communes de 2400 toises* angebunden ist. (L). Die von dem geschickten Straßburger Weis gestochene Karte ist im ungefähren Maßstab von 1:300000 gehalten und beruht auf einer der damals häufigen französischen Karten. Sie zeigt die Topographie nur längs der Straßen und Flußläufe. Das Gebirge erscheint in Schraffenmanier und größere Waldungen sind durch Baumgruppen gekennzeichnet. Diese nur flüchtige Topographie erleichtert bedeutend die Übersichtlichkeit des Straßennetzes, das in Straßburg seinen Hauptknotenpunkt hat. Die Bedeutung der Ortschaften, Poststellen, Etappen und dergleichen sind durch Zeichen erklärt. Auch projektierte Straßen sind durch punktierte Linien verzeichnet, so die zu errichtenden Verbindungen Neu Breisach's mit Ensisheim und mit Ruffach, Brumath mit Merzweiler u. a. m.

Als Hauptverkehrsstraßen sind nun zu nennen:

Die Verbindung Basel—Ottmarsheim—Neu-Breisach—Markolsheim—Straßburg—Wanzenau—Fort-Louis—Lauterburg. Dann die Route längs der Ill: Pfirt—Altkirch—Mülhausen—Colmar—Schlettstadt—Benfeld—Straßburg, in welche folgende von den Vogesen-Pässen kommende Straßen einmünden: Plombières—Col de Bussang—Urbeis—Thann—Mülhausen oder Ensisheim, je nachdem die Fahrt weiter nach Straßburg gehen sollte oder nicht, von St. Dié über die St. Diedler

erklärt werden soll. Von Topographie ist nur das gegeben, was unmittelbar an der Straße liegt.

Seguin: Carte géométrique des Routes de Postes du Royaume (de France) 1788 gravé par Tardieu.

L. Denis: Le Conducteur français contenant les Routes desservies... etc. avec un Détail historique et Topographique des endroits 1779. Entspricht vollkommen unseren modernen Reiseführern. (L). Die Karten beruhen genau auf Cassini. Es sind folgende Routen gegeben. 1. Route: de Beffolt à Strasbourg par Colmar. 2. Route: de Bâle à Colmar. 3. Route: de Metz à Strasbourg. 4. Route: de Strasbourg par Nancy. 5. Route: de Bâle à Strasbourg.

Von deutschen Karten nenne ich folgende: Postroute von Augsburg nach Straßburg. Neu vermehrte Post-Karte durch gantz Teutschland 1789. Homann'scher Verlag. Neue und vollständige Postkarte durch ganz Deutschland. Homann'sche Erben, u. a. m.

Höhe (Col du Bonhomme) durch das Kaysersberger Tal nach Colmar, oder auch von dem genannten Paß durch das Lebertal nach Schlettstadt. Dann ferner von Senones über Saales in das Weilertal nach Schettstadt oder durch das Breuschtal nach Straßburg, wo auch die wichtige, von Metz und Nancy kommende Route über Pfalzburg—Zabern einmündet.

Von Straßburg führt eine Poststraße über Hagenau und Weißenburg nach der Pfalz, mit welcher Route sich die von Diedenhofen—Metz kommende Poststraße in Brumath vereinigt.

Daneben treten noch zahlreiche, besonders in die industriereichen Täler der Südvogesen einführende Straßen in das Hauptnetz ein.

Alle übrigen späteren Itinerarien beruhen bereits auf Cassini's Karte, fallen also in die folgende neuzeitliche Entwicklungsperiode.

Wenden wir uns nun nach diesem raschen Überblick über den geschichtlichen Entwicklungsgang der Kartographie demjenigen des Karteninhalts, der

TOPOGRAPHIE

zu, so zeigt sich zunächst, daß die Kartographie, was den Situationsplan anbelangt, wohl nicht mit den gewaltigen Fortschritten des geometrischen Teils der Geographie gleichen Schritt hält, aber doch in ihrem steten Suchen nach Systematisierung bald nach ihrer Renaissance so ziemlich die gebräuchlichsten Signaturen zeitigt, die wir heute anzuwenden gewohnt sind. Nur die

Terraindarstellung

wenn wir von einer solchen sprechen können, zu einer Zeit, wo Höhenmessungen gänzlich fehlten und die Gliederung überhaupt unberücksichtigt blieb, konnte sich von der sog. Haufen- und Raupenform während der ganzen Epoche nicht lostrennen. Man verblieb dabei, Terrainunebenheiten in stilisierter Perspektive zur Darstellung zu bringen, und bis ins 19. Jahrhundert hinein begegnen wir immer wieder den Bergprofilen in Reihen oder auch einzeln. Die Mächtigkeit der einzelnen Gebirge läßt sich nur ganz im allgemeinen aus der Zahl der Höcker, nicht aber aus der Höhe der Berge erkennen. Der ganze Umfang des Gebirges wird niemals gegeben; die Richtung des Zuges nur ausnahmsweise, häufig aber unrichtigerweise erfolgt die Gliederung nach den Flußläufen. Ein Höhenunterschied wird so gut wie gar nicht berücksichtigt. Ja es kommt auch dem Zeichner nicht darauf an, Berge einzuzeichnen, wo keine sind (Seutter) und solche auszulassen, die oft zu den bekanntesten gehören, wie wir es bei Mercator gesehen haben. Durch derartige Erscheinungen ist uns aber ein weiteres gutes Kriterium an die Hand gegeben, nach welchem wir entscheiden können, ob der Verfertiger der Karte oder des Originals zu dieser, die Gegend aus eigener Anschauung kannte oder nicht. So zeigt z. B. die Tabula provinciae Rheni der Ptolemäus-Ausgabe eine sorgsame Herausarbeitung des Kochersberges, ein Beweis, daß der Zeichner die Gegend aus eigener Anschauung kannte. Eine ganz ähnliche Erscheinung läßt sich dann auch bei Specklin beobachten. Er ist auch der erste, der eine gewisse Berücksichtigung des Höhenunterschiedes zeigt, indem er seine Bergkuppen nach der Ebene hin immer niedriger werden läßt, zwischen großem und kleinem Donon eine Höhendifferenz durchführt und besonders die mächtige Kuppe des Ungersberges (Undersberg) aus dem umliegenden Gebirgsland hoch aufsteigen läßt.

Bei Meyer ist dann auch der enge Einschnitt in das Krontal mit seinen beiderseitigen Felswänden deutlicher erkennbar als bei Specklin, woraus wir wohl bei ersterem auf eine wirkliche Beobachtung und nicht auf ein bloß vernunftmäßiges Zeichnen schließen dürfen.

Im übrigen begegnen wir einzelnen Höckern bei Dankerts, Douleseker, N. de Fer, der sogar nur die mit Burgen gekrönten Kuppen zeigt, während Mercator, Sanson, Jaillot, Visscher und andere Höckerreihen einzeichnen.

Für sich allein steht Seb. Münster's Karte des Rheintals, die dichtgedrängte dachförmige Gebilde ohne Höhenunterschied und irgendwelche Anordnung zeigt, während seine Karte des Lebertales Haufenform aufweist.

Baillieu bedient sich für das Gebirge bereits der Schraffen, die jedoch fast überall nur eine gleiche Höhenstufe haben und nahe den Flußläufen folgen, so daß der Eindruck eines Hochplateaus mit tief eingeschnittenen engen Flußbetten entsteht. Nur einzelne mit Burgen gekrönte Berge heben sich als dem Plateau aufgesetzte Kuppen ab.

Ganz denselben Eindruck erweckt auch die Carte géométrique de France, wo gleichfalls Schraffenmanier angewendet wird, ohne aber die Verschiedenheit des Böschungswinkels sowie des Höhenunterschiedes irgendwie zum Ausdruck zu bringen. Der Zaberner Paß allein, über den damals der Hauptverkehr ging, scheint eine sorgfältigere Behandlung erfahren zu haben. Diesem Anfang der primitiven Schraffierung begegnen wir allerdings schon viel früher in den Spezialkarten, wie z. B. Homann's Ager Weisenburgensis oder Striedbecks Ager Niederbronnensis. Hier auf den gestochenen Spezialkarten ließ sich eine Schematisierung des Gebirges nicht mehr durchführen; allerdings geben die Schraffen nur den Umfang des Bergfußes, nicht aber den ganzen Abhang.

Die gleiche, jedoch raschere Entwicklung machen die handschriftlichen Spezialkarten durch, wo sich seit den ersten Zeiten das Vorherrschen der Farbe geltend macht. Von den aus der Vogelschau gemalten Grenzstreitkarten, bis zu den Katasterplänen der zweiten Hälfte des achtzehnten Jahrhunderts mit Pinselschraffen bis zu drei Höhenstufen, sind alle Übergangsstufen vorhanden.

Bereits erwähnt ist die recht merkwürdige Erscheinung des „Kopfes" bei Weißenburg auf Person's und seiner Kopisten Karten, und mit Recht dürfen wir uns fragen: Was wäre wohl geworden, wenn die Zeichner all die Namen wie Hengst, Großmann usw. gekannt hätten?

Besser bestellt in der Kartographie war die Darstellungsweise der

Gewässer,

die der Technik nach bis zu unseren Zeiten im großen und ganzen dieselbe geblieben ist. Mit Ausnahme von Seb. Münster's Bandform (ein wellig aufgelegtes, in den Windungen schraffiertes Band) zeigen alle übrigen Karten Signaturen für Bäche, Flüsse und Ströme, die den modernen sehr nahe kommen, dagegen aber nur zu oft jedes Verhältnis zur Mächtigkeit des dargestellten Wasserlaufs ganz außer acht lassen. So zeichnet Specklin und einige spätere Kartographen alle Bäche bis zur Quelle als doppelte Linie, wodurch bei dem angewandten Maßstab diese natürlich viel bedeutender erscheinen, als sie wirklich sind, während Sanson, Jaillot, Visscher, Meyer, N. de Fer,

Baillieu, der Wirklichkeit dadurch viel näher kommen, als sie den Oberlauf als einfache Linie geben, die allmählich in eine doppelte übergeht.

Für Flüsse wie Ill und Rhein zeigen sich zunächst bei Specklin kurze, in der Richtung des Stromes verlaufende wellige Linien, dagegen bei allen übrigen Kartographen zwei stärkere Randlinien mit parallel zu diesen verlaufenden und die Inseln umfließenden Linien zunächst noch mit gleichem Abstand von einander (Mercator, Sanson, Visscher, N. de Fer, Jaillot), dann auch mit wachsendem Abstand in dem Maße als sich die Linien der Strommitte nähern.

Die in Frankreich übliche schräge von Westen einfallende Beleuchtung kommt besonders auf der Cassinischen Karte zum Ausdruck, wo eine stärkere westliche und eine schwächere östliche Uferlinie eingezeichnet sind.

Die Quellen erhielten auf einer Anzahl von Karten (so z. B. Cassini) eine ellipsenförmige, bisweilen auch kreisrunde Signatur, als würde jeder Wasserlauf aus einem Tümpel entspringen.

Was jedoch Genauigkeit in Bezug auf Lage und Breite des Wasserlaufs anbelangt, sind die Karten durchweg als falsch zu bezeichnen. Stets übertrieben breit, mit zuweilen zahllosen phantastisch gelegenen und geformten Inseln angefüllt, macht der Rhein so recht den Eindruck eines Stiefkindes in der Kartographie des Elsasses. Genau scheint seine Aufnahme nur in der Nähe der Rheinpässe zu sein, die ja oft Jahrzehnte hindurch, wie bei Straßburg, die Hauptsorge der Landesverteidigung bildeten. Überhaupt sind die Wasserläufe in und um Festungen aus leicht begreiflichen Gründen mit damals größtmöglichster Genauigkeit aufgenommen worden. Während Mercator, Sanson und ihre ersten Kopisten den Rhein beinahe als regulierten Strom ohne Inseln behandeln, übertreiben Meyer, N. de Fer, Baillieu u. a. m., während wieder andere wie Nollin (Carte de l'Alsace, K) die Inseln genau in die Mitte und aneinander gereiht einzeichnen.

Noch sonderbarer verfährt man mit dem Ried bei Schlettstadt, das bei Specklin als zwei Illarme mit Nebenflüssen von natürlicher Breite erscheint, die aber dann bei dem emsigen Abschreiben stets breiter und breiter werden, bis daß, wie bei N. de Fer und Douleseker, ein Strom entsteht, der mindestens ebenso breit wie der Rhein und mit zahllosen kleinen Inseln angefüllt ist.

Kanäle, wie der Breuschkanal und der Speisungskanal von Neu-Breisach erscheinen bald nach ihrem Bau als gradlinige Wasserläufe mit scharfen Winkeln. Der Breuschkanal erfährt übrigens eine gesonderte handschriftliche Darstellung in vier Blättern. (S. A. um 1750).

Den Seen ergeht es kaum besser als den Flüssen; bei übertriebener Größe und phantastisch lappigen Ufern haben sie nur zu oft falsche Lage (Weißer und Schwarzer See bei Specklin), ja sogar die Namen werden vertauscht (Meyer), schließlich auch eingezeichnet, wo keine sind, wie der Miltzfeldsee bei Specklin. Die Zeichenart beruht bei diesem z. B. auf wagerechten Schraffierungen, die bei ihm im Gegensatz zu den übrigen Kartographen nicht durch den ganzen See hindurchgezogen sind; er schraffiert also nur den Rand.

In den handschriftlichen Karten bediente man sich schon ganz im Anfang allgemein der blauen Farbe als Ausdrucksmittel für Wasser. Bisweilen sind die Uferlinien schwarz ausgezogen, bisweilen zeigt sich dunkleres nach der Mitte abtönendes Kolorit, bisweilen auch beides vereint.

Was nun die

Bodenkultur

anbelangt, so wird der Wald durch die ganze Epoche hindurch durch irgend eine Baumsignatur dargestellt, die entweder vereinzelt wie bei Seb. Münster oder zu Gruppen vereinigt angewandt wird. Die einzelnen Signaturen sind je nach dem Talent des Zeichners mehr oder minder einem Laubbaum ähnlich, nirgends aber wird, mit Ausnahme der Katasterpläne, ein Unterschied zwischen Laub- und Nadelholz gemacht.

Meyer weicht insofern von der üblichen Darstellung des Waldes ab, als er ihn in der Ebene aus der Vogelperspektive gesehen darstellt, d. h. wir dicht zusammengedrängte Wipfel erblicken und nur der uns zugekehrte Waldrand die ganze Baumsignatur zeigt. Mit ihm in Zeichnung stimmt auch Merian überein, letzterer läßt aber den großen Hagenauer Forst unberücksichtigt.

Die Tabula Peutingeriana und Meyer sind auch die ersten, die auf den Übersichtskarten das Waldgebirge einführen; während erstere verschiedene Baumarten als „silva Vosagus“ ohne Berge aufführt, bringt es Meyer dadurch zum Ausdruck, daß er die Berge besonders auf ihrer Schattenseite mit einer ihm eigenen Baumsignatur dicht besetzt.

Das Flächenkolorit für Wälder kommt eigentlich nur auf den handschriftlichen Karten und hier wieder in den Katasterplänen im ausgedehntesten Maße zur Anwendung, es wird sogar hier durch Verschiedenheit der Farbe die Holzart angedeutet. Dann und wann fehlen auch die üblichen in Farbe ausgeführten Baumsignaturen nicht. Interessant ist, daß schon Joh. Schott 1513 entweder durch Druck oder vielleicht auch vermittelst Schablone Flächenkolorit anwandte, während bei den Kupferstichblättern nur Handbemalung durchgeführt wurde. Immerhin ist Waldkolorit (Dankerts) auf gedruckten Karten sehr selten und auch unmöglich, sobald die politische Einteilung in den sehr kräftigen Farbtönen in der Anlage der ganzen Fläche erfolgte.

Bei keiner Darstellung der Baumsignatur aber fehlt der nach rechts fallende Schatten.

Neben dem Wald kommen dann auf den Übersichtskarten zum Ausdruck die verschiedenen Riedgegenden durch eine Signatur, die mit der heutigen für „nasse Wiese“ gebräuchlichen ziemlich gleich ist, so bei Baillieu, Jaillot. Auf den Spezialkarten kommt dagegen die Bodenkultur bei dem größeren Maßstab auch mehr zur Geltung, so vor allem der Acker durch Gruppen paralleler Linien, die Ackerfurchen ganz allgemein darstellend, welche Gruppen dann wieder unter sich kreuz und quer zueinander verlaufen. Ferner die Reben, die schon im sechzehnten Jahrhundert als Rebpfahl mit durchgeschlungenem S oder ε erscheinen, eine Signatur, die allgemein gebräuchlich ist. Schließlich macht die Cassini'sche Karte in der Wiesensignatur durch den Eintrag *Prairies* und *Marais* noch einen weiteren Unterschied.

Für die handschriftlichen Karten waren wieder die Farben das beste Ausdrucksmittel für die verschiedenen Kulturen. Stets erscheint der Acker als gelbe bis braune Ackerfurchen, bald auf weißem Grund (Katasterpläne), bald auf gleichgetöntem helleren Grunde (Xandel). Auf den Katasterkarten wird dann die Wiese dunkelgrün, die Weide hellgrün und das Rebgelände gelb angelegt, aber nur, wenn bei letzteren die übliche Signatur ausgelassen ist.

Daß auf Ansichten aus der Vogelschau die Bodenkultur am frühesten und im ausgedehntesten Umfang im Situationsentwurf durchgeführt wird, liegt in der Natur der Zeichenmethode.

Als das wichtigste jedoch im Karteninhalt galten stets die

Wohnstätten

und unter diesen zunächst die Städte und Dörfer, für die sich gleich zu Beginn der kartographischen Renaissance die ersten Anfänge unserer modernen Signaturen für Wohnstätten zeigen. Während sich aber auf der Tabula nova provinciae Rheni sup. nur der einfache Kreis sowohl für große als auch für kleine Orte, für Klöster und Schlösser in gleicher Anwendung ohne Unterschied findet, beginnt schon mit Specklin ein nicht zu verkennendes Bestreben nach Systematisierung, indem man Umfang und Form der Signatur mit der Bedeutung und Größe des darzustellenden Wohnorts in ein gewisses Verhältnis — zwar mehr nach der Bedeutung als nach der Größe — zu bringen sucht. Wohl konnte auch Specklin sich noch nicht ganz von der Vogelschau freimachen und wie Seb. Münster haftet er noch zu sehr an dem zu kartierenden Gegenstand, so daß vielmehr ein charakteristisches Ortsbild als eine allgemein gültige Signatur entsteht. Wir erkennen auf Specklin's Karte sehr deutlich das Straßburger Münster, die Wasserläufe und Brücken innerhalb der Stadt, die Mauern und Türme, alles aus der Vogelschau gesehen. Nun, Specklin ist eben Zeichner und nicht Kartograph. Aber auf der „Charte des Elsasses“ erscheint auch schon der einfache kleine Kreis in einigen Signaturen, der von nun an auf allen Karten entweder am Fuße oder in der Mitte des Zeichens erscheint und nur für die einzelnen alleinstehenden Häuser, die als solche eingezeichnet sind, in Wegfall kommt. Eigentümlich ist auch bei ihm die langgestreckte Form für Straßendörfer, wie Kandel, Urbis u. a.

Mercator verallgemeinert schon mehr; der Kreis allein tritt an Stelle von kleinen Orten, Klöstern und Schlössern, ja erscheint auch bisweilen da, wo Mercator durch einen anderen Namen als Ortsnamen irreleitet, einen solchen einzuzeichnen sich genötigt glaubt. (Siehe oben Landgraben, Miltzfeld, Le hault Donon.)

Mit Merian beginnt aber auf Übersichtskarten schon die moderne Darstellung der Städte als Pläne, eine von den Franzosen übernommene, besonders für Festungen angewandte Signatur, die von nun an Eingang in die deutsche Kartographie findet. Meyer folgt hierin Merian's Beispiel, sucht überhaupt als Erster durch Form und Größe der Signatur den dargestellten Gegenstand zu charakterisieren. Er erhöht den Wert und erleichtert die Lesbarkeit seiner Karte durch folgende in seiner Explicatio Notularum aufgezählten Zeichen: Urbs, Fortalitium, Pagus cum templo, Pagus cum Terra nobili, Arx, Monasterium, Officinallitriana, Villa. Neu in der Darstellung ist die Signatur officinallitriana, ein Haus, dem eine mächtige Rauchsäule entsteigt und in die französische Kartographie aufgenommen wird, um aber auf der Cassini'schen Karte durch den Eintrag *Manufacture* verdrängt zu werden. Seutter (1730) führt dann sogar acht Signaturen durch, darunter eine solche für verbrannte Dörfer (Rechteck mit Rauchsäule), fügt wie Specklin und Visscher den Reichsstädten einen doppelköpfigen Adler hinzu. Visscher gibt auch die Universitäten dadurch zu erkennen, daß er den Äsculapstab einzeichnet.

Bei Karten kleineren Maßstabs mußte notgedrungen eine Verminderung des Inhalts, als auch eine Verallgemeinerung der Signaturen erfolgen. So kommt es, daß N. de Fer und Jaillot nur drei (wovon die kleinste durch den einfachsten Kreis gebildet ist), Baillieu nur zwei, Douleseker vier Signaturen anwenden.

Umgekehrt erheischen Spezialkarten eine viel eingehendere Detaillierung, und schon Striedbeck verwendet auf seinen gestochenen Karten für die einzelnen Häuser — selbst in den Ortschaften — schraffierte Rechtecke, ohne aber Rücksicht zu nehmen auf wahre Straßenanlagen.

Nichts neues bietet die Carte géométrique de France, sie werwendet dieselben Signaturen wie die vorhergehenden französischen Karten, nur mit strengerer Durchführung.

Dagegen zeigen die handschriftlichen Karten (Katasterpläne) schon die rote Farbe für Geländekomplexe mit tieferem Kolorit auf der Schattenseite. Die Kirche — meist der Ausgangspunkt der Vermessung — ist im Aufriß rot eingezeichnet; nur selten sind die Dorfstraßen berücksichtigt. Die im Kupferstichlkabinett von Straßburg aufbewahrte Spezialkarte der Stadt

Ausschnitt
aus der
TABULA NOVA PARTICULARIS PROV. RHENI SUP.
Waldseemüllers 1513

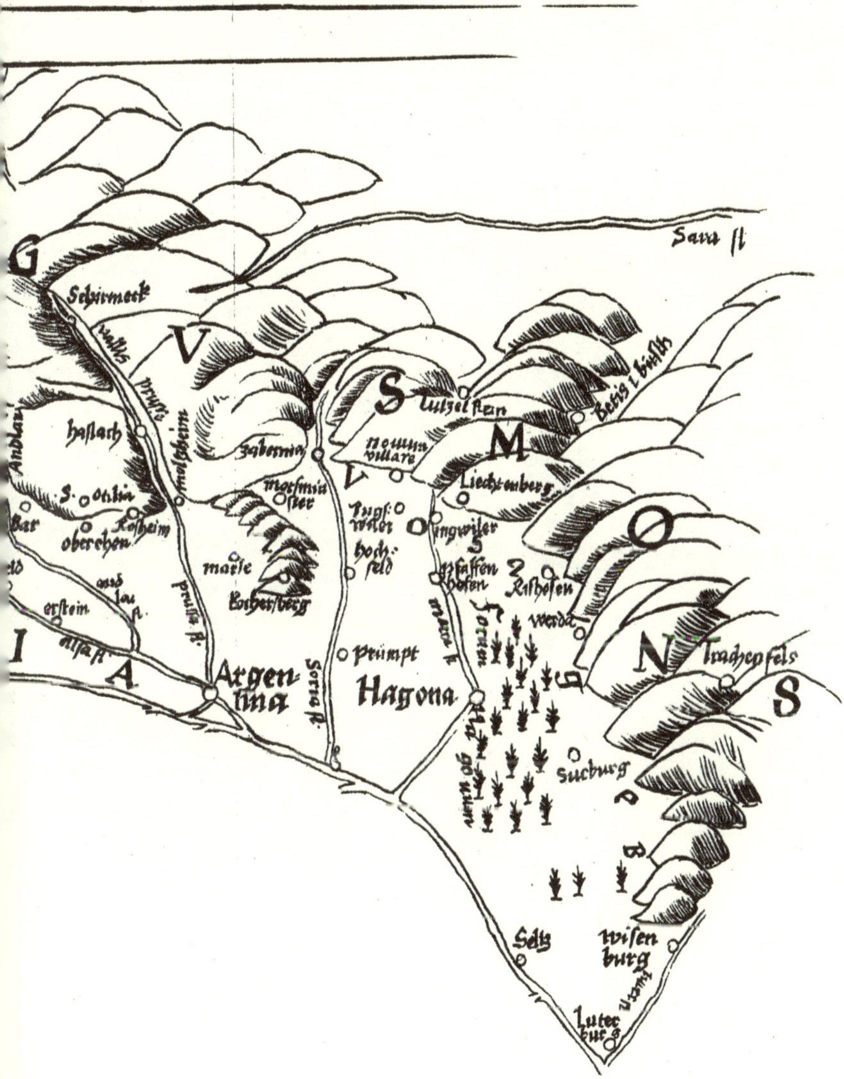
Sara fl
Schirmeck
haslach
Zaberna
Lutzelstein
nouum villare
Liechtenberg
Rosheim
oberehen
erstein
marle
Argen tina
Hagona
prümpt
Trachenfels
Sucburg
Selz
wisen burg
Luter burg

und Umgebung — ein Meisterwerk der Kartographie des 18. Jahrhunderts — zeigt wohl unter allen Karten die eingehendste Detaillierung, wobei jedes für sich stehende Haus als rotes, dem Umfang und Form entsprechendes Flächenteilchen erscheint.

Klöster, Abteien und alleinstehende Kapellen erscheinen schon im 16. Jahrhundert mit z. T. heute noch üblichen Signaturen versehen. So setzt Specklin der üblichen kleineren Ortssignatur den schiefliegenden Bischofsstab auf, welcher Zusatz aber von den Abschreibern, auch von Mercator, einfach übergangen wurde. Nur die Abtei Haslach (Breuschtal) wurde von Mercator und Merian übernommen.

Visscher verwendet für Bischofssitze ein aufgesetztes Kreuz und für Abteien den Hirtenstab, der bei ihm wie bei den Franzosen mehr dem Haken des deutschen Schluß-s gleicht. Meyer zeigt die Wallfahrtskirchen wie Dusenbach als einfachen Kirchturm, das „Monasterium" als übliche Ortsignatur (Kirchturm mit links und rechts je ein Haus) bei der aber das Kreuz des Kirchturms doppelten Querbalken zeigt, etwa wie ein Lothringer Kreuz (✠). Die Franzosen setzen der jeweils gebrauchten Ortsignatur den Bischofsstab auf, Jaillot sogar kennt schon für die Kapelle die bei uns heute übliche Form des Kreises mit aufgesetztem Kreuz. Seutter verwendet für den Bischofsitz den Bischofshut, für Prälatsitze den Hirtenstab und für Klöster ein Haus mit zwei Kreuzen. Die Cassini'sche Karte macht allerdings keinen deutlichen Unterschied zwischen Abtei, Klöster und Kapelle.

Ähnliches gilt von den Burgen und Schlössern. Während noch Münster direkte aber nicht immer richtige Ansichten der Burg zu geben sich bemüht, kennt bereits Specklin eine Signatur, die ganz allgemein eine Burg darstellt, gleich ob sie schon Ruine oder noch bewohnt. Aber schon Mercartor führt die moderne Form des Kreises mit aufgesetzter Fahne (Hohkingsperg) neben dem einfachen Kreis (Girbaden, Neideck usw.), während Merian zwei Signaturen[1]) anwendet ohne ersichtlichen Grund. Die französischen Kartographen verwenden mit Ausnahme von N. de Fer in ihren Übersichskarten durchweg die aufgesetzte Fahne, deren senkrechte oder schiefe Lage zur Burgsignatur bei Jaillot zum ersten Mal eingeführt wird, um

[1]) Kreis (Bernstein) und Kreis mit Fahne.

den Unterschied zwischen château und ch. ruiné[1]) zu machen. Die Cassini'sche Karte hat nicht weniger denn vier Signaturen[2]) ohne aber irgend welches Prinzip bei der Verteilung befolgt zu haben; manchmal muß man sich einfach mit dem Vermerk château wie bei Rappoltsweiler zufrieden geben.

Straßen.

Von den sogenannten „Itinerarien" abgesehen begegnen wir Straßeneinzeichnungen nur selten und zuerst auf Karten französischen Ursprungs sowie auf deren Plagiaten. N. de Fer's Haute et Basse-Alsace von 1690 zeigt die erste Straßensignatur im Elsaß, die aus zwei parallelen Linien besteht und von Visscher, Meyer, Baillieu, Hoffmann und anderen durchgeführt wird, während Jaillot stets nur die punktierte Doppellinie aufweist. Oft auch begegnen wir Karten, bei denen die Straßen nur in den angrenzenden Gebieten aufgeführt sind und im Elsaß ganz unberücksichtigt bleiben. Ob dies wohl eine Folge des sogenannten Staatsinteresses ist? Auch Seutter zeigt 1730 keine Straßenangaben, wohl aber Poststellen, ein sonderbarer Widerspruch.

Auf wahre Verhältnisse wurde bei dem Eintrag der Straßen so gut wie gar nicht geachtet; sie führen ohne Rücksicht auf Bodenerhebungen einfach in gerader Linie über Berge und Täler hinweg, nur durch die Itinerarien wurde hier Besserung geschaffen.

Im Gegensatz zu den Übersichtskarten kennt die Carte géométrique de France schon zwei Straßensignaturen, eine mit und eine ohne Baumpflanzungen. Die Bäume erscheinen als sehr kleine zu beiden Seiten in Reihen angeordnete Kreise; die Straßensignatur selbst besteht aus zwei parallelen Linien, wovon die östliche stärker ausgezogen, da ja in Frankreich allgemein das Licht als von Westen schräg einfallend gedacht war. Die Straßen sind nach Postrouten eingeteilt und als solche numeriert, auch ist große Sorgfalt auf richtige Lage verwendet worden.

Eine dritte Signatur, und zwar eine solche für Wege, zeigen die Katasterpläne. Dieselbe besteht aus zwei parallelen

[1]) Kreis mit nach rechts liegender Fahne.

[2]) Kreis, Kreis mit schiefer Fahne, liegender Turm mit Fahne, aufrechter und liegender Turm jeweils mit Fahne.

Linien, während hier die Straße von zwei Paar Linien begrenzt wird; das Ganze ist hellbraun angelegt.

Die Brücken

scheinen im Gegensatz zu den Straßen von größerer Bedeutung für die Kartographie gewesen zu sein, da sie so ziemlich auf allen Karten, auch auf solchen, die keine Straßen zeigen, sets als ein Paar kurze parallele den Wasserlauf senkrecht schneidende Striche vorhanden sind. Auffallend ist die lange von Schlettstadt nach Schnellenbiehl über das Ried führende lange Brücke, die schon bei Specklin zu einem einzigen kilometerlangen Übergang verwachsen erscheint. Die Rheinübergänge sind stets ziemlich genau eingezeichnet, wohl aus dem Grunde, weil diese Pässe befestigt und in genauen Plänen festgelegt waren, die nun von den Kartographen im Bestreben ihre Karten zu verbessern, mitherangezogen wurden. Die meisten Rheinübergänge zeigt Douleseker (1727) mit Basel, Hüningen, Neuburg, Breisach, Straßburg und Fort Louis. Bei ihm fehlt auch die lange Brücke bei Schlettstadt.

Von den übrigen

Kulturobjekten

finden wir auf Übersichtskarten schon bei N. de Fer, Jaillot, Seutter (1730) u. a. das uns bekannte Zeichen des gezahnten Kreises für Mühlen, ferner einzelne Häuser als solche eingezeichnet bei Meyer (Villa), selten bei Specklin, bei Jaillot nur an der Stelle der Zollgebäude (cense). Letzterer gilt auch für Glasfabriken (verrerie) eine Signatur bestehend aus einem Rechteck mit aufgesetztem Haken, der dem Fragezeichen gleicht, während Meyer seine officinallitriana mit der bereits beschriebenen Signatur gibt, die allerdings auch schon bei Seb. Münster's Lebertalkarte Anwendung findet mit dem Unterschied jedoch, daß hier mehr ein Fabrikgebäude mit hohem Schornstein abgebildet ist. Die Cassinische Karte kennt für derartige Anlagen nur die Signatur des Hauses mit dem Eintrag „manufacture“.

Das Bergwerk ist schon bei Seb. Münster als Stolleneingang mit aufgesetztem kleinen Kreuz mappiert, während Seutter die Haue anwendet. Er kennzeichnet auch die „Sauerbrunnen“ durch ein Trinkbecher und das „Gesundbad“ durch einen dampfenden Kübel. Denkwürdige Schlachten werden bei Seutter, Baillieu u. a. durch gekreuzte Schwerter, Belagerungen durch eine Kanone verzeichnet.

Schließlich seien noch die Poststellen zu erwähnen, die Seutter durch ein Posthorn, die Cassini'sche Karte als Haus mit dem Eintrag „Poste“ geben, zu denen sich dann noch auf letzterer Karte die „cabarets“ gesellen, ein Haus mit einem Fähnchen als Schild.

Gleichfalls ganz früh (Seb. Münster) erscheint auf den Karten die Richtstätte nicht selten mit Galgen und Rad, auf der Carte géométrique noch durch das Wort „Justice“ näher bestimmt.

Bei den handschriftlichen Karten und Plänen kommen dann noch die Grenz- und Gemarkungssteine hinzu, die auf den Katasterplänen rot und übertrieben groß eingezeichnet sind.

Die Karten jedoch kranken alle an dem Mangel einer vorausgegangenen genauen trigonometrischen Vermessung von Grund und Boden. Die Lage der Orte, der Lauf der Flüsse usw. stimmt in den meisten Fällen mit den Angaben unserer neuesten Karten garnicht überein. Ähnlich wie der heutige Forschungsreisende in ferneren Ländern, bediente man sich bei der Landesaufnahme der Festlegung von „Kurs und Distanz“ durch Kompaß und Meßkette ja nur zu oft durch bloßes Abschreiten (siehe Münster's Belehrung weiter oben).[1]) Obwohl die ersten astronomischen Ortsbestimmungen schon 1670 in dem vorbildlichen Frankreich erfolgten, sollte erst Cassini eine Karte auf streng mathematischer Grundlage aufbauen. Auch die Anwendung der

Projektion schuf hier keine Besserung. Man zeichnete womöglich das Netz in die Karte, nicht den Situationsentwurf in das Netz. Der erste, der eine mit Gradeinteilung versehene Karte unserer Gegenden zeichnete, ist Mercator. Seine Vorgänger kümmern sich überhaupt nicht um eine Projektion, es

---

[1]) Daß derart ganz bedeutende, oft mehrere Kilometer betragende Schwankungen der Ortslage vorkamen, liegt in der Natur des Aufnahmeverfahrens.

wird einfach nach einem Koordinatensystem gearbeitet, das in das Blatt eingepaßt wird, wie es eben am besten geht. Ein solches System gelangt sogar bei Specklin noch zur Darstellung.

Mit Mercator wird in unsere Kartographie die Kegelprojektion eingeführt und von den Kopisten bis zu Cassini übernommen. Mercator's Alsatia inferior und Alsatia superior sind noch als Plattkarten behandelt. Seutter (1730) und andere geben überhaupt keine Gradeinteilung, oder wenn sie es tun, werden bisweilen die Netze nicht durchgezogen. Man muß sich jedoch hüten, hier Genauigkeit suchen zu wollen, die Herren Kupferstecher nahmen es damit ebensowenig streng, wie mit dem Karteninhalt.

Anders die Cassini'sche Karte, deren Projektion aus der Idee des Planes erwachsen war, so daß die Blätter Frankreichs eine lückenlos ebenflächige Karte ergeben. Zugrunde liegt hier ein Paar senkrecht sich schneidende Linien, wovon die eine mit dem Meridian von Paris identisch ist, während die andere von Westen nach Osten verläuft und den größten durch Paris gehenden Kugelkreis bildet (wenn wir die Erde als Kugel betrachten wollen). Diese sogenannte „Perpendiculaire" ist für uns um so wichtiger, als gerade Straßburg auf ihr liegt. Der Gesamtentwurf ergibt also eine Zylinderprojektion wie die Mercator'sche, mit dem Unterschied, daß der Berührungskreis der Erde mit dem Projektionszylinder vom Meridian von Paris gebildet wird. Mercator'sche und Cassini'sche Projektion durchdringen sich senkrecht.

Ein weiteres fällt uns auf den Karten auf. Der Anfangsmeridian ist nur äußerst selten angegeben, obwohl gerade die Wahl desselben stets schwankt. Hierüber sowie über die Fehler in den Messungen, gibt die umstehende kurze Tabelle näheren Aufschluß, in der die Lage Straßburg's auf den hauptsächlichsten Karten angegeben ist.

Danach steht fest, daß De l'Isle, wie die Franzosen überhaupt seit 1634 nach dem Meridian von Ferro zählen, der dann später in den von Paris übergeht (Cassini) und Seutter seine Zählung mit Las Palmas beginnt. Wie steht es aber mit den Anfangsmeridianen der übrigen Kartographen? 29° westl. von Straßburg läuft ein Meridian, der durch Boavista (Kap Verdi'sche Inseln) geht, während die 27° Mittagslinie auf keine Inselgruppe stößt. Ist das auf Fehler in den Vermessungen zurückzuführen,

Autor	Breite	Länge	Anfangsmeridian
Mercator	48° 26′	keine	
Dankerts	48° 24′	27° 32′	?
Sanson	48° 30′	29° 28′	?
Visscher	48° 28′	29° 27′	?
Valk	48° 28′	27° 28′	?
De l'Isle	48° 36′	25° 26′	Ferro (Paris)
Jaillot 1707	48° 31′	28° 18′	?
Seutter 1720	48° 28′	29° 27′	?
Seutter 1730	48° 34′	23° 20′	Las Palmas
Homann's Erben	48° 28′	29° 27′	?
Cassini	48° 34′	5° 26′	Paris

so sind diese für jene Zeit doch recht bedeutend (rund 4°). Die Lage Straßburgs schwankt also um rund 296 Kilometer von West nach Ost, während in der Breite eine Schwankung von 12 Minuten, also um 22 km vorhanden ist. Dagegen kommt schon De l'Isle mit 48° 36′ B. und 25° 26′ L. der Wirklichkeit (48° 35° B. und 25° 25 ö. L. v. Ferro) sehr nahe. De l'Isle und Cassini haben dieselbe Länge (der Unterschied von 20° ist ja nur durch die beiden Ausgangspunkte Paris und Ferro bedingt, die eben um diesen Betrag in ost-westlicher Richtung voneinander entfernt liegen), dagegen ist die Breite des ersteren um eine Minute zu groß, die des letzteren um eine zu klein.

Die gleiche Anarchie herrscht im Maßstab und in den zugrunde gelegten Maßeinheiten. Erst durch Schaffung des Metermaßes [1]) wurde auch hier, aber nur sehr langsam, aufgeräumt. Verjüngungsmaßstäbe erscheinen ganz kurz vor Schluß unserer Periode (Katasterpläne), sonst ist nur der lineare Maßstab eingezeichnet. Bei den oberflächlichen Messungen können wir bei den Karten von Cassini eigentlich nur von einem Durchschnittsmaßstab sprechen, wie wir es bei Specklin gesehen, und erst nachdem genaue trigonometrische Vermessungen vorgenommen waren, hört die Schwankung des Maßstabs auf ein und derselben Karte auf. Derselbe beträgt für die Carte géom. de France 1:86.000, für die Katasterpläne 1:4774, wenn man

[1]) Zum ersten Mal auf der Carte géométrique de France neben dem Toisenmaß.

für die angewandte „perche“[1]) die gebräuchlichen „perche de l'arpent commun“ mit 6,496 m zugrunde legt. Obwohl aus der Hand verschiedener Zeichner, ist der angewandte Maßstab für sämtliche Blätter gleich durchgeführt.

Auch die Orientierung, d. h. die Lage der NS-Linie zum Beschauer nimmt alle nur denkbaren Richtungen ein. Oft wurde so orientiert, wie es dem Zeichner für seine Arbeit am bequemsten erschien. Für das Elsaß war oft die Länge gegenüber seiner Breite für die Lage bestimmend, indem man der Bequemlichkeit halber Norden nach rechts verlegte, wie Münster, Specklin, Mercator, Meyer. Eine eingezeichnete Boussole oder auch wie bei Seutter die lateinischen Namen der Himmelsrichtungen sorgen übrigens stets für richtige Orientierung. Aber auch die Lage mit Norden oben treffen wir bei Visscher, Dankerts, Jaillot, Hohmann, Seutter, Cassini. Allerdings kamen hier auch benachbarte Gebiete mit zur Darstellung, so daß die Karten oft nahezu quadratisch ausfallen, dem Zeichner also durch irgend eine bestimmte Lage für seine Arbeit kein Vorteil entstand. Auch Orientierungen nach links sind vorhanden bei N. de Fer, dann auf Stadtplänen (Homann), und schließlich begegnen wir auch Nordlagen unten in Plänen aus der Hand des durch seine sonderlichen Karten bekannten N. de Fer.

Auf den Katasterplänen, die der Bequemlichkeit halber mit der Längsseite quer zum Beschauer liegen, verweist stets ein großer kunstvoll ausgeführter Pfeil nach der Nordrichtung.

Auch Merian's Ansichten zeigen im Vordergrund perspektivisch dargestellt eine Boussole, deren Nadel oft nach Süden weist.

Eng mit der Orientierung zusammen hängt der Einfall des Lichts, der für den Zeichner stets von links erfolgt, und wir somit Karten bald von Süden, bald von Osten, bald von Westen beleuchtet erhalten. Seutter (1730) leistet sich auch ruhig eine Beleuchtung von Norden. In Frankreich ist, wie schon erwähnt, das von Westen schräg einfallende Licht üblich. Gleichfalls mit der Orientierung hängt auch die Richtung der Schriftzüge zusammen. Während sie bei Münster noch kreuz und quer laufen, strebt bereits Specklin eine möglichste Gleichheit der Schreibrichtung an, wozu allerdings das feinere Verfahren des Kupferstichs, sowie die Einführung der lateini-

[1]) Am Fuße der Blätter findet sich stets der Verjüngsmaßstab 100 perches de 22 pieds = 136 mm lang.

schen Kursivschrift an Stelle der gotischen Buchstabenschrift viel dazu beigetragen haben mag.

Was nun die Namen selbst anbetrifft, so sind sie als eines der geeignetsten Kriterien heranzuziehen, wenn es sich darum handelt, die Filiation der Karten zu verfolgen. Nur zu oft kann man konstatieren, wie durch Verlesen Schreibfehler entstehen, die nicht mehr auszurotten sind. Vieles ist ja schon im Laufe der Arbeit gesagt worden, es seien hier also kurz nur einige Reste früherer Bezeichnungen angeführt. Die Specklin'sche Bezeichnung für die Vogesen „auf der Furst", die auch von Mercator übernommen wurde, lebt noch im heutigen „Firstacker" (Belchen), im „Château de Faîte" u. a. weiter. Daneben kommt der Name: Silva vosegus (Peuting.), silva Vaseus, Wosagus Mons (Specklin), welcher mit seinen Varianten der häufigere ist. Bei Visscher, Jaillot und Seutter treffen wir ein „Montagne de Vauge", aus dem sogar ein „Wald und Gebirch von Vauge" (Valk) und schließlich gar ein „Vogelsberg" (Delisle) wird.

Einzelne Bergnamen gibt nur Specklin und werden merkwürdigerweise von den Abschreibern nicht oder nur wenig übernommen. Er kennt: Der Belche, Undersberg (Ungersberg), Birk (wohl Birkenfels), Miltzfeld, Hofelt, Gr. Thonn, K. Thon; Hassensprung (N vom Donon)?, Falberg NO von Zabern, Nebersberg und den Kopf. Mercator übernimmt nur den Belchen und den „hault Donon", sonst wird nur der Kopf in seiner merkwürdigen Darstellungsart auf den Karten angegeben.

Besonders aber hat die französische Kartographie gesündigt an den Namen. Tassin's verunglückte Übertragungen sind schon weiter oben erwähnt worden, aber auch die Cassini'sche Karte verfährt nicht viel besser, so befand sich z. B. beim Vorort Ruprechtsau der bekannte Wasserzoll, aus dem wird ein „La Vassersol"! Bläsheim wird zu „Plaisheim" usw. Man hat den Eindruck, als ließen sich die französischen Kartographen die Ortsnamen vorsprechen und schrieben sie nun mit französischem Lautstand nieder.

Die Katasterpläne zeigen nur ganz selten Entstellungen. Die Politischen Grenzen sind ebenso wie die administrativen Grenzen, wenn überhaupt vorhanden, ganz allgemein und unbestimmt ausgeprägt. Die Grenzlinien verlaufen in Figuren, die mit den heutigen auf Grund der Gemeindegrenzen entstandenen kaum oder nur geringe Ähnlichkeit haben.

Meistens ist nur die einfach punktierte Linie angewandt, die ohne Rücksicht auf Terrainunebenheiten in phantastisch krummen Linien verläuft. Eine Trennung zwischen Landes- und Bezirksgrenzen durch verschiedenartige punktierte Linien kommt nicht vor; hier muß das Kolorit herhalten, das bald Flächen (Visscher, Seutter), bald Randkolorit (Jaillot) bisweilen auch beide vereint, ist. Da die Karten in dieser Periode nur Handkolorit sind, so kommen ebenso viele Varianten als Blätter vor. Im Gegensatz zu der grellen Kolorierung der Holländer stehen die Karten aus deutschen und französischen Offizinen, wo besonders in späterer Zeit eine sinngemäße, der leichteren Lesbarkeit dienende dünne Bemalung Verwendung fand.

Versuch eines Stammbaums der hauptsächlichsten Karten des Elsasses.

Vorausgeschickt sei hier folgendes: Es handelt sich nur um einen Versuch, denn zu einer genauen Filiation wäre es nötig gewesen das Material, das in Bibliotheken sowohl privater als öffentlicher Natur verteilt ist, zu sammeln, um nebeneinandor vergleichen zu können, welchem Vorhaben aber die verschiedenen Lese-Ordnungen gegenüberstanden. Ich mußte mich daher beschränken, den Vergleich nur auf diejenigen Gegenden auszudehnen, die mir persönlich am bekanntesten waren, d. h. auf das Gebiet zwischen Breusch- und Lebertal.

In den Stammbaum sollten nur diejenigen Karten aufgenommen werden, die aus der Hand namhafter Kartographen und aus bekannten Offizinen hervorgingen, da sie selbst wieder die Quellen zu zahllosen wertlosen Abschriften abgeben mußten.

Die Filiation selbst wurde auf Grund der in der Arbeit erwähnten Kriterien (Ortsnamen, Behandlung des hydrographischen Netzes usw.) durchgeführt, aber oft ist durch geringe Sorgfalt, Phantasie, Verlesen, persönliche Auffassung und dgl. die Quelle derart verwischt, daß es beinahe zur Unmöglichkeit wird, die Unterlage, besonders wenn es mehrere waren, zu erkennen. Zum Teil lag hierin Absicht, um das Privilegium der Vorlage zu umgehen, zum Teil geschah es aber auch, um wirklich neues zu gestalten. Letzteres gilt von De l'Isle's Karte, der eine gute Kopie Specklin's benutzte, in der Bearbeitung des Flußnetzes aber eigene Wege ging.

Zweifelhaft wird dann wieder die Filiation, wenn man

die ungefähre Herstellungszeit einer Karte nur nach ihrem Inhalt bestimmen kann, man also nicht auf das Jahr genau festzustellen vermag, welche von zwei ähnlichen Karten die ältere ist. Dies ist der Fall bei Vis(s)cher und Meyer. Beide Blätter haben viel Ähnlichkeit (z. B. Straßenführung), so daß man zur Annahme gegenseitiger Abschrift geneigt ist, und zwar müßte Visscher dem kleinen Maßstab und geringeren Inhalt nach Meyer's Blatt abgeschrieben haben, und doch liegt dem Inhalt nach seine Karte vor 1699. Es bleibt uns schließlich nur noch die Hypothese einer gemeinsamen Quelle, und damit gelangen wir zu einem weiteren wichtigeren Punkt: Die alten Karten wurden mehr als Antiquitäten und Kuriositäten, nicht aber als das Hilfsmittel der Geschichtswissenschaft behandelt, das sie nun einmal sind. So besitzt das Kupferstichkabinett zu Straßburg die ausgedehnteste Sammlung an Karten, Plänen und Ansichten, die geolog. Landesanstalt ebendaselbst das einzige Exemplar der mir bekannten ersten französischen Bearbeitung Specklins vom Jahre 1636, die Fortifikation alte Pläne der Stadt. Die Folge dieser nebensächlichen Behandlung ist, daß die Karten nur selten katalogisiert sind und so beim Nachforschen manches Blatt entgeht, das als Zwischenglied den Stammbaum nur berichtigen könnte. So konnte ich zum Beispiel keine Originalkarte auffinden, auf der zum ersten Mal der Name Waselonn (franz. Waselonne für Wasselnheim) eingetragen war; er tritt, wie auch viele andere, auf unzweifelhaft abgeschriebenen Karten auf, daher meine Hypothese einer verloren gegangenen guten franz. Bearbeitung der ersten Karten Möglich ist, daß mir die Karte entging, vielleicht findet sie sich in irgend einer Privatsammlung. Schließlich bleibt noch abzuwarten, ob der uns aus Berlin versprochene Katalog dortiger Karten des Elsasses neue Beiträge zu unserer Kartographie bringt.

Und nun zum Stammbaum selber.

In der ganzen hier behandelten Epoche und noch über diese hinaus greifen sämtliche Kartographen sowohl für Übersichtskarten als auch für den bedeutendsten Teil der gedruckten Spezialkarten mehr oder minder direkt auf Specklin's Arbeit zurück. Direkt abgeschrieben sind sie zunächst von Mercator und dann hauptsächlich von den Franzosen, unter denen wieder Sanson am meisten kopiert wird.

Der Stammbaum setzt sich zusammen wie folgt:

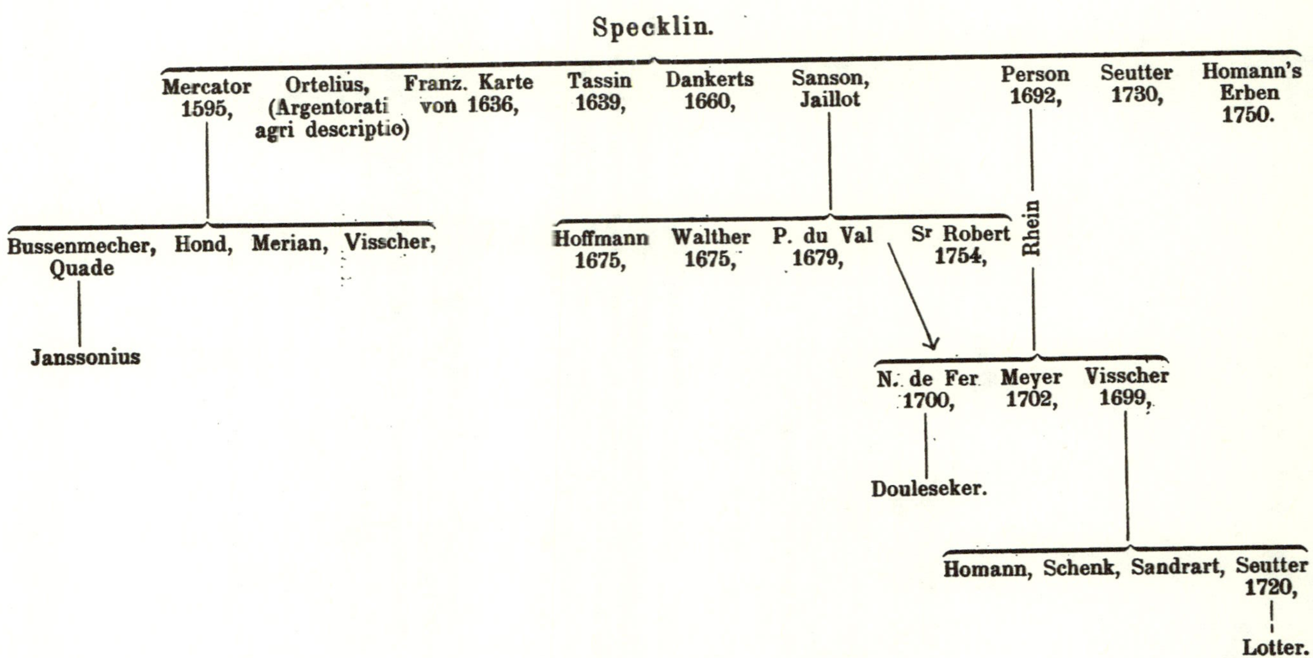
Specklin.
Mercator 1595,
Ortelius, (Argentorati agri descriptio)
Franz. Karte von 1636,
Tassin 1639,
Dankerts 1660,
Sanson, Jaillot
Person 1692,
Seutter 1730,
Homann's Erben 1750.
Bussenmecher, Quade
Hond,
Merian,
Visscher,
Janssonius
Hoffmann 1675,
Walther 1675,
P. du Val 1679,
Sr Robert 1754,
Rhein
N. de Fer 1700,
Meyer 1702,
Visscher 1699,
Douleseker.
Homann, Schenk, Sandrart, Seutter 1720,
Lotter.

Abkürzungen.

L	Landes- und Universitätsbibliothek.
BA	Bezirks-Archiv.
SA	Stadt-Archiv.
P	Privatsammlung.
K	Kupferstichkabinett.
G	Geologische Landesanstalt.
o. J.	ohne Jahresangabe.
o. N.	ohne Namensangabe.

Anmerkung.

Die in Klammern hinter dem Kartentitel angeführten Maße beziehen sich nur auf das Kartenbild selbst, sind also nur innerhalb der innersten Umrandungslinie gemessen.

Nachschrift.

Infolge besonderer Umstände, namentlich eines schweren Schicksalsschlages in der Familie, ist die Arbeit nur zu einem vorläufigen Abschluß gelangt. Ohne der Redaktionskommission vorgelegen zu haben, mußte sie in die Druckerei gegeben werden. Ich bitte deshalb um Nachsicht. Ich hoffe in nächster Zeit unter Ausnützung der durch die Kartenausstellung des Geographentags zu Straßburg gebotenen Gelegenheiten die Arbeit ergänzen und zu einem endgültigen Abschluß bringen zu können.

Was leistete die Deutsche Kolonialgesellschaft 1913?

Oberstleutnant z. D. Herold.

Durch die 1913 bekannt gewordenen glänzenden Ergebnisse der Kaiserin Augusta-Fluß-Expedition hat die topographische Erforschung von Neu-Guinea einen Stand erreicht, der die Erforschung durch eine Luftschiff-Expedition auch dann zwecklos machen würde, wenn nicht namhafte Luftschifferkreise sich mit dem Reichskolonialamt diesem Projekt gegenüber ablehnend verhalten würden, in voller Übereinstimmung mit dem Urteil aller mit der Reisetechnik im Innern Neu-Guineas vertrauten Personen.

Bezüglich der Neu-Kameruner Grenz-Expedition berichtete der Gouverneur von Kamerun telegraphisch, daß am 5. Dezember die Arbeiten der Monda-Tschua-Grenzexpedition, Führer: Hauptmann Abel, beendet sind. Hiermit haben die unter sehr schwierigen Verhältnissen ausgeführten Grenzvermessungen von Neu-Kamerun ihren Abschluß erreicht.

In der Zeit vom 5.—10. Juni 1913 fand in Straßburg auf der Wanderausstellung der Deutschen Landwirtschaftsgesellschaft eine von der Deutschen Kolonialgesellschaft veranstaltete kolonialwirtschaftliche Ausstellung statt.

Da gleichzeitig mit der Ausstellung eine Sitzung der kolonialen Abteilung der Deutschen Landwirtschaftsgesellschaft stattfand und ferner der erste deutsche Sisalpreiswettbewerb, während der Tagung seine Erledigung fand, war für die Kolonialinteressenten eine Fülle von Anregung geboten. Leider ist der Erfolg der ebenso gut geleiteten wie gut besuchten Ausstellung nicht in einer Zunahme der Mitgliederzahl der Abteilung äußerlich zum Ausdruck gekommen.

In der Vorstandssitzung der Deutschen Kolonialgesellschaft in Homburg am 4. Juni 1912 wurde der Voranschlag für 1913 in Einnahmen und Ausgaben wie folgt festgesetzt:

	Voranschlag 1913 ℳ	ℳ
Einnahmen.		
1. Mitgliederbeiträge	229 500	
2. Abonnements (Post- und Buchhandelabonnenten)	2 500	
3. Zinsen aus den verfügbaren Mitteln und kapitalisierten Beiträgen der ständigen Mitglieder	11 100	
4. Zinsen aus festgelegten Kapitalien .	52 500	
5. Zentral-Auskunftsstelle für Auswanderer	45 000	
6. Sonstige Einnahmen	900	
		341 500
Ausgaben.		
1. Hauptversammlung, Vorstands- und Ausschußsitzungen	20 800	
2. Verwaltung	37 080	
3. Veröffentlichungen der Gesellschaft .	105 620	
4. Werbung	39 000	
5. Bücherei	3 500	
6. Geschäftsräume	18 600	
7. Verschiedenes	14 970	
8. Dispositionsfonds des Herrn Präsidenten	3 000	
9. Zentral-Auskunftsstelle für Auswanderer	45 000	
10. Für sonstige koloniale Zwecke . .	53 930	
		341 500

Auf der Hauptversammlung am 4. und 5. Juni wurde nach Genehmigung des Geschäftsberichts für 1912 der Bericht des Deutsch-Ostafrikanischen Besiedelungskomitees zur Kenntnis genommen. Hierzu wurden folgende Entschließungen gefaßt:

a) Die Deutsche Kolonialgesellschaft ist der Überzeugung, daß eine baldige planmäßige Besiedlung der gesunden Hochländer unserer Kolonien dringend zu wünschen ist. Sie richtet deshalb an das Reichs-Kolonialamt die Bitte, energisch darauf hinzuarbeiten, daß die Besiedelung in keiner Weise erschwert, sondern planmäßig mit Mitteln des Reiches gefördert werde.

b) Die Deutsche Kolonialgesellschaft beschließt den Fortbestand des Besiedelungkomitees und stellt ihm die Aufgabe, seine Tätigkeit zur Förderung der Siedelung in Deutsch-Ostafrika nach Maßgabe der sich jeweilig ergebenden Verhältnisse fortzusetzen.

Von dem Beschlusse zu a wurde dem Staatssekretär des Reichs-Kolonialamts Mitteilung gemacht. In der Antwort vom 14. Juli wurde bemerkt:

Wenn in der auf der Hauptversammlung in Breslau am 4. v. Mts. gefaßten Resolution die Bitte an mich gerichtet wird, die Besiedelung der gesunden Hochländer unserer Kolonien planmäßig mit Mitteln des Reiches zu fördern, so darf ich zunächst die gefällige Mitteilung einer Denkschrift anheimstellen, in der die weiter gewünschten Maßnahmen und die Art und Weise der Aufbringung der erforderlichen Mittel durch das Reich dargelegt werden.

Das deutsch-ostafrikanische Besiedelungskomitee ist gebeten worden, die erwähnte Denkschrift zu bearbeiten.

In der Vorstandssitzung der Deutschen Kolonialgesellschaft in Cöln am 28. November 1913 wurde über die Ausführung der Breslauer Beschlüsse am 4. und 5. Juni berichtet.

Der Ausschuß wurde ermächtigt, mit Herrn Professor Eckert in Verbindung zu treten, um ihn gegen Honorar für die weitere Bearbeitung des Wirtschaftsatlasses zu gewinnen. Herr Professor E. erklärte sich bereit, gegen ein Honorar von 500 Mk. die Bearbeitung der neuen Auflage zu übernehmen. Von der Denkschrift des Ausschusses über die Aufgaben der Eisenbahnkommission wurde Kenntnis genommen und auf ihren Antrag beschlossen, für die Arbeiten dieser Kommission einen Beitrag bis zu 5000 Mk. zu bewilligen.

Für die Herausgabe des „Archivs für Schiffs- und Tropen-Hygiene“ wurde wie bisher eine Beihilfe von 1000 Mk. bewilligt.

Der Betrag von 4000 Mark für die Einrichtung einer kolonialwirtschaftlichen Ausstellung auf der Landwirtschaftlichen Wanderausstellung in Hannover 1914 wurde bewilligt.

Ein Bericht des Vorsitzenden der Abteilung Windhuk über die Heimfarm Brakwater wurde zur Kenntnis genommen und der Frau von Falkenhausen in Brakwater für die weitere Ausgestaltung ihrer Heimfarm eine Beihilfe von 2000 Mark gewährt.

Auf Antrag des Herrn Grafen von Arnim-Muskau wurde folgende Entschließung gefaßt:

Der Vorstand sieht in der fortschreitenden Islamierung von Deutsch-Ostafrika eine ernste politische und kulturelle Gefahr, der entgegengetreten werden muß. Das Reichs-Kolonialamt möge in dieser Richtung unter Anforderung der nötigen Mittel zweckentsprechende Maßnahmen veranlassen.

Die in Ausführung dieses Beschlusses am 19. Juni an den Staatssekretär des Reichs-Kolonialamts gerichtete Eingabe wurde wie folgt abgelehnt:

„Die Islamfrage ist bekanntlich auch Gegenstand der Diskussion während der abgelaufenen Session des Reichstags gewesen. Wie sich aus den Verhandlungen ergibt, habe ich angeregt, vor allem die Wurzeln der islamitischen Propaganda zu erkennen und daraus Lehren zu ziehen, um unserer höheren christlichen Kultur ihr natürliches Übergewicht zu verschaffen. Von dem gleichen Gesichtspunkte ausgehend habe ich der Deutschen Gesellschaft für Islamkunde zur Förderung ihrer Studien einen Beitrag gewährt.

Angesichts der internationalen Vereinbarungen über die Freiheit der Kulte würde ich in Deutsch-Ostafrika Maßnahmen aggressiver Natur seitens der Verwaltung gegenüber dem Islam nicht gutzuheißen vermögen. Die Anforderung von Reichsmitteln für derartige Zwecke kommt daher nicht in Frage.“

Die Kaiserliche Regierung folgt mithin aus politischem Zwange dem Beispiele der englischen Regierung in Lagos, welche dort der Schaffung einer mohammedanischen Hochschule keine Schwierigkeiten in den Weg setzt.

Schließlich wurde davon Kenntnis genommen, daß wiederum Spenden für Preisausschreiben zur Verfügung gestellt worden sind und zwar seitens des Herrn E. A. Oldemeyer in Bremen der Betrag von 3000 Mark als Preis für ein Quantum von 5000 kg Merino-Schweißwolle aus einer Schäferei Deutsch-Südwestafrikas und seitens der Vereinigung der Berliner Blumen- und Federn-Industrie der Betrag von 10000 Mark, der demjenigen in den deutschen Kolonien zufallen soll, der zuerst und zwar vor dem 31. Dezember 1918 nachweist, daß er 500 Silberreiher in Farmen gezüchtet hat.

Der Bericht der Eisenbahn-Kommission wurde zur Kenntnis genommen und folgende Resolution gefaßt:

Die Hauptversammlung der heute am 4. Juni in Breslau tagenden Deutschen Kolonialgesellschaft hat mit um so größerer Genugtuung von den öffentlich bekundeten Absichten des Herrn Staatssekretärs des Reichs-Kolonialamts Kenntnis genommen, in großzügiger Weise die Weiterentwicklung der Eisenbahnen in unseren afrikanischen Schutzgebieten fördern zu wollen, als sich diese mit den schon seit Jahren wiederholt zum Ausdruck gebrachten Bestrebungen der Deutschen Kolonialgesellschaft decken. Sie spricht daher dem Herrn Staatssekretär ihre dankbare Zustimmung hierzu, wie auch insbesondere zu der von ihm überzeugend nachgewiesenen notwendigen Verbilligung der Eisenbahntarife zum Zwecke schnellerer Erschließung und wirtschaftlicher Erstarkung unserer Schutzgebiete aus.

Zu dem Antrage der Abteilung Togo, betreffend Fortführung der Palimebahn von Togo nach Kpandu wurde auf Antrag der Eisenbahn-Kommission beschlossen, das Reichs-Kolonialamt zu bitten, für Vorarbeiten zur Fortführung der Palimebahn von Togo nach Kpandu die erforderlichen Mittel in den Reichshaushaltsetat für 1914 einzustellen. Das Kolonialamt hat aber dem Projekt der Verlängerung der Eisenbahn über Atakpame hinaus leider den Vorzug gegeben.

Auf Antrag der Abteilung Karlsruhe ist beschlossen worden:

Das Reichs-Kolonialamt wird gebeten, darauf hinzuwirken, daß die in den deutschen Kolonien entstehenden Neubauten, sowohl öffentliche wie private, mehr als bisher in ihrer äußeren Erscheinung dem Charakter des Landes angepaßt und sowohl hinsichtlich des Materials, wie der Bauformen mehr im Sinne einer bodenständigen Architektur ausgeführt werden.

In Ausführung dieses Beschlusses ist am 21. Juni eine Eingabe an den Staatssekretär des Reichs-Kolonialamts gerichtet worden, der den Beschluß der Kolonialgesellschaft den Gouvernements hat zugehen lassen und sie dabei auf die Anregung, Bauberatungsstellen einzurichten, besonders hingewiesen hat.

Auf Antrag der Abteilung Berlin wurde beschlossen, den Reichskanzler zu ersuchen, von dem im § 113 der Verordnung vom 28. Januar 1909 betr. die Selbstverwaltung in Deutsch-Südwest-Afrika vorbehaltenen Rechte, dem Landesrat dieses Schutzgebietes geeignete Angelegenheiten zur Beschlußfassung zu überweisen, baldigst Gebrauch zu machen.

Hieraus teilte der Staatssekretär des Reichs-Kolonialamtes mit, daß eine diesbezügliche Verfügung getroffen sei.

Auf dem Gebiete der Werbung ist die Abteilung Berlin im Jahre 1913 mit glänzendem Beispiel vorangegangen. Es wurden nicht weniger als 41 Vorträge in Groß-Berlin in Kreisen gehalten, die sonst der Kolonialbewegung fernstehen. Diese Vorträge fanden große Teilnahme und führten zu korporativen und einzelnen Beitritten.

Überblickt man die Leistungen der Kolonialgesellschaft des Jahres 1913, so vermißt man mit Bedauern das Eintreten mit großen Mitteln für ein großzügiges Unternehmen; wir sehen die Mittel der Gesellschaft ausgegeben für einzelne untergeordnete Zwecke. Es ist viel Kleinarbeit geleistet worden, da leider der Gesellschaft große Mittel fehlen.

Um der Gesellschaft neue Mitglieder zuzuführen, sind in die Augen fallende Erfolge nötig, wie z. B. derjenige der Augusta-Fluß-Expedition in Neu-Guinea. Leider ist in weiten Kreisen des deutschen Volkes das Interesse für die Kolonialgesellschaft trotz deren nationalen Charakters gering.

Jeder national gesinnte Deutsche sollte zunächst Mitglied der Deutschen Kolonialgesellschaft werden und mit deren Mitgliedschaft den Nichtbeitritt zu Vereinen anderer Art ablehnen. Erst wenn die Kolonialgesellschaft statt 43000 Mitglieder deren 100000 zählt, wird sie imstande sein, in voller Großzügigkeit für Deutschlands kolonialwirtschaftliche Interessen zu arbeiten!

Jahresbericht

erstattet vom 1. Schriftführer Prof. Dr. Gähtgens.

1. Vorgänge in der Gesellschaft.

Später als sonst und in neuem Gewande erschienen in diesem Jahre die Mitteilungen der Gesellschaft für Erdkunde und Kolonialwesen. Die Ursache dieser Verzögerung war der XIX. Deutsche Geographentag, der vom 2.—4. Juni 1914 in Straßburgs Mauern tagte, und dem unsere Gesellschaft den ersten Teil des vorliegenden 4. Heftes als Festschrift gewidmet hat. Der Jahresbericht kann sich trotzdem nur mit den Vorgängen beschäftigen, die sich im Laufe des Jahres 1913 abgespielt haben.

Durch eifrige Werbetätigkeit ist es gelungen, die Mitgliederzahl auch in diesem Jahre, wenn auch nur in geringem Maße, zu steigern. Am 1. Januar 1913 zählten wir 512, am 1. Januar 1914 518 Mitglieder. Ausgeschieden sind 115 (gegen 84 im Vorjahre), neu hinzugetreten 121 (gegen 124 im Vorjahre). Von den 518 Mitgliedern gehören 284 (gegen 297 im Vorjahre) der Deutschen Kolonialgesellschaft an.

Gelegentlich des ersten Vortragsabends, am 14. Januar 1913, stellte der 2. Vorsitzende, Herr Prof. Dr. Sapper, den zahlreich Versammelten unseren neuen 1. Vorsitzenden, Herrn Generalmajor v. Harbon vor, der seine Tätigkeit als Vorsitzender damit begann, daß er unserem am 2. Januar verstorbenen Ehrenmitgliede, Geh.-Rat Prof. Dr. Euting, warme Worte der Erinnerung widmete und die Anwesenden bat, sich zum Zeichen ehrenden Gedenkens von ihren Sitzen zu erheben.

Am 29. Januar durften wir unserm verehrten Ehrenvorsitzenden, Herrn Geh. Rat Prof. Dr. Gerland in einem Schreiben die Glückwünsche der Gesellschaft zu seinem 80. Geburtstage aussprechen.

Am 9. März hatten wir den Tod des ehemaligen Kaiserlichen Statthalters, Sr. Durchlaucht des Fürsten Hermann zu Hohenlohe-Langenburg, unseres langjährigen hohen Protektors, zu beklagen, dessen Initiative unsere Gesellschaft ihre Entstehung, und dessen reger Anteilnahme sie zum großen Teile ihre erfreuliche Entwicklung wenigstens in den ersten Jahren ihres Bestehens verdankte. In einem Beileidstelegramm an den Sohn des Verblichenen, den nunmehrigen Fürsten Ernst zu Hohenlohe-Langenburg, gab der 1. Vorsitzende den Gefühlen der Trauer und Dankbarkeit im Namen der Gesellschaft Ausdruck.

Die Generalversammlung fand am 28. Januar statt und wurde vom 1. Vorsitzenden mit einem Rückblick auf die Tätigkeit der Gesellschaft im verflossenen Jahre eröffnet. Nachdem dem Schatzmeister, dessen Kassenbericht zwei Herren des Vorstandes geprüft und für richtig befunden hatten, Entlastung erteilt worden war, wurde vom Vorstande eine geringfügige Änderung der Satzungen beantragt und von der Versammlung angenommen. Zweck der Änderung war die Möglichkeit einer Hinausschiebung der Generalversammlung, die nach den bisherigen Satzungen im Januar einberufen werden mußte, auf einen späteren Termin. Zum Schluß wurden die satzungsgemäß ausscheidenden Vorstandsmitglieder wiedergewählt außer Herrn Prof. Dr. Rudolph, der von einer Wiederwahl Abstand zu nehmen gebeten hatte. Damit schied aus dem Vorstande ein Mitglied aus, das sich als ehemaliger langjähriger 1. Schriftführer um unsere Gesellschaft hoch verdient gemacht hat, wofür ihm an dieser Stelle besonderer Dank ausgesprochen sei.

Im Laufe des Jahres schieden aus dem Vorstande ferner aus die Herren Oberstleutnant Herold, Oberst Heye, Oberst Teichmann und Major v. Hoffmann Graf Hoffmansegg. Ihnen allen sei für ihre treue Mitarbeit herzlichst gedankt, besonders Herrn Oberstleutnant Herold, der sich durch seine eifrige Werbetätigkeit große Verdienste um unsere Gesellschaft erworben hat, und der trotz seiner Versetzung nach Berlin als korrespondierendes Mitglied noch mit uns verbunden bleibt. Durch Zuwahl wurde der Präsident der Generaldirektion der Eisenbahnen in Elsaß-Lothringen, Herr Wirkl. Geh. Oberregierungsrat Fritsch in den Vorstand gewählt.

Auf dem internationalen Geographenkongreß in Rom vom 27. März bis 3. April war unsere Gesellschaft durch zwei Mitglieder des Vorstandes, die Herren Prof. Dr. Langenbeck und Prof. Dr. Gähtgens vertreten, während die Vertretung unserer

Abteilung in der Vorstandssitzung und Hauptversammlung der Deutschen Kolonialgesellschaft, die in der Pfingstwoche in Breslau tagte, von Herrn Oberstleutnant Herold in Berlin freundlichst übernommen wurde.

Vom Juni ab hatte sich der Vorstand mit den Vorbereitungen für den Deutschen Geographentag zu befassen, für dessen 19. Tagung in der Pfingstwoche 1914 unsere Stadt ausersehen worden war. Es wurde zunächst beschlossen, dem Deutschen Geographentag von seiten unserer Gesellschaft eine Festschrift zu widmen und als solche den ersten Teil unserer „Mitteilungen" auszugestalten. Da aber die Kosten der umfangreicheren Festschrift, sowie die mannigfachen Ausgaben, die der Gesellschaft für Erdkunde und Kolonialwesen als Veranstalterin erwachsen mußten, von unserer Kasse nicht getragen werden konnten, so wurde die Regierung um Unterstützung gebeten, und diese wurde in dankenswerter Weise gewährt. Eine außerordentliche Generalversammlung am 9. Dezember bewilligte dann noch aus der Kasse der Gesellschaft einen Zuschuß für die Festschrift in Höhe der durchschnittlichen Druckkosten unserer „Mitteilungen", so daß der Gesellschaft aus der Tagung des Deutschen Geographentages tatsächlich keine besonderen Kosten erwachsen sind. Nachdem so von dem Vorstande die einleitenden Schritte getan worden waren, übernahm ein zu diesem Zwecke gebildeter Ortsausschuß die weiteren Arbeiten.

Schon seit längerer Zeit hatte sich in unserer Vereinskasse bei den stets wachsenden Ausgaben das Bedürfnis nach größeren Einnahmen geltend gemacht. Und so faßte der Vorstand Ende des Jahres den Entschluß, in einer außerordentlichen Generalversammlung einen Antrag auf Erhöhung der Mitgliederbeiträge von 8 auf 10 und von 4 auf 5 Mk. einzubringen, die am 1. Januar 1914 in Kraft treten sollte. Das geschah am 9. Dezember, und die Generalversammlung nahm den Antrag einstimmig an. Die pessimistisch veranlagte Minderheit des Vorstandes befürchtete von dieser leider notwendig gewordenen Maßregel einen starken Rückgang der Mitgliederzahl im Jahre 1914, aber wie die bis auf den heutigen Tag fortgeführte Mitgliederliste am Ende dieses Heftes zeigt, scheinen erfreulicherweise doch die Optimisten recht zu behalten, die darauf zählten, daß unsere Mitglieder trotz der kleinen Beitragserhöhung der Gesellschaft treu bleiben würden.

Die abgeänderten Satzungen sind diesem Heft beigegeben. Sie enthalten noch einige andere Änderungen (besonders § 2), die von der Generalversammlung vom 3. Februar 1914 beschlossen worden sind.

2. Bericht über die Vorträge.[1])

Im Laufe des Berichtsjahres wurden 8 Vorträge gehalten, die sich alle eines überaus zahlreichen Besuches erfreuten und den lebhaftesten Beifall fanden. Den Reigen eröffnete am 14. Januar Prof. Dr. Augustin Krämer-Stuttgart mit einem Vortrage über „Samoa".*

Die Samoainseln, obwohl schon 1722 entdeckt, wurden erst seit dem Einzug der Mission 1830 bekannt. Der Missionar John Williams entdeckte den Hafen von Apia an der Nordküste von Upŏlu, nachdem er zuerst an der Ostküste von Savaii gelandet war. Dort residierte damals ein Malietoa, und durch die Gunst der englischen Missionare war und blieb ein solcher Kronprätendent bis zur Deutschwerdung von Savaii und Upŏlu im Jahre 1900. Apia wurde schon frühe Sitz eines englischen und amerikanischen Konsuls; 1857 kamen die Deutschen in Gestalt des Kaufhauses Godeffroy aus Hamburg, welches Unternehmen später in eine Aktiengesellschaft, „Die deutsche Handels- und Plantagengesellschaft der Südseeinseln" (D. H. P. G.) umgewandelt wurde, die aber erst nach der Flaggenhissung einen höheren Gewinn abwarf. Alle politischen Gegensätze im samoanischen Volk gingen darauf zurück, daß die Malietoahäuptlinge als Emporkömmlinge galten, während die uralten Geschlechter der Tuiaana (König von Aana), und der Tuiatua (König von Atua) ältere Rechte auf die Königschaft geltend machten, die auf 4 Titel sich begründete. Diese 4 Titel, die 2 großen Tuiaana und Tuiatua, welche die Sprecher der Landschaften Aana und Atua im Westen und Osten von Upŏlu verliehen, und die 2 kleinen Gatoáitele und Tamasoalii, welche in der zentralen Landschaft Tuamasaga bodenständig waren, hat Malietoa Laupepa nie rechtmäßig besessen; er war also auch nie König der Samoaner, sondern der Weißen sozusagen. Erst Matăafa vereinigte nach seiner Rückkehr aus der Verbannung in Jaluit im Jahre 1898 die 4 Titel noch einmal

[1]) Die mit * versehenen Berichte sind Selbstreferate der Vortragenden.

auf sich, zum letztenmal, denn es ist nicht anzunehmen, daß die neue Regierung eine Wiederkehr der alten Sitten und möglicherweise von Unruhen begünstigt. Hatte doch Matăafa nur noch das Recht sich *alii sili* „Groß-Häuptling" zu nennen.

Samoa ist völlig vulkanisch; seine auf Savaii an 1600 m auf Upŏlu an 1000 m hohen bewaldeten Berge bestehen aus Feldspatbasalten. Der Ausbruch eines Vulkans im Nordteil von Savaii nach Ruhe seit Menschengedenken, war 1902 überraschend; jetzt ist die Tätigkeit wieder erloschen. Savaii ist wasserarm, da das Regenwasser im porösen Lavaboden versickert. Quellen finden sich in der Nähe der Küste, und im Gebirge Kraterseen. Ein solcher, Lanutŏo mit Namen, liegt auf Upŏlu 700 m hoch hinter Apia und gehört zu den beliebtesten Ausflugspunkten. Die Gegend von Apia ist wasserreich. Zahlreiche Bäche stürzen in den Waldschluchten herab und bilden schöne Wasserfälle. Der Laubwald war ehedem reich an Tauben. Eine eigenartige „Zahntaube" kommt vor. Vierfüßer sind außer Schweinen, Ratten, Hunden usw. nicht vorhanden. Giftige Schlangen fehlen. An Krankheiten kommt Elephantiasis und Lepra vereinzelt vor; Malaria fehlt. Hauptnahrung der Eingeborenen ist der Sumpf- und Bergtaro, Yams, Brotfrucht, Bananen, Kokosnüsse, welch letztere den Hauptandelsartikel in Gestalt der Kopra bilden. Einfuhr und Ausfuhr 1911, ca. $3^1/_2$ Millionen. Aus ca. 200000 Mk. Steuer- und Zolleinnahmen bestreitet die Verwaltung ihre Kosten selbst, ohne Reichszuschuß. Savaii und Upŏlu haben 2570 □km und 32600 Eingeborene. Über 500 Weiße sind vorhanden, die auf ihren Plantagen 1600 Chinesen beschäftigen. Die Zahl soll erhöht werden. Bei der Fruchtbarkeit des samoanischen Bodens sind die Aussichten für die Pflanzer bei guter Wirtschaft aussichtsvolle.

Am 28. Januar sprach Herr Dr. Rich. Hennig-Berlin über „Deutschlands Binnenwasserstraßen und Kanalprojekte".* — Aus dem überreichen Stoffgebiete verstand der Vortragende die wichtigsten Erscheinungen gut herauszuheben und führte dabei etwa folgendes aus: Deutschlands natürliche Bodenbeschaffenheit ist im allgemeinen vortrefflich zur Anlage eines natürlichen Binnenschiffahrtsnetzes geeignet. Schon früh beginnen daher die Bestrebungen, Kanäle anzulegen. Den ersten nahm schon Karl der Große im Jahre 793 zwischen Main und Donau (Rezat—Altmühl) vergeblich in Angriff. Erst vor 70 Jahren wurde diese Idee durch den Ludwigskanal zwischen Bamberg und Kehlheim in freilich völlig unzureichender Weise verwirklicht. Der erste wirklich beendete Kanal wurde am Ende des 13. Jahrhunderts geschaffen, der Stecknitzkanal, der Lübeck einen bequemen Übergang zur Elbe verschaffte. Das heutige Deutschland leidet wie alle heutigen Kulturländer daran, daß im 19. Jahrhundert das Aufkommen der Eisenbahnen vier bis fünf Jahrzehnte lang die Binnenwasserstraßen fälschlich als veraltet und überflüssig erscheinen ließ. Erst neuerdings hat man erkannt, daß die Wasserwege bei sonst gleichen Verhältnissen im Güterverkehr stets den Eisenbahnen überlegen sein müssen, weil sie bedeutend billiger arbeiten können. Es wird aber noch lange Zeit dauern, ehe der Fehler von Jahrzehnten wieder gut gemacht ist.

Deutschlands Wassernetz zerfällt zurzeit in zwei Teile, ein östliches, das mit der Elbe abschließt, und ein westliches dessen Ostende die Weser, d. h. der nach Hannover reichende Kanal, darstellt. Zwischen Elbe und Weser klafft hingegen eine ununterbrochene Lücke, eine unbezwungene Wasserscheide, die sich auch zwischen Elbe und Donau nach Österreich hinein und weiter bis ans Schwarze Meer verfolgen läßt. Vom Memelstrom bis zur Elbe haben wir ein zusammenhängendes Netz von Flüssen und Kanälen, das freilich zwischen Pregel und Weichsel das Frische Haff benutzen muß. Die Erweiterung der Pregelmündung zum Königsberger Seekanal hat das östliche Wirtschaftsleben sehr belebt, und die Anlage des Masurischen Kanals wird weiter in dieser Richtung wirken. Weiter besprach der Vortragende der Reihe nach kurz folgende bedeutende Anlagen: die Weichselschiffahrt, den Bromberger und den Oberländer Kanal, letzteren mit seiner merkwürdigen Schiffseisenbahn, die noch wenig einheitliche Oder-Schiffahrtsstraße mit der Usedom durchschneidenden Kaiserfahrt als Mündung, den Oder-Spree- und Finowkanal, den neuen Berlin-Stettiner Großschiffahrtsweg, den Teltow- und Plauer Kanal und die Schiffahrt auf der Elbe, dem für die deutsche Binnenschiffahrt zweitwichtigsten Strom, der noch ungleich wichtiger sein könnte, wenn er nicht oberhalb Magdeburgs eine Sackgasse wäre, die nach keiner Seite einen Übergang zu Nachbarflüssen gewährt. Die Vereitelung des Mittellandkanals hat uns bisher um die sehr großen Segnungen eines Elbe-Weser-Kanals gebracht, der aber auf die Dauer unentbehrlich ist. — Weiter wurden behandelt der Dortmund-Ems-Kanal mit dem Ems-Weser-Hannover- und dem Rhein-Herne-Kanal, das Projekt des Ems-Hunte-Weser-Kanals und die großartige Idee der deutschen Rheinmündung, ebenso die Zukunftshoffnungen, die man auf den Rhein-Maas-Kanal, die Mosel- und Mainkanalisierung, die Rhein-Großschifffahrt bis zum Bodensee und den Bodensee und den Ulm-Bodensee-Kanal setzt, die großartigen bayrischen und württembergischen Kanalpläne, die jetzt langsam ihrer Verwirklichung entgegenreifen, die Verbindungen nach Frankreich, die heute nur durch die stark veralteten Anlagen des Rhein-Rhone- und Rhein-Marne-Kanals hergestellt werden, die wunderlichen Verhältnisse in Lothringen, das noch jetzt, 42 Jahre nach dem Frankfurter Frieden, nur nach Frankreich, nicht nach Deutschland schiffbare Wasserstraßen besitzt, auch das bayrische Projekt eines Main-Werra-Kanals, das Bremens Hinterland bis ins fernste Süddeutschland auszudehnen gestatten würde, und manche ähnliche Gegenwarts- und Zukunftsaufgabe.

Am 25. Februar führte uns Herr Prof. Dr. Gerhard Schott-Hamburg in einem überaus interessanten Vortrage „Das Weltmeer, die Erforschung seiner Oberfläche und Tiefen"* vor.

Von der Größe und den wichtigsten Oberflächenerscheinungen der Ozeane erhalten wir die besten, eindringendsten Eindrücke während einer transatlantischen Segelschiffsreise. z. B. um Kap Horn nach den Salpeterplätzen der Westküste Südamerikas, zumal wir da auch durch die verschiedenen Klimazonen des Weltmeeres hindurch geführt werden, auf beiden Halbkugeln. In wochen- und monatelanger Fahrt kommt deutlich die Riesengröße des Weltmeeres zum Bewußtsein, daß die Entfernung z. B. von Hamburg nach dem atlantischen Äquator 7000 km, bis Kap Horn 14000, bis Iquique schon 20000 km beträgt = 1/2 Erdumfang. Und mittelst einfacher Beobachtungen lernen wir auch die regionalen, durch große Gesetze geregelte Verteilungen der Wassertemperatur und des Salzgehaltes kennen, dieser zwei Eigenschaften des Meerwassers, die ähnlich wie in der atmosphärischen Höhenforschung die Lufttemperatur und Luftfeuchtigkeit, im Ozean die zwei wichtigsten Kennzeichen abgeben zur Abgrenzung der verschiedenen Wasserarten gegen einander. Auch die Eisverhältnisse des Meeres als einen Spezialfall der Temperaturverhältnisse können wir verstehen, sobald wir noch die Meeresströmungen mit berücksichtigen.

Doch in der Ozeanographie, der Wissenskunde vom Meer, gilt ebenfalls das Dichterwort: „In die Tiefe mußt Du steigen, soll sich Dir das Wesen zeigen". Tiefere Einblicke gewährt uns erst die Tiefseeforschung der neueren Zeit, seit rund 1850. Was die Tiefen als solche betrifft, so zeigt der Atlantische Ozean, dem wir das nördliche Eismeer bis zur Beringstraße hinzurechnen müssen, eine auffällig regelmäßige, sozusagen gesetzmäßige Tiefengliederung, insofern er von einem S-förmigen unterseeischen Rücken, der die Gestalt der S-förmigen West- und Ostbegrenzung seiner Küsten wiederholt, durchzogen wird. Über diesem Rücken stehen aber auch noch 2—3000 m Wasser; er ist aber eine gewaltige Längsschwelle, weil westlich und östlich davon tiefe, langgestreckte Mulden mit 4—5—6000 m Tiefe von Norden nach Süden sich dehnen. Ein merkwürdiges Gebilde ist der sogenannte „Walfisch"-Rücken, der im Südatlantischen Ozean von der Zentralschwelle zur Küste Deutsch-Südwestafrikas abzweigt, ein wallgleiches unterseeisches Gebirge von einer die Länge der Alpen um das dreifache übertreffenden Ausdehnung. Auch viele kleine Einzelberge, offenbar unterseeische Vulkane, birgt der Ozean, z. B. in dem Gebiet zwischen Azoren, Canaren, Capverde und der marokkanischen Küste; dort kann man, wenn man diese lokalen Untiefen findet — was sehr schwer ist, — unter Umständen auf offener See ankern. Im Stillen Ozean sind die Gräben typisch; sie bergen die allergrößten Tiefen bis nahezu 10000 m und liegen sämtlich in der Nähe der Küsten oder doch in der Nähe von Festlandswänden früherer geologischer Epochen. Diese Tiefseegräben haben auch im Hinblick auf die Erdbeben große Bedeutung, denn von ihnen und den Einbruchkesseln z. B. im Mittelmeer scheinen die großen Beben auszustrahlen.

Die durchschnittlich große mittlere Tiefe des Ozeans mit 3600 m gegenüber 700 m mittlerer Landhöhe verlangt eine Erklärung; wahrscheinlich entstanden die Ozeane im wesentlichen schon vor Urzeiten und haben sich, infolge säkularen Absinkens des Bodens durch besonders starke Konzentration der Erdkruste unter dem kalten Bodenwasser, fortschreitend vertieft. Auch der Salzgehalt stammt aus dem Erdinnern, und das Seewasser ist daher gewissen Mineralquellen zu vergleichen; der Salzgehalt stammt nicht von den Festlandsströmen.

Bei dem Studium der Wärmeverhältnisse in den Tiefen des Ozeans ist als wichtigstes Ergebnis die Tatsache neuerdings hervorgetreten, daß zwar, von den Polarmeeren abgesehen, die Temperatur überall mit der Tiefe abnimmt, sodaß wir von etwa 4000 m ab überall eiskaltes Wasser von nur 2° bis 3° finden, daß jedoch diese Temperaturabnahme grade in der heißen Zone sehr rasch, in der gemäßigten Zone recht langsam vor sich geht. Daraus folgt z. B., daß wir in den Tropen unter dem Äquator z. B. in 200 m schon Temperaturen von nur 10° beobachten, auf der Höhe von Madeira oder nördlicher solche von 18° bis 20°: grade umgekehrt, als man erwarten sollte. Diese Erscheinung wird nur durch großartige vertikale Bewegungen erklärbar sein; unter dem Äquator drängt das kalte, besonders das südpolare Tiefenwasser in die Höhe. Wir messen heute mit kunstvollen, gegen den riesigen Wasserdruck geschützten Thermometern die Tiefentemperaturen bis auf $\pm$ 0.01° Cels. genau, auch den Salzgehalt bestimmen wir durch ein chemisches Verfahren bis auf $\pm$ 0.005 % genau, und verfolgen damit Tiefenströme, die z. B. vom Mittelmeer ausgehen nach Norden und nach Süden, vom Roten Meer nach Osten u. s. f.

Freilich hat sich auch hier neuerdings herausgestellt, daß eine grundlegende Annahme, die die Meeresforschung bisher als „Glaubenssatz“ annahm, doch nicht zutrifft: man hatte nämlich ziemlich allgemein die Überzeugung, daß, anders als in der Meteorologie und Aerologie, man durch eine einmalige Tiefenmessung sofort ungefähr die durchschnittlichen Werte der Temperatur, des Salzgehaltes und Luftgehaltes erhielte, daß diese Faktoren in der Tiefe also im ganzen keinen großen periodischen oder unperiodischen Änderungen unterlägen. Leider ist dem nun doch nicht so, und seit dieser Erkenntnis hat sich naturgemäß die Aufgabe der zukünftigen Ozeanographie ganz außerordentlich kompliziert und vermehrt. Bis in sehr große Tiefen, wohl mindestens 800 m hinab, reichen die unmittelbaren Wirkungen der Gezeitenwellen, der vertikalen Ebbe- und Flut-Bewegungen.

Der Redner ging dann auch noch kurz auf die biologischen Verhältnisse insbesondere der Tiefsee ein und zeigte, wiederum an der Hand von Lichtbildern, die höchst merkwürdigen Anpassungserscheinungen der Lebewesen der Tiefsee an die dauernde Finsternis usw., erörterte die Frage der Nahrungsquellen für diese Lebewesen und schließlich die Entstehung und Bedeutung der „Tiefseesedimente" oder Bodenablagerungen am Meeresgrund.

Am 14. März berichtete Herr Hauptmann z. D. Hirtler-Dorlisheim nach eigener Anschauung über „Alt-Kamerun und unsere Neuerwerbungen vom Jahre 1911".*

Nach einigen einleitenden Worten, in denen der Redner darauf hinwies, daß er bezügl. der Bewertung Neu-Kameruns seine eigene Ansicht, die nicht den Anspruch erhebe, als unantastbar richtig anerkannt zu werden, wiedergeben werde, ging er zur Gründungsgeschichte Kameruns über und erläuterte kurz den Werdegang der Ausdehnung des Ganzen bis zur heutigen Gestaltung des Schutzgebiets (Reisen v. Flegel, Zintgraff, Üchtritz-Passarge, internationale Verträge). Dann ging er auf die geographische Gestaltung näher ein. Horizontale Dreigliederung; im nördlichen Teil schroffe Gegensätze zwischen dem flachen Küstengebiet und dem Hochland des Innern. Steilabfall von letzterem zur Küste. Damit (da Flüsse im Unterlauf nur schiffbar) Erschwerung der Erschließung des Landes und Verwertung seiner Erzeugnisse. Im südlichen Teil bessere Verhältnisse; mehr allmählicher Anstieg von der Küste zum Jnner-Hochland, brauchbarere Flußverkehrsadern (Nyong, Dume, Djah). Besonders günstige Wasseradern im neuerworbenen Gebiet; Wasserverkehrsknotenpunkt am Fuße des Hochlands von Jade.

Wie die geographischen Unterschiede sind auch die der Bewachsung und des Klimas groß in den einzelnen Teilen des Schutzgebiets. Küstenniederung und Urwald (Mangroven, primärer und sekundärer W.) In den Tsadsee-Niederungen Steppe mit und ohne Heckenbildung. Grasland, Urwald, Mangroven beieinander am großen Kamerunberg, der auch die im Schutzgebiet (außer der trockenen Hitze der Tsadseelandschaften) vorkommenden meterologischen und klimatischen Verhältnisse in allen Abstufungen aufweist.

An den Anfang der Betrachtungen über das Klima stellte Redner den Satz, daß man von einem Klima Kameruns in Bausch und Bogen nicht reden dürfe, daß dasselbe in den einzelnen Teilen verschieden, im ganzen aber lange nicht so

„gefährlich“ sei, wie auch heutzutage im allgemeinen geglaubt wird.

Wenn trotz nicht gerade ungünstiger klimatischer und meteorologischer Verhältnisse die Sterblichkeitsziffer früher sehr hoch war und auch jetzt noch beträchtlich höher ist als hier, sind die Krankheiten — in erster Linie die Malaria mit ihren Komplikationen — daran schuld. Außerdem Überanstrengungen auf Expeditionen, nicht immer zweckmäßige Ernährung.

Besonders wird die hervorragende ärztliche Tätigkeit anerkannt und ihr Erfolg zahlenmäßig nachgewiesen.

Nach Besprechung der verschiedenen Krankheiten (besonders der Schlafkrankheit) geht Redner auf die zurzeit bekannte Tierwelt von Alt- und Neu-Kamerun ein. Er ist der Ansicht, daß der große Fischreichtum des Meeres an der Kamerumküste in Bälde bestimmt sein wird, eine Rolle zu spielen in der Ernährung der Bevölkerung. Über diese verbreitet sich Redner eingehend; erwähnt die afrikanischen Völkerwanderungen von Süd zu Nord und von Nord-Ost zu Süd-West. Besprechung der drei großen Gruppen (Bantu-Neger, Sudanstämme und hamitische Einwanderer).

Redner weist die noch in weitesten Kreisen beliebte Unterschätzung der Farbigen zurück, findet warme Worte für die Eingeborenen und hält das alte Wißmann-Wort: „Behandeln Sie den Eingeborenen als Menschen“, auch heute noch für die beste Mitgabe an den, der ins Innere geschickt wird.

Die für Alt-Kamerun angenommene Bevölkerungszahl von 3—3,5 Millionen erscheint nieder gegriffen, bezügl. Neu-Kameruns hält Redner ohne Kommentar sich an die amtlichen Zahlen. Berührt die Sklavenfrage. Haussklaverei noch durchweg üblich. Ist ein leicht ertragenes Hörigenverhältnis. Zielbewußt hat die Regierung ein allmähliches Eingehen der Sklaverei durch Verordnungen in die Wege geleitet.

Nach Besprechung der Lebensweise und Viehzuchtverhältnisse geht Redner zur Regierung des Landes über. Hier stellt er an den Anfang den Satz, daß die Geschichte Kameruns untrennbar verknüpft sei mit dem Namen dessen, der 16 Jahre an seiner Spitze gestanden habe — des Gouverneurs von Puttkamer.

In großen Zügen werden die verwaltungstechnische Einteilung und die Verwaltungsbestrebungen vorgeführt. Regierungs- und Missionsschulen wetteifern nebeneinander.

Redner betont, daß „Schule“ nicht als rein theoretisch aufgefaßt werden dürfe, daß vielmehr erfreulicherweise das praktische Unterweisen eine große Rolle spiele, daß auch in den Missionsniederlassungen das „labora“ zu seinem Recht komme. Besonders unterstreicht Redner die landwirtschaftlichen Versuche und Bestrebungen der Regierungsstellen, die teilweise von Erfolg gekrönt worden sind, geht zu den Eingeborenen-Pflanzungen über, von da auf Plantagenbau und -Handel, bespricht das gleichzeitig zahlenmäßig nachgewiesene Fortschreiten der wirtschaftlichen Entwickelung Alt-Kameruns und ist der Ansicht, daß nach Maßgabe der verfügbar gewesenen Mittel nicht nur Befriedigendes, sondern sogar Vortreffliches erreicht worden ist.

Wenn nicht noch mehr Erfolge in dieser Hinsicht zu verzeichnen sind, so sind die unbefriedigenden Verkehrsmittel zum Teil daran Schuld. Redner spricht nunmehr über die Eisenbahnen in Kamerun und weist ihnen hohe Bedeutung zu. In Verbindung damit streifte er den Hafen von Duala, den er für vorzüglich hält, sobald die Barre entfernt sein wird. Er glaubt, daß die Verwirklichung der Bahn-Pläne in Verbindung mit dem weiter fortschreitenden Ausbau der Verkehrsstraßen dazu beitragen werde, die Perle unserer Kolonien in absehbarer Zeit ganz unabhängig vom Mutterland bezüglich Geldzuschüsse zu stellen, wenn im großen und ganzen friedliche Verhältnisse erhalten blieben. Dies zu gewährleisten — eine nicht überstürzte Eingeborenen-Politik vorausgesetzt — sei Sache und Aufgabe der Schutztruppe.

Bei deren Werdegang, Organisetion und Aufgaben verweilt Redner einige Zeit. Die Truppe hat Kamerun nicht nur erobert, sie hat es uns erschlossen. Der Offizier ist nicht nur Soldat draußen, er ist Arzt, Verwaltungsbeamter, Sammler, Geograph, Astronom, Landwirt, baut Häuser, Wege usw. in kurzem gesagt: Alle Kulturaufgaben war er zu lösen berufen. Die Truppe hat ihre große Aufgabe geradezu vorbildlich gelöst.

Neu-Kamerun in französischem Besitz gehörte zu der Koloniegruppe, welche seit 1910 zum Generalgouvernement Französisch-Äquatorial-Afrika zusammengefaßt ist. Das jetzige deutsche Gebiet war von etwa 1400—1500 farbigen Soldaten und Polizisten besetzt gewesen, in der Hauptsache Senegalesen. Redner erklärt, die Senegalesen genießen mit Recht den Ruf kriegerischer Tüchtigkeit, dagegen hielt er sie für — auf noch lange Zeit hinaus — unbrauchbar in europäischen Kriegen.

Die französische Verwaltung in unseren neuen Gebieten war bisher ungenügend. Besonders im Punkt der Eingeborenen-Politik, deren Behandlung man bis etwa 1911 ganz der großen Konzessionsgesellschaft überlassen hatte. In den letzten Jahren erst hat sich die Verwaltung der Frage angenommen, scheint aber jeder Stetigkeit dabei entbehrt zu haben. Unsere Aufgabe wird es sein, in zielbewußter, ruhiger, ebenso bestimmter wie humaner Weise die Eingeborenen uns dienstbar zu machen für die Kulturarbeiten, an denen mitzuarbeiten sie berufen sind.

Redner bespricht eingehend die Rechtsverhältnisse, wie sie aus den französischen Gesetzesbestimmungen der internationalen früheren Abmachungen aus den Bestimmungen des deutsch-französischen Abkommens vom November 1911 mit seinen Zusätzen sich ergeben. Er steht auf dem Standpunkt, daß die vorhandenen Konzessionen eine unerwünschte Zugabe zu dem Erwerb seien, daß die deutsche Regierung sie aber 1912 in ihrem rechtlichen Bestehen anerkannt habe und daher nicht ohne weiteres ausmerzen könne, obwohl sie die Handelsfreiheit stark beengten. Baldmögliche Schaffung ausgedehnter Reservate, scharfe Hervorhebung des Überwachungsrechtes des Staates gegenüber den Konzessions-Gesellschaften, geeignete Vereinbarungen — das hält Redner für die Mittel, dem Handel vorläufig den Zugang zu öffnen und die Eingeborenen vor Ausbeutung der Gesellschaft zu schützen — bis genauere Kenntnis der Verhältnisse weitere Maßnahmen an die Hand geben.

Die Bewertung der Neuerwerbungen seitens des Redners ist eine günstige trotz des Vorhandenseins der Konzessionen. Den Hauptwert erblickt Redner in der Großartigkeit der neu gewonnenen Wasserverkehrsadern und dem daraus sich ergebenden Anschluß an den Weltverkehr. Er bespricht das Logone-, Mao Kabi-, Benue-System um den Schwerpunkt dann auf die Riesen-Wasserader des Kongo-Ubangi zu legen, wobei der vielbespöttelte Besitz des Sangha-Zipfels wegen des Platzes Nola als wertvoll bezeichnet wird.

Im Besitze der 3000 km Schiffahrtswege unserer Neuerwerbungen wird Deutschland kräftig in den Handel des zentralen Afrika eingreifen können. Die hemmende Tariffrage der belgischen Kongobahn wird, wie Redner glaubt, infolge der Bestimmungen des November-Vertrags von 1911 befriedigend gelöst werden können, da wir jetzt in der Lage sind, einen Druck auf die belgischen Entschließungen ausüben zu können.

Redner schließt damit, daß er ausführt, die Aufgabe, Neu-Kamerun wirtschaftlich ebenso zu fördern, wie dies in Alt-Kamerun geschehen sei, sei eine angesichts der natürlichen Werte, welche in der Neuerwerbung steckten, dankbare wie auch schwierige, dankbar auch in national-deutschem Sinn, weil ihre Lösung beweisen würde, daß deutsche Kolonisation auch dort noch leistungsfähig ist, wo die eines anderen Kulturvolkes versagt hat.

Am 22. April sprach Herr Privatdozent Dr. Obst-Marburg über „Die Steppenländer des nordöstlichen Afrika und ihre Bewohner"* mit Lichtbildern und musikalischen Reproduktionen.

Die Landschaften, die der Redner mit Wort und Bild schilderte, gehören zu der weiten, einförmigen Steppen- und Savannenregion Hoch-Afrikas. In mächtigen Stufen mit aufgewulsteten Rändern fällt das zentrale Hochplateau (ca. 12—1500 m mittlerer Höhe) zum Indischen Ozean ab, in der Oberflächengestaltung und dem inneren Bau ein seltsames Analogon zu Süd- und Westafrika, der vorderindischen Halbinsel, der Malaiischen Scholle am Ostrand des Indik, zu dem Bau des küstennahen Ostasien, der brasilianischen Masse u. a. m. Wie dort dürften auch in unserem Gebiet die Stufen als Zerrungs-Bruchstufen anzusprechen sein, entstanden durch das Nachsacken des Indischen Ozeans. — Die Ebenheiten, die sich zwischen den Stufen ausdehnen, erweisen sich bei näherer morphologischer Untersuchung als typische Erosions-Rumpfflächen. Die Inselberge, die sich daraus erheben, sind Reste einst größerer und höherer Berge und Gebirge; sie verdanken ihre Erhaltung entweder der größeren Wiederstandsfähigkeit ihres Gesteins oder einer Urwaldkappe, die wenigstens die Gipfelpartie relativ gegen Zerstörung und Abtragung schützte, oder aber — und das dürfte in jedem Falle mindestens mitgewirkt haben — ihrer allseitigen Loslösung von dem großen Gebirgskörper mit seinem das abfließende Wasser sammelnden, die Erosion also ungemein fördernden Hinterland.

Während die erste Gruppe von Lichtbildern einen Begriff

von der „Fastebenen“-Gestalt der Landschaften Turu, Iramba und Issansu gaben, folgte in einem zweiten Abschnitt eine Charakteristik der Bewohner dieser Gebiete. Von besonderem Interesse war die Schilderung der von Dr. Obst als erstem Europäer erforschten Wakindiya, eines kleinen primitiven Jägernomadenvölkchens mit Schnalzlautensprache, die Vorführung des bisher völlig unbekannten Sonnenkultus der Wairamba u. a. m. Phonographische Vorführungen gaben zugleich einen Begriff von der keineswegs unharmonischen Musik dieser Völkerschaften, deren anthropologische Stellung sich nach Untersuchung der von Dr. Obst ausgegrabenen zahlreichen Skelette ergeben wird.

Nunmehr ging es nach Osten hinüber zur Hauptstadt der Landschaft Irangi, der alten Arabersiedelung Kondoa Irangi.

An der Hand zahlreicher instruktiver Lichtbilder schilderte Dr. Obst Land und Leute von Irangi, Uassi, Ufiomi und Ussandaui. Die Wassandaui, bei denen Dr. Obst zum Schluß länger verweilte, sind gleich den Wakindiga ein Schnalzen sprechendes Volk. Sie wohnten einst vermutlich gleichfalls in der Nähe des Njarasasees, wanderten dann von hier über Turu in ihre heutigen Gebiete ein und nahmen hier schließlich die Gewohnheiten ihrer Nachbarn an: aus einem Volk von Jägernomaden wurden Ackerbauer, die allmählich auch in dem Hausbau und vielen andern ethnographischen Eigentümlichkeiten dem Beispiel ihrer Nachbarn nacheiferten, indes durch ihre eigentümlich konstruierten Waffen, eine altertümliche, nur noch vereinzelt anzutreffende Hüttenform und vor allem durch ihre Sprache noch heute die Zusammengehörigkeit mit den Wakindiga verraten.

Am 4. November sprach Herr Privatdozent Dr. A. de Quervain-Zürich über die von ihm geleitete „Durchquerung von Grönland durch die schweizerische Grönlandexpedition 1912/1913“.*

Die bekannte bisher einzige Durchquerung Südgrönlands durch Nansen 1888 hatte Resultate ergeben, die in bezug auf das 1500 km weit nach Norden sich erstreckende noch unbekannte Innere nach einer neuen Durchquerung riefen.

Dr. A. de Quervain, der Leiter der schweizerischen Expedition, hat mit drei Begleitern im Sommer 1912 Mittelgrönland, 500 km nördlich von Nansens Route zwischen Diskobai und Angmagsalik von West nach Ost auf eine Breite von 700 km durchquert, wobei er Eskimohunde verwendete. Es ergaben sich topographisch und meteorologisch wesentliche Resultate; die bisherigen Vorstellungen über die Topographie des Inlandeises erweisen sich demnach als zu schematisch. Die Kontinuität der Eisbedeckung wurde allerdings bestätigt, trotz der 1 1/2 mal größeren Länge des Profils blieb die größte Aufwölbung des Inlandeises (mit 2505 m) um 200 m hinter der von Nansen gefundenen zurück, der Höhepunkt war stark nach Osten gerückt. Aus den Horizontaufnahmen läßt sich schließen, daß aber weiter nach Norden das Inlandeis wieder ansteigt, woraus de Quervain auf mehrere Vereisungszentren schließt, was auch durch die dänische Durchquerung im Norden neuerdings bestätigt wird. Die Itinerare von Peary 1886 und Nordenskiölds Lappen 1883 wurden wesentlich korrigiert; in meteorologischer Hinsicht wurde eine typische Antizyklone auch im Sommer festgestellt. Bei den rassereinen Osteskimos konnten wertvolle anthropologische Sammlungen gemacht werden. Ein großer Teil des anthropologischen Materials kam an das anatomische Institut der Universität Straßburg, von deren Cunitz-Stiftung die Expedition unterstützt worden ist.

Eine zweite Gruppe dieser Expedition unter Leitung von Prof. Mercanton führte den Sommer über wertvolle glaziologische Messungen an den Eisströmen des westlichen Inlandeises aus. Daran anschließend wurde von der Überwinterungsgruppe, bestehend aus Dr. Stolberg aus Straßburg und Jost, unter 70° Breite eine Serie aerologischer Messungen parallel mit Stationen auf Island und Spitzbergen bis in den Sommer 1913 hinein durchgeführt, wobei besonders die umfassende Pilotballonserie wesentlich neue Resultate über die Zirkulation höherer Breiten ergaben und namentlich die Existenz eines einheitlichen Polarwirbels stark in Frage gestellt hat.

Am 18. November hielt Herr Geh. Hofrat Prof. Dr. Hans Meyer-Leipzig einen Vortrag über seine letzte Reise „Auf neuen Pfaden durch Ruanda und Urundi (Ostafrika)". Mit einer Karawane von 130 Trägern, einigen farbigen Soldaten und zwei europäischen Begleitern gelangte der Vortragende über Muanza und den Viktoria-See zunächst an dessen Westufer nach Bukoba. Von hier wurde der Marsch nach Westen angetreten durch die nordwestliche Ecke unserer ostafrikanischen Besitzungen hindurch, in der das große Königreich Ruanda und die Landschaft Urundi noch so viele Probleme stellten, insbesondere hinsichtlich des geologischen Aufbaues des Landes wie auch hinsichtlich seiner außerordentlich merkwürdigen Bevölkerung. Zwischen dem Viktoria-See im Osten und dem großen zentralafrikanischen Graben im Westen, in dem Kivu- und Tanganika-See liegen, zieht hier in nordsüdlicher Richtung eine ganze Reihe von Grabenbrüchen, durch die das aus uralten Gesteinen aufgebaute Land in eine Anzahl von einzelnen höher liegenden, nach Westen geneigten Schollen zerlegt wird. Die seit langen Zeiten wirkende Arbeit der Gewässer hat daraus ein reich modelliertes Bergland geschaffen, in dessen vielfach breiten „reifen" Tälern sich die Flüsse durch ausgedehnte, mit Papyrus bestandene Sumpfebenen winden. Der Weg nach Ruanda führte die Expedition über die dem Viktoria-See nächste Plateaustufe nach dem Ikimba-See, weiter nach dem noch unbekannten mittleren Ihangiro, einem meist mit Busch- und Baumsteppe bewachsenen Hügelland, und zum noch sehr wenig besuchten Burigi-See, der sich bei der näheren geographischen Untersuchung als ein flaches, durchschnittlich nur 3 m Tiefe messendes Wasserbecken erwies. Westwärts ging es dann auf neuen Wegen durch Karagwe zu dem in den Viktoria-See sich ergießenden Quellfluß des Nil, dem Kagera, von dessen Westufer man dann in die höheren Bergländer, nach Ruanda, hinaufstieg. Auf dem Wege nach Kigali, der kaiserlichen Residentur in Ruanda, wurde ein bisher unbekannter See, der Kihonda, entdeckt. Auf der Weiterreise sah man bald vor sich im Nordwesten die gewaltigen acht Kirunga-Vulkane zu einem großartigen Gebirgspanorama aufgebaut. Von diesen Feuerbergen wurde der zurzeit tätige, starke Dampfwolken ausstoßende Niragongo und der erloschene höchste Berg, der 4500 m hohe schneebedeckte Karissimbi bestiegen.

Ruanda gehört zu den am dichtesten besiedelten Gebieten Ostafrikas. Dieses Land, das etwa so groß wie das Königreich Bayern ist, beherbergt wohl an 2 Millionen Menschen. Sehr merkwürdig ist diese Bevölkerung von Ruanda. Über ein Bantunegervolk, die Wahutu, herrscht ein in viel geringerer Anzahl aus dem Norden eingewanderter Stamm hochgewachsener Watussi. Als ältestes Bevölkerungselement gibt es zudem noch die zwerghaften Batua, die durch die Wahutu meist in die Wälder verdrängt worden sind.

Besonderes Interesse erregte der Bericht, den der Redner über seinen Besuch beim Ruandakönig Msinga in Nyansa gab.

Es ist dem Redner nicht zweifelhaft, daß im Laufe der Zeit die Herrschaft Msingas über das Land und seine Bevölkerung gebrochen und das jetzt zentralistisch beherrschte Reich in eine Anzahl selbständiger Fürstentümer aufgelöst werden muß. Zu diesem Endziel gehören aber ganz andere Machtmittel, als wir dort besitzen. Wenn die Zentralbahn ausgebaut ist, werden die Verkehrsmittel nach dem Westen Ruandas außerordentlich erleichtert sein. Jetzt liefert das große, volkreiche Land nur Rindshäute, Wachs und Ziegenhäute. Ganz Ruanda zahlt noch keinen Pfennig Steuern. Wenn diese erst einmal eingeführt werden, was leicht möglich ist, wird unser Kolonialetat bald ein freundlicheres Gesicht bekommen.

Das nächste Ziel der Expedition war der Tanganika-See. Man kam durch gut bewohntes Bergland, kam nach mehrfachen Wanderungen in das Reich Urundi und von hier in das Tanganikagebiet, wo durch die furchtbare Seuche der Schlafkrankheit Handel und Wandel ganz gelähmt sind. Alle Hoffnungen knüpfen sich hier an die Ostafrikanische Zentralbahn, die einen regeren Aufschwung der Verhältnisse herbeiführen dürfte. In 34 Tagen ging es dann durch Mittel-Urundi und Nord-Uha, durch trockene menschenarme Wälder nach Tabora. Damit hatte die eigentliche Forschungsreise ihr Ende gefunden. Die Bahn brachte die Expedition an die Küste. Erfreulich war die Wahrnehmung, daß in unserer ostafrikanischen Kolonie der Handel in Aufschwung gekommen, eine Zunahme der Steuererträgnisse und eine Ausdehnung der Plantagen zu bemerken ist. Es ist aller Grund vorhanden, einen gesunden weiteren Fortschritt zu erwarten.

Der Vortragende stellte dem Lande in bezug auf seine Anbaufähigkeit ein im ganzen günstiges Prognostikon, hob besonders hervor, daß sich die breiten sumpfigen Flußebenen wahrscheinlich gut zum Massenbau des für unsere Kolonie außerordentlich wichtigen Reises eignen würden und betonte zum Schluß, daß sehr viel von der Erschließung des abgelegenen Landes durch die über Tabora hinaus an den Tanganika-See geführte Eisenbahn und den Ausbau weiterer Verkehrswege abhängen würde.

Die Reihe der Vorträge beschloß am 9. Dezember der portugiesische Konsul, Herr Singelmann, mit einem Vortrag über „Deutschlands Interessen am spanischen und portugiesischen Kolonialbesitz“.* Als Deutschland sich im Jahre 1884 und 1885 in Afrika als jüngste Kolonialmacht festsetzte, wurde es unmittelbarer Nachbar aller in Afrika kolonisierenden europäischen Nationen und somit auch Nachbar spanischer und portugiesischer Gebiete. Nachdem die Spanier ihr früher so großes Kolonialreich in Mittel- und Südamerika sowie in Asien verloren haben, beschränkt sich ihr jetziger Kolonialbesitz bekanntlich nur noch auf Afrika. In Nordmarokko ist an die Stelle der früheren isolierten Plätze von Ceuta und Melilla infolge der Marokkowirren nunmehr ein zusammenhängender Kolonialbesitz getreten, und bleibt abzuwarten, ob die darauf gesetzten Hoffnungen sich voll erfüllen werden, was erst nach einer Reihe von Jahren beurteilt werden kann. Die südwestlich von Marokko gelegenen Kanarischen Inseln haben ihre größte Bedeutung im internationalen Schiffsverkehr. In den letzten Jahren hat sich auch der Touristenverkehr unter Benutzung vorzüglicher Luxusdampfer nach diesen von der Natur ganz hervorragend bedachten Inseln stark entwickelt. Deutschland hat sich dort durch ein sehr gut geleitetes und eingerichtetes Sanatorium für Lungenkranke einen guten Namen geschaffen. Südlich grenzt an Marokko die spanische Kolonie Rio de Oro, etwa halb so groß wie Deutschland. Die Ausfuhr von Rio de Oro beläuft sich auf etwa 300000 Mark, fast ausschließlich Fische, da vor der Küste ein bedeutender Fischreichtum vorhanden ist: dagegen beträgt die Einfuhr nur etwa 70000 Mark. Diese Kolonie hat also nur geringen Wert. Dann hat Spanien noch Besitzungen bei Kamerun, also im Guineabusen, nämlich auf dem afrikanischen Festlande, das Campo-Muni-Territorium, welches ganz von Alt- und Neukamerun umklammert wird, die Insel Fernando Po, welche nur 35 Kilometer von Kamerun entfernt liegt, und die in größerer Entfernung südwärts gelegene Insel Annobon, zu deutsch die Neujahrsinsel, welche sich bereits südlich vom Äquator befindet und bisher fast gar nicht ausgenützt wird. Dieser ganze spanische Besitz im und am Guineabusen ist etwa so groß wie Baden und Elsaß-Lothringen zusammengenommen. Das Campo-Muni-Territorium ist bisher sehr wenig im Innern bekannt, obwohl die Kautschukbestände von Kamerun aus im Hinterlande ausgebeutet werden, doch hat sich an der Küste in den drei Häfen von Bata, Benito und Klein Elobey ein recht lebhafter Handelsverkehr entwickelt, der zum weitaus größten Teile in den Händen des Hamburger

Hauses Woermann liegt, zu einem kleineren Teile in englischen Händen, während Spanien fast gar nicht an der Ausnutzung dieses seines Gebietes beteiligt ist. Die Einfuhr besteht in der Hauptsache aus Tauschwaren, die Ausfuhr besonders aus Palmenkernen, Palmöl, Kautschuk, Elfenbein, Rotholz, Mahagoni und anderen wertvollen Holzarten. Spanische Dampfer kommen nicht nach diesem Gebiete, dagegen die deutschen Woermanndampfer allmonatlich einmal.

Die von Kamerun nur durch einen 35 Kilometer breiten Wasserarm getrennte Insel Fernando Po ist eine fruchtbare, hochansteigende Insel, besonders bekannt durch ihre Kakaokultur. Diese bringt dort jährlich für drei bis vier Millionen Mark Kakaobohnen, sie würde sich noch weit mehr entwickelt haben, wenn nicht in Spanien ein sehr ungünstiges, lediglich im fiskalischen Interesse gehandhabtes Zollgesetz in Kraft wäre. Von den fünf größten Kakaopflanzungen von je 600 bis 1000 Hektar sind drei in portugiesischen, eine in spanischen und eine in deutschen Händen. Fernando Po hat monatlich einmal eine Dampferverbindung mit dem spanischen Mutterlande, welche fast die ganze Ausfuhr von Kakaobohnen nach Spanien befördert, während in der Einfuhr nur die Hälfte aus Spanien kommt, die andere Hälfte ziemlich zu gleichen Teilen aus Deutschland und England. Das jährliche Defizit der spanischen Guineabesitzungen für das Budget des Mutterlandes beträgt $1^1/_2$ bis 2 Millionen Mark.

Obwohl diese spanischen Besitzungen im und am Guineabusen bisher kaum in Beziehungen zu dem benachbarten deutschen Kolonialbesitze getreten sind, liegen sie doch ganz im Interessenbereich Kameruns, so daß das Vorkaufsrecht auf diesen Besitz sich in den Händen Deutschlands befindet. Bis zum Abschluß des deutsch-französischen Marokkoabkommens stand freilich Frankreich dieses Recht zu, seit 1900.

Von dem früheren großen portugiesischen Kolonialreiche in Südamerika, Afrika und Asien ist Brasilien bekanntlich vor 100 Jahren verloren gegangen, und in Asien sind nur ganz isoliert liegende kleine Besitzungen übrig geblieben. Es sind dies an der Westküste Vorderindiens Goa, Damao und Diu — zusammen so groß wie das Herzogtum Braunschweig — welche alle drei keinen größeren Wert mehr besitzen, nachdem auch das früher sehr bekannte Goa stark zurückgegangen ist. Dann besitzt Portugal an der chinesischen Küste, zwischen Canton und Hongkong, das nur sehr kleine Gebiet von Macao, das seine frühere Bedeutung nach dem Aufblühen Hongkongs verloren hat. Die kleine Sundainsel Timor teilen die Portugiesen mit den Holländern, und zwar ist der portugiesische Anteil, der übrigens gute Produktionsmöglichkeiten für Kaffee, Wachs und Petroleum hat, etwa so groß wie das Königreich Sachsen. Einen besonderen Wert haben diese Überreste des früheren mächtigen Kolonialbesitzes der Portugiesen in Asien nicht.

Wenden wir uns nun den portugiesischen Besitzungen im Atlantischen Ozean zu, so werden die Azoren und Madeira von den Portugiesen nicht zum Kolonialbesitze, sondern als anliegende Inseln zum Mutterlande gerechnet.

Auf der Insel Madeira mit dem Haupthafen von Funchal liegt der Handel zum größten Teil in englischen Händen, und geht auch die Ausfuhr meist nach England.

Vom eigentlichen portugiesischen Kolonialbesitze trifft man an der afrikanischen Westküste zunächst die 14 Cap Verdeschen Inseln an. Ihre Hauptbedeutung liegt in der geographischen Lage. Südöstlich von den Cap Verdeschen Inseln, auf dem afrikanischen Festlande, liegt die von Französisch Senegambien umklammerte portugiesische Kolonie Guiné. Der Handel in Guiné liegt trotz der französischen Umklammerung zum größten Teil in deutschen Händen.

Die zwischen den spanischen Inseln Fernando Po und Annobon im Guinea-Busen liegenden Inseln St. Thomé und Principe sind unzweifelhaft die Perlen des ganzen portugiesischen Kolonialbesitzes. Obwohl beide zusammen nur so groß sind wie das Fürstentum Waldeck, haben sie doch eine jährliche Produktion von 40 bis 50 Millionen Mark, und zwar zum weitaus größten Teil Kakaobohnen. Die Inseln waren von 1902 bis 1911 die größten Lieferanten für die 200 deutschen Schokoladenfabriken, seit 1912 sind sie jedoch an zweite Stelle gerückt, nachdem die sich mächtig entwickelnde englische Goldküste sie überflügelt hat. Die Pflanzungen sind in portugiesischen Händen. Die beiden Inseln produzieren den sechsten Teil der gesamten Welternte von Kakaobohnen. Nach Deutschland gehen für 15, nach Nordamerika für 9, nach Holland für 6, nach England aber nur für 1½ Millionen Mark.

Angola ist die größte der portugiesischen Kolonien, so

groß wie Deutschland und Österreich-Ungarn zusammen. Für Deutschland ist besonders der Süden sehr wichtig, denn während in Deutsch-Südwestafrika auf der ganzen langen Küstenstrecke von Swakopmund bis zum deutsch-portugiesischen Grenzflusse Kunene sich nichts befindet, was als Hafen oder auch nur als Reede bezeichnet werden könnte, hat Südangola in der Nähe der deutschen Grenze drei vorzügliche Häfen aufzuweisen: Mossamedes, Alexanderhafen und Tigerbai, wovon die mächtige Tigerbai nur 60 Kilometer von der deutschen Grenze entfernt ist. Von diesen vorzüglichen Ankerplätzen aus kann nicht nur der Süden der portugiesischen Kolonie, sondern auch der ganze bisher noch unentwickelt daliegende Norden von Deutsch-Südwestafrika wirtschaftlich ausgenutzt werden. Ferner ist für letzteres sehr wichtig, daß, während das mittlere Angola für St. Thomé und Principe die Arbeiter liefert, das südlichste Angola, namentlich der Ovambostamm der Kuanjamas, Arbeiter nach Deutsch-Südwest abgibt, wodurch einem großen Arbeitermangel abgeholfen wird. Wichtig für die fernere Entwicklung Angolas ist, daß drei Eisenbahnen begonnen haben, das Innere zu erschließen, im Norden die Laondabahn, jetzt 500 Kilometer lang, in der Mitte die Lobito-Benguella-Katangabahn, jetzt ebenfalls 500 km lang, und im Süden die Mossamedesbahn, jetzt 170 km lang. Ferner ist wichtig, daß im Innern Angolas ausgedehnte Hochflächen zwischen 1300 und 2000 m Seehöhe in Verbindung mit diesen Bahnen vorhanden sind, wo der Europäer nicht bloß, wie sonst in den Tropen, als aufsichtsführender Beamter tätig zu sein vermag, sondern auch selbst mitarbeiten kann. Diese Hochländer in einer Ausdehnung von über 70000 Quadratkilometer eignen sich daher vorzüglich zu einer großzügigen Kolonisation, für die für den Anbau besonders Getreide und Gemüse in Betracht kommen.

Angolas Einfuhr und Ausfuhr beträgt je 25 Millionen Mark. Angola hat gute Produktionsmöglichkeiten, außer für den bisher vorzugsweise gesuchten Wurzelkautschuk auch für Plantagenkautschuk, Zuckerrohr (in diesem Jahre 9000000 kg Rohrzucker), Baumwolle, Ölfrüchte, Eisen, Petroleum. Das Klima ist ungesund am Kongo und in der Hafenstadt Benguella. — Mozambique an der afrikanischen Ostküste ist so groß wie Deutschland und Italien zusammen. Der ganze Norden in der Größe des Deutschen Reiches ist drei gewaltigen Konzessions-gesellschaften übergeben, welche vorzugsweise mit englischen und französischen Kapitalien arbeiten. In diesen drei Konzessionsgebieten sind verschiedene Eisenbahnprojekte vorhanden, deren Realisierung auch den Nyassa-Gebieten Deutsch-Ostafrikas sehr zustatten kommen würde, da ja im Süden unserer deutschen Kolonie sich noch keine Eisenbahn befindet und der bisherige Wasserweg vom deutschen Teil des Nyassa über den Shire (mit Stromschnellen) und den Zambesi (mit seichten Stellen und Sandbänken) der Schiffahrt große Schwierigkeiten bereitet. Das Klima ist im allgemeinen ungesund, besonders am Zambesi. Der portugiesische Kolonialbesitz in Afrika ist rund viermal so groß wie das Deutsche Reich, und es ist klar, daß das kleine Portugal diese riesige Ländermasse nicht allein zu entwickeln vermag. Es ist deshalb zu den vielgenannten Verhandlungen zwischen Deutschland und England gekommen, durch die die beiderseitigen wirtschaftlichen „Interessensphären" abgegrenzt werden sollen. Über diese Verhandlungen ist in der Presse schon vieles Unrichtige verbreitet worden; da aber die Verhandlungen noch nicht abgeschlossen sind, müssen die Eingeweihten (zu denen auch Konsul Singelmann gehört) die Sache diskret behandeln, und es bleibt dem wissensdurstigen Publikum nichts übrig, als in Geduld abzuwarten, bis die beteiligten Regierungen es für angemessen erachten, das Resultat der Verhandlungen zu veröffentlichen.

Kassenbericht pro 1913

Einnahme	Mk.	Pfg.	Ausgabe	Mk.	Pfg.
Vortrag .	1285	94	Honorare für Redner, Redaktion, Saalmiete, Bedienung von Lichtbild-Apparaten etc.	1621	41
Beitrag des Kaiserl. Statthalters Graf von Wedel pro 1914	500	—	Drucksachen .	1123	10
Jahresbeiträge. Mk. 3041.75 abzüglich des an die Deutsche Kolonial-Gesellschaft Berlin überwiesenen Anteils . . „ 1664.75	1377	—	Porto-Auslagen, Schreib- und Einzugsgebühren	91	95
Diverse Einnahmen .	84	60	Vereins- und Denkmalbeiträge .	55	20
Zinsvergütung der Rhein. Creditbank, Filiale Straßburg .	38	87	Verschiedene Auslagen, Telephongebühren	181	75
			Guthaben bei der Rhein. Creditbank, Filiale Straßburg am 31. Dezember 1913 .	213	—
	3286	41		3286	41

Mitgliederverzeichnis

Juli 1914.

Ehrenmitglieder:

Dr. Sven von Hedin in Stockholm.
Leo, Generalleutnant z. D., Exzellenz, in Kassel.

Korrespondierende Mitglieder:

von Förster, Generalleutnant und Kommandeur der 6. Division in Brandenburg.
Herold, Oberstleutnant, Berlin.

Vorstand:

Ehrenvorsitzender: Gerland, Dr., Univ.-Professor, Geh. Reg.-Rat.
I. Vorsitzender: v. Harbou, Generalmajor (bis März 1914).
v. Mertens, Generalmajor (seit Mai 1914).
II. „ Sapper, Dr., Universitätsprofessor.
I. Schriftführer: Gähtgens, Dr., Professor, Oberlehrer.
II. „ Hager, Hauptmann, Inf.-Regt. 105.
Schatzmeister: Engelhorn, Kommerzienrat, Bankdirektor.
Beisitzer: Allmer, Oberst, Inf.-Regt. 105 (seit Febr. 1914).
Fritsch, Präsident der Generaldirektion der Eisenbahnen in Els.-Lothr.
Hergesell, Dr., Univ.-Prof., Geh. Reg.-Rat. (bis Mai 1914).
Kayser, Oberregierungsrat (seit Mai 1914).
Kreyenberg, Oberst, Inf.-Regt. 132 (seit Febr. 1914).
Kuhn, Prof. Dr., Oberstabsarzt (seit Mai 1914).
Langenbeck, Dr., Professor, Oberlehrer.
Marckwald, Prof. Dr., Oberbibliothekar.
Offermann, Dr., Geh. Reg.-Rat.
Pöhlmann, Bezirkspräsident.
v. Schimpf, Oberst, Inf.-Regt. 126 (seit Febr. 1914).
Schmidt, Generalleutnant z. D., Exzellenz.
Schwalbe, Dr., Univ.-Prof., Geh. Medizinalrat.
Schwander, Dr., Bürgermeister.
Stage, Geh. Regierungsrat.
v. Stein, Oberstleutnant a. D. (seit Febr. 1914).
Weigand, Prof. Dr., Oberlehrer.
Wolfram, Prof. Dr., Geh. Reg.-Rat, Direktor der Universitäts- u. Landesbibliothek.
Würtz, Prof., Dr., prakt. Arzt.

Mitglieder.

Die Namen derjenigen Mitglieder, welche zugleich der Abteilung Straßburg der Deutschen Kolonialgesellschaft angehören, sind mit einem * versehen.

---

1. Abegg, Dr. jur., Oberleutnant a. D., Goethestraße 41.
2. Abel, Dr., Oberstabsarzt, Sternwartstraße 17.
*3. Adler, C., Fabrikant, Kochstaden 7.
*4. Ahland, Dr. med., Assistenzarzt.
*5. Albrecht, Oberleutnant, Feldart.-Regt. 51, Paul-Labandstaden 8[a].
*6. Allmer, Oberst, Inf.-Regt. 105, Illwallstraße 5.
*7. Amman v. Borowsky, Major, Inf.-Rgt. 126, Schweighäuserstraße 31.
8. Andersch, Major, Inf.-Regt. 126, Christoph-Heer-Sstraße 9 IV.
*9. Apell, Zahlmeister, Train-Btl. 15, Christoph-Heerstr. 1.
10. Aron, Landgerichtsdirektor, Ruprechtsauer Allee 32.
*11. Auler, Generalleutnant, Exzellenz, Berlin-Schöneberg, Innsbruckerstraße 42.
*12. Backes, Heinrich, Architekt, Oberlinstraße 23.
*13. Baer, Dr., prakt. Arzt, Kleine Kirchgasse 2.
*14. Baier, Dr., Geh. Reg.- u. Oberschulrat, Manteuffelstr. 43.
15. Ballenberg, Oberleutnant, Fuß-Art.-Regt. 14, Mannheimerstraße 4.
*16. Bansi, Generalmajor und Kommandeur d. 4. Fuß-Art.-Brigade, Sebastian-Brantplatz 3.
17. v. Bar, Hauptmann u. Komp.-Chef, Inf.-Regt. 105, Schiltigheimerplatz 10.
*18. Bartenstein, Hauptmann, Fortifikation, Ingweilerstraße 22.
19. Basse, Reg.- und Geh. Baurat, Schiltigheimerplatz 12.
*20. Batt, Dr., Chemiker, Schiltigheim, Andlauerstraße 4.
*21. Bauer, Oberstleutnant z. D. u. 2. Stabsoff. b. Landwehrbezirk, Herderstraße 18 II.
22. Bauer, Referendar, Kochstaden 6.
*23. Baumann, Oberleutnant, Inf.-Regt. 126, Vorbruckerstraße 22.
24. Bauschinger, Dr., Universitätsprofessor, Sternwarte.
25. Bayer, Dr., Universitätsprofessor, Paul-Labandstaden 2.
26. Becker, Kriegsgerichtsrat, Gartenstraße 17.
27. Beetz, Dr., Direktor, Pioniergasse 1.
*28. Belin, Dr., prakt. Arzt, Thomasstaden 1 bis.
29. v. Berg, Frhr., Landforstmeister a. D., Murnerstraße 4.
*30. Berger, Kaufmann, Gewerbslauben 10.

*31. Berger, Schriftsteller, Ruprechtsauer Allee 45I.
32. Bergmann, Dr., Regierungsrat, Daniel-Hirtz-Straße 14.
33. Bernhardt, Reg.-Baumeister, Goethestraße 21.
34. Berninger, Jules, Architekt, Kleberstaden.
*35. Bertheau, Ingenieur, Sleidanstraße 6.
*36. Bertog, Oberst u. Direktor d. Artilleriewerkstatt, Zeughausgasse 6.
*37. Bethcke, Major u. Adjut. d. 30. Div., Bischof-Werner-Str. 2.
*38. Beyer, Reinh., Kaufmann, Gewerbslauben 46.
*39. Beyer, Oberleutnant, Hönheimerstraße 28.
*40. Biffé, Regierungsassessor, Erstein.
*41. Bindernagel, Hauptmann u. Direktor d. Wallmeisterschule, Paul-Labandstaden 4.
42. Blaum, Dr., Professor, Oberlehrer, Universitätsplatz 7.
43. Block, Hauptmann, Inf.-Regt. 105, Schiltigheimerplatz 10.
44. Blunk, Stabsveterinär, Train-Btl. 15, Kölner Ring 3.
45. v. Boeckmann, Oberstleutnant, Chef des Generalstabes beim Gouvernement, Groß-Spittelgartenweg 3.
46. Bögnerschule, Vorstand der —, Finkweilerstaden 5.
*47. Böhm, Carl, Oberregierungsrat a. D., Lessingstraße 12.
*48. Böhmer, Hauptmann, Inf.-Regt. 174, Schwarzwaldstr. 26a.
49. Bok, Dr., Prof., Oberlehrer, Weißturmring 29.
50. v. Bomhard, Dr., Landgerichtsdirektor, Geh. Justizrat, Arnoldsplatz 1.
*51. Bon, Leutnant, Inf.-Regt. 143, Taulerstraße 9.
52. „Bon Pasteur", Direktion des —, höhere Mädchenschule der Diakonissenanstalt, Marxgasse 8.
*53. v. der Borch, Frhr., Generalmajor, Gendarmerie-Brig., Zornstaden 18.
*54. Borckenhagen, Generalleutn., Exz., Inspekteur d. 2. Fußart.-Insp., Twingerstraße 3 II.
*55. v. Borries, Dr., Professor, Oberlehrer, Taulerring 2.
*56. v. Bose, Leutnant, Feld-Art.-Regt. 51, Feld-Art.-Kaserne, Geb. I, Zimmer 72.
57. Bostetter, Manteuffelstraße 19.
58. Both, Fr., Oberlehrer, Sleidanstraße 4 II.
59. Böttrich, Hauptmann, Linien-Kommandantur Z., Schwarzwaldstraße 24.
*60. Brand, Oberst, Kdo. d. Trains, Schweighäuserstraße 9 II.
61. Brans, Fabrikant, Schwarzwaldstraße 26a.

*62. Braubach, Berghauptmann u. Ministerialrat, Lessingstraße 8.
63. Braun, Dr., Universitätsprofessor, Physikalisches Institut.
64. Breitenbach, Generalleutn. z. D., Exz., Ludwigshafenerstr. 4.
65. Brion, Aug., Architekt, Aureliengasse 11.
*66. Bucher, Major, Inf.-Regt. 105, Twingerstraße 8.
*67. Bücking, Dr., Geh. Bergrat, Universitätsprofessor, Lessingstraße 7.
68. Budczies, Reg.- u. Baurat, Vogesenstrasse 63.
*69. Bürel, Badbesitzer, Gedeckte Brücken 8ª.
*70. v. dem Busche-Haddenhausen, Frhr., Hauptmann, Inf.-Regt. 105, Ludwigshafenerstraße 12.
*71. Burschenschaft „Arminia", Orangeriering.
*72. Burschenschaft „Germania", Katzensteg 1.
*73. Cahn, Dr., Universitätsprofessor, Goethestraße 5.
*74. Camin, Leutnant, Hus.-Regt. 9, Nikolaus-Kaserne, Geb. A, Stube 47.
*75. Chiari, Dr., Universitätsprofessor, Goethestraße 9.
*76. v. Chrismar, Vorst. d. Mil.-Intendantur, Oberlinstraße 19.
77. Colas, Prokurist von M. DuMont Schauberg, Thomannsgasse 19.
*78. Consbruch, Major, Inf.-Regt. 136, Sternwartstraße 11.
79. Crato, Dr., Korps-Stabsapotheker, Sternwartstraße 21.
80. Crell, Hauptmann, Fuß-Art.-Regt. 14, Fünfzehner-Wörth-Weg 9, Villa Marga.
81. Cußler, Hoflieferant, Studentengasse 8—10.
82. Dalitz, Postdirektor, Geilerstraße 35.
*83. v. Dallwitz, Dr., Exzellenz, Kaiserl. Statthalter in Elsaß-Lothringen.
*84. v. Daniels, Edler, Leutnant, Inf.-Regt. 143, Mannheimerstraße 11 IV.
*85. Dehnke, Proviantamtsinspektor.
*86. Deichmann, W., Rentner, Baden-Baden, Gunzenbachstr. 4.
*87. v. Deimling, Exz., komm. General des 15. A.-K., General d. Inf., Brandgasse.
*88. Deuster, Kaufmann, Kronenburgerring 23.
89. Deyhle, Hauptmann, Adj. d. 3. Ing.-Insp., Arnoldsplatz 5.
*90. Dieckhoff, Dr., Geh. Ober-Reg.- und Vortragender Rat beim Kaiserl. Statthalter, Orangeriering 11.
*91. Diederichs, Leutnant, Pionier-Btl. 27, Sleidanstraße 29.
*92. Dienst, Robert, Kaufmann, Oberlinstraße 6.

93. Dietrich, Dr., Sanitätsrat, Odilienstraße 1.
94. Dittler, Hauptmann, Inf.-Regt. 143, Ruprechtsauer Allee 3.
*95. Dittmar, Oberregierungsrat, Kaiser-Friedrichstraße 9.
96. Dittmar, Geh. Sanitätsrat Dr., Schwarzwaldstraße 31.
97. Dobritz, Katasterkontrolleur, Bitscherstraße 5.
98. Döderlein, Dr., Universitätsprofessor, Paul-Labandstaden 30.
*99. Donisch, Oberleutnant, Inf.-Regt. 143, Schwarzwaldstr. 21.
100. Dreyfuß, Dr., Professor, Ruprechtsauer Allee 39.
101. Dronke, Major, Pionier-Btl. 14, Kehl, Nibelungenstraße.
102. Duhm, Liz., Divisionspfarrer, Schillerstraße 8.
*103. Dzialkowski, Gewerbelehrer, Neuer Fischmarkt 3.
*104. v. Eben, Generalleutnant, Exz., Kommandeur d. 30. Div., Ruprechtsauer Allee 47.
*105. Ehrhard, Dr., Universitätsprofessor, Vogesenstraße 16.
106. Ehrhardt-Redslob, Marie, Sternwartstraße 15.
107. Eichelmann, Schiltigheim, Vogesenstraße 5.
*108. Eichmann, Major, Fuß-Art.-Regt. 10, Fischartstraße 14.
109. Einecker, Dr., Stabsarzt, Schiltigheimerplatz 11 I.
110. Eissen, Geh. Kommerzienrat, Kaiser-Friedrichstraße 13.
*111. Engelhardt, Oberarzt, Feld-Art.-Regt. 84, Orangeriering 20ᵃ.
*112. Engelhorn, Bankdir., Kommerzienrat, Schweighäuserstraße 41.
113. Erlenbach, Oskar, Rentner, Schweighäuserstraße 11.
*114. Eylers, Frau Staatsanwalt, Klotzstraße 3.
*115. Fehling, Dr., Geh. Obermedizinalrat, Universitätsprofessor, Paul Labandstaden 15.
116. Feine, Dr., Oberstabsarzt, Inf.-Regt. 105, Palaststraße 4.
*117. Feist, Jos., Direktor der Elsäss. Tabakmanufaktur, Kaiser-Wilhelmstraße 3.
*118. Feldmann, Schutzmann, Schuhmachergasse 5.
*119. Feuerheerd, Hauptmann, Inf.-Regt. 136, An der Aar 7.
120. Fick, Justizrat, Notar, Schiltigheim, Bischweilerstraße 56.
121. Ficker, Dr., Universitätsprofessor, Lessingstraße 2.
122. Fielitz, Dr., Stabsarzt, Inf.-Regt. 136, Schwarzwaldstr. 29.
123. Fischer, Dr., Universitätsprofessor, Küfergasse 25.
124. Fischer-Gissot, Hauptmann, Inf.-Rgt. 132, Renchtalstr. 3.
*125. Flechtner, Oberstleutnant u. Reg.-Kommand., Ruprechtsauer Allee 49.
126. Forrer, Dr., Konservator der prähist., röm. u. fränkischen Altertümer.

127. v. Förster, Oberst und Kommandeur des Inf.-Regt. 48 in Cüstrin, korrespondierendes Mitglied.
*128. v. Frankenberg und Ludwigsdorf, Generalmajor u. Kommandeur der 61. Inf.-Brig., Schwarzwaldstraße 26[a].
*129. Freihen, Buchhändler, Dietrichstaden 4.
130. Freudenfeld, Oberregierungsrat, Kaiser-Wilhelmstraße 5.
*131. Freund, Dr., Universitätsprofessor, Lessingstraße 6.
*132. Fritsch, Oberst, Festungsinspekteur, Ruprechtsauer Allee 46 III (abgemeldet für 1915).
*133. Fritsch, Wirkl. Geh. Ober-Reg.-Rat, Präsident d. Generaldirektion der Eisenbahnen in Elsaß-Lothr.
134. Fuchs, Regierungs-Baurat, Vogesenstraße 71.
*135. Fuhrmans, Leutnant, Inf.-Regt. 143, Nikolaus-Kas., St. 84c.
136. Funke, Dr., Universitätsprofessor, Müllenheimstaden 3.
*137. Gähtgens, Dr., Prof., Oberlehrer, Schiltigheim, Vogesenstr. 7.
*138. Gebhardt, Landger.-Dir. a. D., Geh. Justizrat, Geilerstr. 5.
*139. Gebhardt, Leutnant, Inf.-Regt. 143, Gerhartstraße 3.
*140. Gelshorn, E., Regierungsrat, Herderplatz 2 II.
141. Geographisches Seminar, Universität.
*142. Gerber, E., Dr., Geh. Reg.-Rat, Stöberstraße 7.
*143. Gerland, Dr., Geh. Reg.-Rat, Universitätsprofessor, Schillerstraße 6.
*144. Giessen, Leutnant, Inf.-Rgt. 143, Mannheimerstraße 11.
*145. v. Gilsa, Major beim Stabe des Feldart.-Regt. 84, Schwarzwaldstr. 29.
*146. v. Gimborn, Hauptmann, Pion.-Btl. 19, Schwarzwaldstr. 58 II.
*147. v. Glasenapp, Hauptmann u. Adjutant d. Gouvernements, Kaiser Friedrich-Straße. 14 p.
*148. Glasmacher, Regier.- u. Forstrat, Schiltigheimerplatz 7.
*149. Glauer, Generalmajor z. D., Am Waseneck 7.
*150. Glunz, J., Fabrikant, Weißturmring 2.
*151. Glunz, M. E., Strohhutfabrikant, Wasselnheimerstraße 4.
*152. Goebel, Dr., Stabsarzt, Neudorf.
153. Goetz, Dr., Universitätsprofessor.
*154. Goetz, Geh. Oberregierungsrat, Direktor d. direkten Steuern, Schweighäuserstraße 21.
*155. v. Goetze, Hauptmann, Inf.-Regt. 105 (nur 1914). An d. Aar 32.
156. Goldschmidt, H., Dr., Regierungsrat, Ruprechtsauer Allee 33.
157. Goltz, Frl., Sternwartstraße 10.
*158. v. d. Goltz, Frhr., Kreisdirektor, Palaststraße 5.

159. Götte, Dr., Universitätsprofessor, Spachallee 13.
*160. Gramsch, Oberstleutnant, Train-Btl. 15, Möllerstraße 1.
161. Graner, Geh. Baurat, Direktor der Techn. Schule, Schwarzwaldstraße 19.
*162. Grass, Hauptmann, Inf.-Regt. 105, Schiltigheimerplatz 6.
*163. Greiner, Emil, Zivilingenieur, Kronenburgerstraße 19.
164. Grober, Geh. Studienrat, Prof. Dr., Lycealdirektor, Schloßplatz 1.
*165. Großkopf, Brauereidirektor, Schiltigheim, Bischweilerstr. 17.
*166. Grotowsky, Oberleutnant, Inf.-Regt. 132, Bez.-Adj., Strauß-Dürkheimstraße 3.
*167. Gründahl, Rentmeister, Franziskanergasse 1.
168. Gunzert, Bankdirektor, Murnerstraße 2.
*169. Günther, Hauptmann, Pionier-Batl. 19, Ill-Rheinkanalstr. 4.
*170. Gussone, Leo, Kaufmann, Pariserstaden 6.
171. Haan, Ed., Diplom-Ingenieur, Vogesenstraße 17.
*172. Haas, Hauptmann, Feld-Art.-Regt. 84, Kölnerring 16.
*173. Haas, Jakob, Kaufmann, Weißenburgerstraße 12.
174. Haberer, Professor, Griesbach i. Renchtal.
*175. Hager, Hauptmann, Inf.-Regt. 105, Silbermannstraße 14 I.
*176. Hahn, Hauptmann, Inf.-Regt. 143, Geilerstraße 33.
177. Hähner, Direktor der Straßenbahngesellschaft, Vogesenstraße 20.
*178. Hambruch, Generalvertreter der Krupp'schen Werke in Essen, Daniel-Hirtz-Straße 11.
179. Hänsler, Dr., prakt. Arzt, Kochstaden 5.
*180. Hansen, Franz, Müllenheimstaden 4.
181. Harbordt, Prof., Dr., Oberlehrer, Universitätsplatz 6.
*182. v. Harbou, Generalmajor z. D. Berlin, Friedenau, Stubenrauchstraße 16 III.
*183. Hardt, Reg.- u. Forstrat, Schiltigheimerplatz 6.
*184. Hartmann, Alfred, Lessingstraße 19.
185. Hartmann, Hauptmann in der 3. Ingenieur-Inspektion, Stöberstraße 12.
186. Hartmann, Dr. Paul, Privatdozent, Wenckerstraße 6 III.
*187. Hauptmann, E., Kreisschulinspektor, Mülhausen.
188. Hausmann, Dr., Universitätssekretär, Geilerstraße 1.
189. Hecker, Dr., Geh. Medizinalrat, Spachallee 10.
*190. v. Hecker, Dr., Obergeneralarzt, Lameystraße 13.
*191. Hecker, Geh. Reg.-Rat, Prof. Dr., Herderstraße 10.

192. Hedin, Sven v., Dr., Ehrenmitglied, Stockholm.
*193. Heinrich, Verlagsbuchhändler, Lameystraße 5.
*194. Heitmann, Ober-Postinspektor, Vogesenstraße 26.
*195. Hemming, Hauptmann, Fuß-Art.-Regt. 10, Lameystraße 6.
*196. v. Henning auf Schönhoff, Major, Inf.-Regt. 143, Spachallee 8.
*197. Herf, Reg.- u. Forstrat, Schwarzwaldstraße 25.
*198. Hering, Geh. u. Oberregierungsrat, Twingerstraße 18.
199. Herold, Oberstleutnant, korrespondierendes Mitglied, Berlin.
200. Herrenschmidt, Kommerzienrat, Wacken 1.
201. Hertzog, ev. Pfarrer, Blauwolkengasse 3.
*202. Hey, Kaiserl. Reg.-Baumeister, Schiltigheim.
*203. v. Heydebreck, Generalleutnant, Exz., Lenôtrestraße 4.
204. Hirn, Lehrer, an der städt. höh. Mädchenschule, Vogesenstraße 32.
205. Hoff, C. E., Kaufmann, Ruprechtsau, Fiacriusgasse 9.
*206. Hoffmann, Buchhändler, Kaiser-Friedrichstraße.
*207. v. Hofmann, Rittmeister, Hus.-Regt. 9, Sternwartstr. 12.
208. Hofmeister, Dr., Universitätsprofessor, Wimpfelingstraße 2.
*209. Holderer, Dr., Oberamtmann, Kehl.
*210. Holnstein, Graf, Major z. D., Froeschweiler.
*211. Hommel, Fabrikdirektor, Kaiser-Friedrichstraße 17.
*212. Horst, Ernst, Maler, Schwarzwaldstraße 30.
213. Hoseus, Frau Unterstaatssekretär, Goethestraße 1.
*214. Huber, Dr., Kochstaden 16.
215. v. Hügel, Frhr., Regierungsrat, Zornstaden 3.
*216. Hugo, Oberstleutnant, Hus.-Regt. 9, Ruprechtsauer Allee 34.
*217. Hünten, Landgerichtsdirektor.
218. Hüster, Geh. Baurat, Ehrmannstraße 1.
*219. v. Hütz, Rittmeister im Husaren-Regt. 9.
220. Ittel, Leutnant, Inf.-Rgt. 136, Vogesenstr. 38.
221. Irgahn, Major, Inf.-Rgt. 136, Schwarzwaldstraße 10.
*222. Jacobi, Dr., Assessor, Taulerring 8.
*223. Jacobi, E., Dipl.-Ing., Fabrikant, Kronenburgerring 25.
224. Jaehne, Stabsarzt, Dr., Inf.-Regt. 105, Schwarzwaldstr. 12.
*225. Jansen, Aug. Th., Fabrikant, Gutleutgasse 10.
*226. Janssen, Rittmeiser, Train-Batl. 15, Antwerpener Ring 11.
*227. Jeckel, Amtsgerichtsrat, Odilienstraße 1.
*228. Jerschke, W., Rentner, Schwarzwaldstraße 42.
229. Jessen, Ernst, Dr. med., Professor, Schiltigheimerring 9.

*230. Jorns, Kriegsgerichtsrat, Nikolausstaden 22.
231. Jost, Dr., Universitätsprofessor, Botan. Institut.
*232. Kässberg, Leutnant, Inf.-Rgt. 105, Manteuffelkaserne I St. 70.
*233. Kaiser, Prof. Dr., Archivdirektor, Schwarzwaldstraße 12.
234. Karst, Hauptmann, Inf.-Rgt. 136, Kaiser-Wilhelmstraße 3.
*235. v. Kalkreuth, Hauptmann, Inf.-Regt. 143, Mannheimerstraße 11.
*236. Kauffmann, Kommerzienrat, Taulerstraße 27.
*237. Kayser, Oberregierungsrat, Bezirkspräsidium.
238. Keller, Dr., Geh. Justizrat, Notar, Pioniergasse 7.
*239. Kessler, Dr. med., Stabsarzt, Kehl, Schulstraße 4.
*240. Killinger, Geh. Reg.-Rat, Leostraße 5.
241. Klähn, Dr., Prof., Oberlehrer, Schiltigheimerring 7.
242. Klein, Dr., Univ.-Prof., Neukirchgasse 1—3.
*243. Klett, Fr., Prokurist, Lützelsteinerstraße 7.
*244. Klette, Hauptmann, Inf.-Regt. 105, Cunitzstraße 6.
245. Klostermann, Prof. Dr., Sternwartstraße 16.
*246. Knapp, Dr., Universitätsprofessor, Schwarzwaldstraße 4.
247. Knorr, Kunstmaler, Schiltigheimerplatz 1.
248. Koch, C., D. D. S., American Dent., Kaiser-Wilhelmstr. 3.
*249. Koch, Hauptmann, Inf.-Regt. 136, Inselstraße 2.
250. Köbig, Institutsvorsteherin, Manteuffelstraße 14.
251. Köritz, Prof. Dr., Oberlehrer, Steinring 51.
252. Kraft, J., Kaufmann, Sleidanstraße 4.
253. Krause, Dr., Privatdozent, Oberlinstraße 32.
*254. Kreyenberg, Oberst, Kommandeur, Inf.-Regt. 132, Schwarzwaldstraße 29.
*255. Kreyher, H., Major a. Bekleidungsamt, Wimpfelingstr. 3.
256. Kröll, Dr., Prof., Geh. Sanitätsrat, Wenckerstraße 8.
257. Krückl, Dr., Oberlehrer, Lessingstraße 43.
258. Krüger, wissenschaftl. Hilfslehrer, Hammangasse 7.
259. Krumbhorn, Leutnant, Inf.-Regt. 143, Kaiser-Friedrich-Kaserne Geb. I, St. 60.
*260. Kruttke, Fräulein, Schulvorsteherin, Am Waseneck 6.
261. Kühne, Generalmajor, Kdr. d. 30. Feld-Brig., Kochstaden 12.
*262. Kühne, Hauptmann, Inf.-Regt. 136, Goethestraße 29.
*263. Kuhff, Aug., Weinhändler, Blauwolkengasse 6.
*264. Kuhn, Prof., Dr., Oberstabsarzt, Stöberstraße 8.
265. Kuhn, Frl., Lehrerin, Sternwartstraße 12.
*266. Kumme, Major z. D., Vogesenstraße 7 I.

267. Küster, Rittmeister, Train-Batl. 15, Renchtalstraße 42.
*268. Kutsche, Postrat, Pioniergasse 7.
*269. Kutzner, Hauptmann, Inf.-Regt. 136, Ingweilerstraße 10 IV.
270. Laband, Dr., Univ.-Prof., Staatsrat, Wirkl. Geh. Rat, Exzellenz, Kaiser-Wilhelmstraße 17.
271. Lade, Geh. u. Oberkriegsgerichtsrat, Geilerstraße 6 III.
*272. Lamarche, Kaufmann, Höllriegelskreuth a. d. Isar, bei München.
*273. Lammers, H., Dipl.-Ingenieur, Dietrichstaden 1.
*274. Landolt, Dr., Universitätsprofessor, Neukirchgasse 3 I.
*275. Langenbeck, Dr., Prof., Oberlehrer, Kaiser-Friedrichstr. 24.
*276. v. Langendorff, Hauptmann, Vermessungsoffizier, Gouvernement.
*277. v. Lautz, Polizeipräsident, Blauwolkengasse 11.
278. Lawaczek, Eisenbahn-Betriebsdirektor, Bahnhofsring 3 II.
279. Ledderhose, Dr., Univ.-Professor, Erwinstraße 1.
*280. Lengnick, Hauptmann, Inf.-Regt. 105, Oberlinstraße 15.
281. Leo, Generalleutnant z. D., Exz., Ehrenmitglied, Kassel.
282. Leuchtenberger, Dr., Ober-Stabsarzt, Fuß-Art.-Regt. 14, Universitätsplatz 11.
283. Levy, Ernst, Dr., Univ.-Professor, Johannesstaden 10.
284. Littmann, Dr., Universitätsprofessor, Taulerstraße 19.
*285. v. Liliencron, Frhr., Oberstleutnant, Inf.-Regt. 143, Ruprechtsauer Allee 32.
286. v. Lindow, Major, Verkehroffizier v. Platz, Twingerstr. 14.
287. List, Frau Professor, Manteuffelstraße 28.
*288. Loog, Leutnant, Feldart.-Regt. 51, Lazarettstraße 16.
*289. Löwe, Direktor der Elektrizitätswerke, Lameystraße 4.
290. Loos, Dr., Oberstabsarzt, An der Aar 11.
291. Luthmer, Dr., Geh. Reg.- und Oberschulrat, Ohmachtstraße 3.
292. Machemehl, Postrat, Sleidanstraße 3.
*293. Madelung, Dr., Universitätsprofessor, Geh. Medizinalrat, Schillerstraße 9.
*294. Maisenbacher, Dr., Landrichter, Neuer Fischmarkt 4.
295. Maltzahn, Hauptmann, Schloß Odratzheim.
296. Manasse, Dr., Universitätsprofessor, Herderstraße 2.
297. Mantel, Assistenzarzt, Inf.-Rgt. 143, Ludwigshafenerstr. 6.
*298. Marckwald, Dr., Prof., Oberbibliothekar, Herderstraße 36.
299. Marum, Kaufmann, Julianstraße 13.
300. Mayer, Alfred, Kaufmann, Kochstaden 9.

301. Mayer, Emil, Dr., Universitätsprofessor, Schiltigheimerring 1.
302. Mayer, Max Ernst, Dr., Universitätsprofessor, Orangeriering 19.
*303. Mebert, Leutnant, Feld-Art.-Regt. 84, Kaserne I/84.
*304. Mengelbier, Oberst, Inf.-Rgt. 143, Stöberstraße 7a, nur noch 1914.
305. Menten, Feuerwerkshauptmann, Art.-Depot, Mannheimerstraße 20.
*306. v. Mertens, Generalmajor, Inspekteur d. 3. Pionierinspektion, Orangeriering 18.
307. Metzenthin, Dr., Sanitätsrat, Sebastian-Brantplatz 8.
308. Mewes, Kriegsgerichtsrat, Ruprechtsauer Allee 25.
309. Meyer, E., Dr., Universitätsprofessor, Geilerstraße 14.
310. Meyer, K., Schulrat, Direktor d. Lehrerseminars, Schwarzwaldstraße 65.
*311. Meyer, Caesar, Hauptmann, Inf.-Regt. 143, Schweighäuserstraße 28 II.
312. Meyer-Nicolay, C., prakt. Zahnarzt, Manteuffelstraße 47 I
313. Milde, Oberleutnant, Adj. des Trains, St. Mauritiusstr. 2 III.
314. Mirus, Hauptmann, Fortifikation, Am Waseneck 2 II.
*315. Modes, Leutnant, Inf.-Reg. 105, Mantouffel-Kaserne, Geb. I, St. 68.
316. Mohs, Major, Gouvernement, Am Schießrain 8.
*317. v. Mossner, Exz., General d. Kaval. z. D., Nikolausring 41.
318. Müller, Dr., Oberarzt, Inf.-Regt. 136.
319. Müller, Wwe., Frau Hauptmann, Orangeriering 2.
320. Müller, Kgl. Militärbaumeister, Regierungsbaumeister a. D., Schwarzwaldstraße 48.
321. Müller, J. A., Oberinspektor, Wimpfelingstraße 3.
*322. Nagel, Leutnant, Inf.-Reg. 136, Zornstaden 18.
*323. Neddermann, Rud., jr., Kaufmann, Blauwolkengasse 17/19.
*324. Neumann, Dr., Universitätsprofessor, Münzgasse 5.
325. Neumann, Ober-Reg.-Rat, Direktor der Verkehrssteuern, Herderstraße 18.
*326. Nickel, Dr., Generaloberarzt.
*327. Noeppel, A., Direktor, Manteuffelstraße 12.
*328. Nolte, Rittmeister, Adj. d. 30. Kav.-Brig., Inselstraße 4 I.
329. Nüssler, Leutnant, Train-Batl. 15, Lessingstraße 39.
*330. Odermann, stud. med. dent., Feggasse 18.
*331. Offermann, Dr., Geh. Reg.-Rat, Paul-Labandstaden 14.

*332. Ohlrogge, Geh. Postrat, Lützelsteinerstraße 16 II.
333. Oppenheimer, Dr., Gerichtsassessor, Molsheim.
*334. Oppermann, Hauptmann, Inf.-Regt. 105, Inselstraße 8 a.
335. Osterloff, Architekt u. Bauunternehmer, Strauss-Dürkheimstraße 11.
336. Otto, Major, Pionier-Batl. 19, Zornstaden 4.
337. Pauli, Landgerichtsrat, Speyererstraße 19.
*338. Pauli, Geh. Regierungsrat, Orangeriering 22.
*339. Paulus, Dr., Divisionspfarrer, Schwarzwaldstraße 21.
*340. Payne, Hauptmann a. D., Odilienstraße 1.
341. Perkowski, Rittmeister, Train-Batl. 15, Fischartstraße 24.
*342. Petereck, Hauptmann beim Bekleidungsamt des 15. A.-K., Ingweilerstraße 10 II.
*343. Petersen, Oberstleutnant, Inf.-Regt. 143, Lenôtrestr. 8.
344. Petri, Dr., Unterstaatssekretär a. D., Wirkl. Geh. Rat, Exz., Münstergasse 1.
*345. Petri, Hauptmann, Adj. d. 60. Inf.-Brig., Universitätsstraße 36.
346. Pfister, A., Kaufmann, Möllerstrasse 3.
347. Pflügel, Carl, Dipl.-Ing., Palaststraße 11.
348. v. d. Pfordten, Frhr., Dr. Universitätsprofessor, Ruprechtsauer Allee 56.
*349. Pinder, Major, Inf.-Regt. 136, Sternwartstraße 11.
350. Pietsch, Leutnant, Inf.-Regt. 105, Illtorkaserne, Geb. II, St. 32.
351. Plügge, W., Referendar, Oberlinstraße 38.
*352. Pöhlmann, Bezirkspräsident, Kochstaden 1.
353. Polaczek, Universitäts-Professor Dr., Oberlinstraße 40.
*354. Poplawski, Reichsbankdirektor, Broglieplatz 5.
355. Preisigke, Dr., Prof. Telegraphendirektor, Hohenlohestr.
356. Pries, Kaufmann, Kaiser-Friedrichstraße 23.
*357. Rathgen, Exz., Generalleutnant z. D., Nikolausring 1.
*358. Ratzel, Major, Bekleidungsamt, Arnoldsplatz 5.
359. Rademacher, Oberleutnant, Fuß-Art.-Regt. 10, Oberlinstraße 30.
360. Redslob, Frl. Johanna, Nikolausstaden 8.
361. Reimer, Frau Regierungsrat, Goethestraße 41.
*362. Reinecke, Major b. Generalkommando, Schwarzwaldstr. 37.
363. Reißland, Postdirektor, Hauptpostamt.
364. v. Reitzenstein, Frhr., Hauptmann, Feld-Art.-Rgt. 51, Lessingstraße 28.

*365. Renneberg, Zeughauptmann b. Art.-Depot, Ruprechtsau, Adlergasse.
*366. Rentner, Hauptmann, Pionier-Batl. 15, Kölnerring 5.
367. Renz, Regierungsrat, Apffelstraße 18.
368. Rhode, Ober-Baurat, Bahnhofring 3.
*369. Richter, Leutnant u. Adj. i. Inf.-Rgt. 143, Mannheimerstraße 11.
*370. Ries, Dr., Professor, Oberlehrer, Schiltigheimerring 3.
*371. Ries, Emil, Ingenieur, Antwerpenerring 29 II.
*372. Rintelen, Hauptmann, Feld-Art.-Rgt. 51, Schwarzwaldstr. 26.
*373. v. Rittberg, Graf, Hauptmann, Feld-Art.-Rgt. 84, Neudorf, Poltygut 1.
374. Rohde, Major, Pionier-Btl. 15, Herderstraße 32 IV.
*375. Rohr, Hauptmann, Feld-Art.-Regt. 84, Antwerpenerring 33.
*376. Römer, Dr., Universitätsprofessor, Universitätsplatz 1.
*377. v. Römer, Hauptmann, Inf.-Rgt. 105, Gustav-Klotzstr. 10.
378. Römmler, Hauptmann, Inf.-Rgt. 105, Steinwallstraße 72.
*379. Roos, Siegmund, Holzhändler, Schweighäuserstraße 17.
*380. Roos, Albert, Holzhändler, Goethestraße 13.
381. Rosenfeld, Dr., Universitätsprofessor, Schwarzwaldstraße 3.
*382. Rosenstiel, Dr. med. prakt. Arzt, Vogesenstraße 62 I.
*383. Roth, Kreisbauinspektor, Schweighäuserstraße 18.
*384. Rothfuß, Bauunternehmer, Steinwallstraße 44.
*385. Röwer, Hauptmann, Fußart.-Rgt. 10, Sternwartstr. 5 II.
386. Rudolph, Dr., Universitätsprofessor, Twingerstraße 28.
387. Runge, Hauptmann, Fußart.-Rgt. 10, Geilerstraße 37 III.
388. Rützou, Otto, Landmesser, Manteuffelstraße 1.
*389. Säger, Leutnant, Inf.-Rgt. 143, Fort Sachsen.
390. Saigge, Intendantur-Rat, Herderstraße 18.
*391. Sapper, Dr., Universitätsprofessor, Herderstraße 28 II.
*392. Sauer, Hauptmann, Inf.-Regt. 143, Schwarzwaldstraße 53.
393. v. Sausin, Generalmajor, Kdr. d. 3. Ing.-Insp., Ruprechtsauer-Allee 32.
*394. Schaller, Geh. Kommerzienrat, Präsident der Handelskammer, Münstergasse 1.
395. Scheele, Dr. med., Arbogaststraße.
396. Scheid, Frau Ministerialrat, Ohmachtstraße 10.
397. Scherdlin, H., Rentner, Kochstaden 6.
398. Scherer, Oberbergrat, Taulerstraße 22.
399. Scheuermann, Geh. Rechnungsrat, Brandgasse 19.

400. Scheuffele, Reg.- u. Baurat, Vogesenstraße 43.
*401. v. Schimpf, Oberst, Inf.-Regt. 126, Jacob Sturmstaden 5.
402. Schlemmer, Dr., Geh. Regierungs- und Oberschulrat, Strauß-Dürkheimstraße 5.
*403. Schlesinger, Dr., prakt. Arzt, Univ.-Professor, Goethestr. 1.
*404. Schmiedeberg, Dr., Universitätsprofessor, Züricherstraße 4.
*405. Schmidt, Exz., Generalleutnant z. D., Ruprechtsau, Karpfenweg 6.
406. Schmidt, Dr., phil., Sleidanstraße 25.
407. Schmidt, Oberstleutnant, Bad. Pionier-Bat. 14, Kehl, Rheinstraße 25.
*408. Schmidt, Frau Dr., Schloß Carrières b. Niederweiler i. Lothr.
*409. Schmidt, G., Dipl.-Ing., Kaiser Friedrichstraße 30.
410. Schmidt, H., Dr. med., Schwarzwaldstraße 19.
*411. Schoeller, Leutnant, Hus.-Regt. 9, Daniel Hirtzstraße 15.
*412. Scholl, Hauptmann, Inf.-Regt. 105, Schweighäuserstraße 24.
413. Schröder, Th., Professor, Dr., Oberlehrer, Illwallstraße 20.
*414. Schulz, Leutnant, Flieger-Btl. 4, Ludwigshafenerstraße 22.
415. Schultz, Hauptmann, Adj. d. 3. Ing.-Insp., Geilerstraße 20 I.
*416. Schultz, Dr., Universitätsprofessor, Silbermannstraße 7.
*417. Schurig, Hauptmannn, Inf.-Regt. 105, Am Waseneck 4.
*418. Schwalbe, Dr., Universitätsprofessor, Geh. Medizinalrat, Schwarzwaldstraße 39.
*419. Schwander, Dr., Bürgermeister, Brandgasse 9.
420. Schwartz, Leutnant, Train-Batl. 15, Antwerpenerring 31.
421. Schwarz, Apotheker, Lützelsteinerstraße 9.
422. Schwerdtfeger, Rittmeister, Train-Batl. 15, Illring 1.
*423. Schweyer, Leutnant, Inf.-Regt. 136, Manteuffelstraße 14.
*424. v. Seebach, Wirkl. Geh. Kriegsrat, Allerheiligengasse 10.
*425. Seeliger, Leutnaut, Feld-Art.-Regt. 84, Kaserne I/84.
*426. Segschneider, Zahlmeister, Feld-Art.-Regt. 54, I. Abt., Schwarzwaldstraße 56.
427. Selden, Frau Witwe Bezirksingenieur, Herderstraße 18 I.
*428. Siebert, Geh. Rechnungsrat, Univers.-Quästor, Taulerstr. 21
429. Siebler-Ferry, Kaufmann, Spießgasse 2.
430. Siegle, Adolf, Fabrikant, Fischartstraße 22.
*431. Sievert, Major z. D., Fischartstraße 8.
432. Simon, Dr., Univ.-Prof., Schiffmattweg 10.
433. v. Skopnik, Geh. Reg.-Rat, Wimpfelingstraße 23.
434. Smend, Dr., Universitätsprofessor, Ruprechtsauer Allee 14.

435. Smits, Dr., Generaloberarzt a. D., Schreiberstubgasse 2.
*436. Sonnemann, Major, Pionier-Batl. 27, Ruprechtsauer Allee 3.
437. Spahn, Martin, Dr., Universitätsprofessor, Grandidierstr. 1.
438. Spalding, Major, Inf.-Regt. 174, Ruprechtsauer Allee 46.
439. Speyer, Peter, Kaufmann, Paul Labandstaden 21.
*440. Spiegelberg, Dr., Universitätsprofessor, Twingerstraße 16.
441. Spies, Dr., Generalarzt a. D., Spachallee 2.
442. Spiro, Dr., Universitätsprofessor, Stöberstraße 16.
*443. Stage, Geh. Reg.-Rat, Kochstaden 5.
444. Stehle, Dr., Reg.- und Schulrat, Ohmachtstraße 3.
445. Steffen, L., Rechnungsrat, Hohenlohestraße 26.
*446. Stein, Gust., Kaufmann, Kaiser-Wilhelmstraße 6.
*447. v. Stein, Oberstleutnant z. D., Lameystraße 18.
*448. v. Stichaner, Frau Bezirkspräsidenten-Witwe, Hohenlohestraße 4.
*449. Stilling, Dr., Universitätsprofessor, Murnerstraße 1.
450. Stoeckicht, Baurat, Schiltigheimerring 13.
451. v. Stojentin, Intendantur-Rat, Wimpfelingstraße 3 I.
*452. Stolberg, Dr., Möllerstraße 9.
*453. Stolzenburg, Generalmajor u. Kommandeur der 30. Feld Art.-Brig., Ludwigshafenerstraße 14.
*454. Strohmeyer, Oberförster, Münster (Ober-Elsaß).
*455. Stud, Oberkriegsgerichtsrat, Geilerstraße 35 III.
456. Stübel, O., Generalsekretär, Ruprechtsau, Silberratgasse 2b.
*457. Stübel, Regierungsrat, Strauß-Dürkheimstraße 5 I.
458. Stürmer, Frl., Oberlehrerin, Schwendistraße 18.
459. Suffort, Hauptmann, Pionier-Batl. 15, Antwerpenerring 10.
460. Teichner, Rechnungsrat, Schwendistraße 16.
*461. Teike, Prof., Oberlehrer, Universitätsstraße 28.
462. Tempel, Dr., Oberlehrer, Vogesenstraße 30.
*463. v. Tettau, Frhr., Eisenbahndirektor, Twingerstraße 5 II.
*464. Thiele, Dr., Univ.-Professor, Goethestraße, Chem. Institut.
465. Thumb, Dr., Universitätsprofessor, Universitätsstraße 28.
466. Till, Reg.-Baumeister, Lessingstraße 41.
*467. Tischbein, Oberst z. D., Wenckerstraße 2.
*468. Tobias, A., Baumeister u. Bauunternehmer, Zornstaden 14.
*469. Tobias, Hauptmann, Inf.-Regt. 126, Rosheimerstraße 7[a].
470. Todt, Dr., Stabsarzt, Universitätsstraße 36 I.
471. Trapet, Leutnant, Train-Batl. 15, Gerhartstraße 12.
472. v. Traut, Ministerialdirektor, Kleberstaden 10.

*473. Trübner, Karl J., Verlagsbuchhandlung, Münsterplatz 9.
*474. v. Tschammer u. Osten, Leutnant, Inf.-Regt. 105, Manteuffelstraße 39.
*675. Tschirschke, Oberbahnassistent.
476. v. Tuhr, Dr., Univ.-Professor, Ruprechtsauer Allee 64.
*477. Uhlenbruck, Hauptmann, Fußart.-Regt. 14, Herderstr. 7.
*478. Uhlig, Major, Fortifikation, Schiltigheimerplatz 8.
479. Vehse, Leutnant, Inf.-Rgt. 105, Manteuffelstraße 39.
*480. v. Velsen, Major, Abteilungskommandeur Feldart.-Regt. 51, Taulerstraße 9 IV.
*481. v. Vietinghoff gen. Scheel, Generalleutnant, Exz., Kommandant, Blauwolkengasse 25 II.
482. Vogel, Oberstleutnant, Inf.-Regt. 132, Sternwartstraße 12 I.
483. Waencker v. Dankenschweil, Exz., Generalleutnant z. D., Freiburg i. B., Zasiusstraße 53 II.
*484. Wagner, Carl, Fabrikant, Weißturmring 11 a.
*485. Wagner, Heinrich, Landwirt, z. Z. im Pionierbatl. 27.
486. Wagner, Assistent am meteorol. Institut.
*487. Wald, Major, Inf.-Rgt. 126, Vorbruckerstraße 1.
488. Graf v. Waldersee, Oberst, Chef des Generalstabes des 15 A.-K., Sternwartstraße 12 II.
*489. Walter, Dr., Oberlehrer, Jarsstraße 16.
*490. v. Waltershausen, Frhr., Dr., Universitäts-Prof., Orangeriering 23.
*491. Wandesleben, Hauptmann, 2. Rhein. Pionier-Batl. Nr. 27, Geilerstraße 35.
*492. Wangemann, Oberleutnant, Inf.-Regt. 105, Lessingstr. 39.
*493. Weber, Buchhändler, Heinrich'sche Buchhandlung, Goethestraße 21.
*494. Wegener, Dr. Kurt, Meteorolog. Landesanstalt.
*495. Weigand, Dr., Professor, Oberlehrer, Schießrain 7.
496. Weidenreich, Dr., Univ.-Professor, Vogesenstraße 5.
497. Weill, Dr., prakt. Arzt, Langestraße 136.
498. Werkmeister, Dr. Ing., Lessingstr. 3 I.
499. Werner, Kataster-Inspektor, Kölnerring 3.
*500. Werveke, Dr. L. van, Geh. Bergrat, Ruprechtsau, Adlerg. 11.
*501. Wiegand, Dr., Univ.-Prof., Geh. Archivrat, Fischartstr. 11.
502. Wiesmayer, W., Hotelier, Kleberplatz, Rotes Haus.
*503. Wilckens, Dr., Universitätsprofessor, Ruprechts. Allee 22.
504. Winckelmann, Dr., Prof., Städt. Archivdirektor, Nikolausr. 5.

505. Wirtz, K., Professor Dr., Universitätsstraße 36 III.
*506. Wissmann, Hauptmann, Fuß-Art.-Regt. 14, Geilerstraße 16.
507. Wittmer, Kauffmann, Jacob-Sturmstaden 6.
*508. Woelki, Oberleutnant Fortifikation, Stöberstraße 12.
509. Wolf, P., Regierungsrat, Kaiser-Friedrichstraße 9.
*510. Wolff, Carl, Kaufmann, Broglieplatz 3.
*511. Wolfram, Prof. Dr., Geh. Reg.-Rat, Direktor d. Universitäts- und Landesbibliothek, Fünfzehnerwörth, Klosterstraße.
512. Wollenberg, Dr., Univ.-Prof., Kaiser-Friedrichstraße 19 a II.
513. Worbs, Intendantur-Rat, Schweighäuserstraße 9.
514. Wormser, Jul., Frau, Ruprechtsauer Allee 12.
515. Wunder, Justizrat, Notar, Bischheim.
*516. Würtz, Prof., Dr., prakt. Arzt, Kaiser-Friedrichstraße 10.
*517. Wurtzbacher, Major u. Batl.-Kommand. Fuß-Art.-Rgt. 14, Silbermannstraße 7.
*518. v. Wussow, Oberst z. D., Dietrichstaden 1.
519. Zänker, Frl. L., Fünfzehnerplatz 3.
*520. Zech, Ober-Postdirektor, Kaiser-Wilhelmstraße 2.
*521. Zeumer, Leutnant, Inf.-Regt. 105, komm. z. Militär-Fliegerschule Halberstadt.
**522. v. Zglinicki, Oberstleutnant a. D., Vorstand d. Kartenvertriebstelle d. kgl. preuß. Landesaufnahme, Wenckerstraße 4 I.
**523. Zoerner, Hauptmann, Inf.-Regt. 174, Pariserstaden 3 II.
524. Zorn v. Bulach, Frhr., Wirkl. Geh.-Rat, Exz., Staatssekretär a. D., Ostwald.
**525. Zschiedrich, Hauptmann, Inf.-Regt. 105, Ludwigshafenerstraße 17.

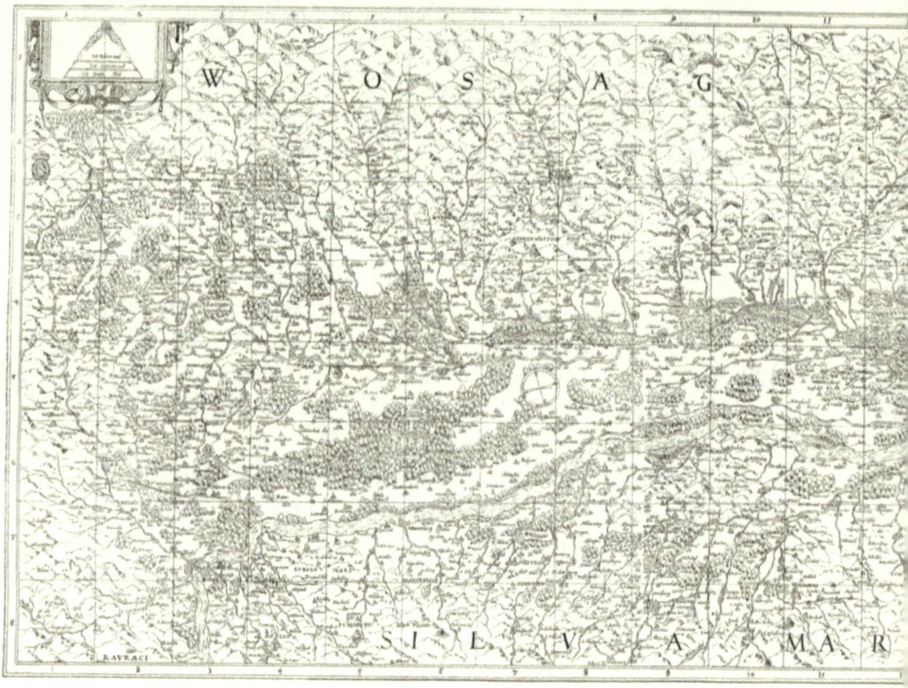

W O S A G
S I L V A M A R
RAVRACI

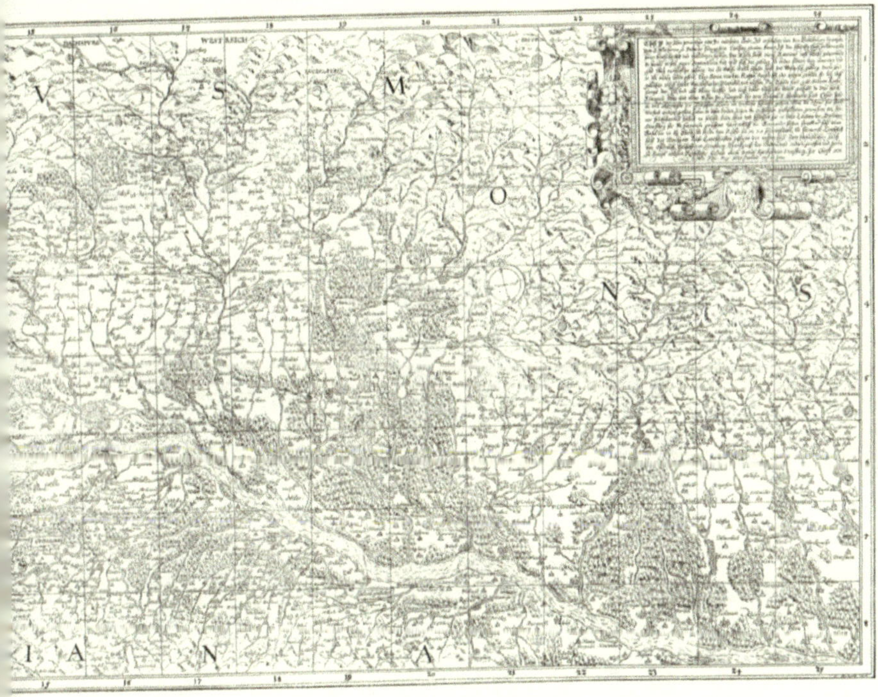
V S M O N S
I A N A

www.ingramcontent.com/pod-product-compliance
Lightning Source LLC
LaVergne TN
LVHW042238300926
849161LV00003B/397